Die Meere sind eine Grundlage unseres Lebens – sie regulieren unser Klima und sind ein wichtiger Nahrungslieferant. Doch wir zerstören sie durch globale Erwärmung, Überfischung und Verschmutzung. Das wird verheerende Folgen haben, wenn wir nicht rasch umdenken und handeln. Dieser Band zeigt Ansätze dafür auf, wie wir unsere ozeanischen Ökosysteme wirkungsvoll schützen können.

*Stefan Rahmstorf*, Professor für Physik der Ozeane an der Universität Potsdam, ist Mitglied im Wissenschaftlichen Beirat Globale Umweltveränderungen (WBGU) und im amerikanischen *Panel on Abrupt Climate Change*. Er ist zudem einer der Leitautoren des 4. IPCC-Berichts.

*Katherine Richardson*, Professor of Biological Oceanography an der University of Aarhus (DK), ist Vice President of the Scientific Committee of the European Environment Agency.

*Unsere Adressen im Internet: www.fischerverlage.de*
*www.hochschule.fischerverlage.de*
*www.forum-fuer-verantwortung.de*

Stefan Rahmstorf / Katherine Richardson

# WIE BEDROHT SIND DIE OZEANE?

## Biologische und physikalische Aspekte

Deutsch von
Birgit Brandau

Herausgegeben von
Klaus Wiegandt

Fischer Taschenbuch Verlag

FSC

**Mix**
Produktgruppe aus vorbildlich
bewirtschafteten Wäldern und
anderen kontrollierten Herkünften

Zert.-Nr. GFA-COC-1223
www.fsc.org
© 1996 Forest Stewardship Council

2. Auflage: September 2007

Originalausgabe
Veröffentlicht im Fischer Taschenbuch Verlag,
einem Unternehmen der S. Fischer Verlag GmbH,
Frankfurt am Main, Juli 2007

© 2007 Fischer Taschenbuch Verlag in der
S. Fischer Verlag GmbH, Frankfurt am Main
Gesamtherstellung: Clausen & Bosse, Leck
Printed in Germany
ISBN 978-3-596-17277-1

# Inhalt

# Handeln – aus Einsicht und Verantwortung

»Wir waren im Begriff, Götter zu werden, mächtige Wesen, die eine zweite Welt erschaffen konnten, wobei uns die Natur nur die Bausteine für unsere neue Schöpfung zu liefern brauchte.«

Dieser mahnende Satz des Psychoanalytikers und Sozialphilosophen Erich Fromm findet sich in *Haben oder Sein – die seelischen Grundlagen einer neuen Gesellschaft* (1976). Das Zitat drückt treffend aus, in welches Dilemma wir durch unsere wissenschaftlich-technische Orientierung geraten sind.

Aus dem ursprünglichen Vorhaben, sich *der* Natur zu unterwerfen, um sie nutzen zu können (»Wissen ist Macht«), erwuchs die Möglichkeit, *die* Natur zu unterwerfen, um sie auszubeuten. Wir sind vom frühen Weg des Erfolges mit vielen Fortschritten abgekommen und befinden uns auf einem Irrweg der Gefährdung mit unübersehbaren Risiken. Die größte Gefahr geht dabei von dem unerschütterlichen Glauben der überwiegenden Mehrheit der Politiker und Wirtschaftsführer an ein unbegrenztes Wirtschaftswachstum aus, das im Zusammenspiel mit grenzenlosen technologischen Innovationen Antworten auf alle Herausforderungen der Gegenwart und Zukunft geben werde.

Schon seit Jahrzehnten werden die Menschen aus Kreisen der Wissenschaft vor diesem Kollisionskurs mit der Natur gewarnt. Bereits 1983 gründeten die Vereinten Nationen eine Weltkommission für Umwelt und Entwicklung, die sich 1987

mit dem sogenannten Brundtland-Bericht zu Wort meldete.
Unter dem Titel »Our Common Future« wurde ein Konzept
vorgestellt, das die Menschen vor Katastrophen bewahren will
und zu einem verantwortbaren Leben zurückfinden lassen
soll. Gemeint ist das Konzept einer »langfristig umweltver-
träglichen Ressourcennutzung« – in der deutschen Sprache
als Nachhaltigkeit bezeichnet. Nachhaltigkeit meint – im
Sinne des Brundtland-Berichts – »eine Entwicklung, die den
Bedürfnissen der heutigen Generation entspricht, ohne die
Möglichkeiten künftiger Generationen zu gefährden, ihre
eigenen Bedürfnisse zu befriedigen und ihren Lebensstandard
zu wählen«.

Leider ist dieses Leitbild für ökologisch, ökonomisch und
sozial nachhaltiges Handeln trotz zahlreicher Bemühungen
noch nicht zu der Realität geworden, zu der es werden kann, ja
werden muss. Dies liegt meines Erachtens darin begründet,
dass die Zivilgesellschaften bisher nicht ausreichend informiert und mobilisiert wurden.

## Forum für Verantwortung

Vor diesem Hintergrund und mit Blick auf zunehmend war-
nende Stimmen und wissenschaftliche Ergebnisse habe ich
mich entschlossen, mit meiner Stiftung gesellschaftliche Verantwortung zu übernehmen. Ich möchte zur Verbreitung und
Vertiefung des öffentlichen Diskurses über die unabdingbar
notwendige nachhaltige Entwicklung beitragen. Mein Anlie-
gen ist es, mit dieser Initiative einer großen Zahl von Menschen Sach- und Orientierungswissen zum Thema Nachhaltigkeit zu vermitteln sowie alternative Handlungsmöglichkei-
ten aufzuzeigen.

Denn das Leitbild »nachhaltige Entwicklung« allein reicht nicht aus, um die derzeitigen Lebens- und Wirtschaftsweisen zu verändern. Es bietet zwar eine Orientierungshilfe, muss jedoch in der Gesellschaft konkret ausgehandelt und dann in Handlungsmuster umgesetzt werden. Eine demokratische Gesellschaft, die sich ernsthaft in Richtung Zukunftsfähigkeit umorientieren will, ist auf kritische, kreative, diskussions- und handlungsfähige Individuen als gesellschaftliche Akteure angewiesen. Daher ist lebenslanges Lernen, vom Kindesalter bis ins hohe Alter, an unterschiedlichen Lernorten und unter Einbezug verschiedener Lernformen (formelles und informelles Lernen), eine unerlässliche Voraussetzung für die Realisierung einer nachhaltigen gesellschaftlichen Entwicklung. Die praktische Umsetzung ökologischer, ökonomischer und sozialer Ziele einer wirtschaftspolitischen Nachhaltigkeitsstrategie verlangt nach reflexions- und innovationsfähigen Menschen, die in der Lage sind, im Strukturwandel Potenziale zu erkennen und diese für die Gesellschaft nutzen zu lernen.

Es reicht für den Einzelnen nicht aus, lediglich »betroffen« zu sein. Vielmehr ist es notwendig, die wissenschaftlichen Hintergründe und Zusammenhänge zu verstehen, um sie für sich verfügbar zu machen und mit anderen in einer zielführenden Diskussion vertiefen zu können. Nur so entsteht Urteilsfähigkeit, und Urteilsfähigkeit ist die Voraussetzung für verantwortungsvolles Handeln.

Die unablässige Bedingung hierfür ist eine zugleich sachgerechte und verständliche Aufbereitung sowohl der Fakten als auch der Denkmodelle, in deren Rahmen sich mögliche Handlungsalternativen aufzeigen lassen und an denen sich jeder orientieren und sein persönliches Verhalten ausrichten kann.

Um diesem Ziel näher zu kommen, habe ich ausgewiesene Wissenschaftlerinnen und Wissenschaftler gebeten, in der

Reihe »Forum für Verantwortung« zu zwölf wichtigen Themen aus dem Bereich der nachhaltigen Entwicklung den
Stand der Forschung und die möglichen Optionen allgemeinverständlich darzustellen. Die ersten acht Bände zu folgenden
Themen sind erschienen:

- *Was verträgt unsere Erde noch? Wege in die Nachhaltigkeit*
  (Jill Jäger)
- *Kann unsere Erde die Menschen noch ernähren? Bevölke-
  rungsexplosion – Umwelt – Gentechnik* (Klaus Hahlbrock)
- *Nutzen wir die Erde richtig? Die Leistungen der Natur und
  die Arbeit des Menschen* (Friedrich Schmidt-Bleek)
- *Bringen wir das Klima aus dem Takt? Hintergründe und
  Prognosen* (Mojib Latif)
- *Wie schnell wächst die Zahl der Menschen? Weltbevölke-
  rung und weltweite Migration* (Rainer Münz / Albert
  F. Reiterer)
- *Wie lange reicht die Ressource Wasser? Der Umgang mit
  dem blauen Gold* (Wolfram Mauser)
- *Was sind die Energien des 21. Jahrhunderts? Der Wettlauf
  um die Lagerstätten* (Hermann-Josef Wagner)
- *Wie bedroht sind die Ozeane? Biologische und physikali-
  sche Aspekte* (Stefan Rahmstorf / Katherine Richardson)

Die letzten vier Bände der Reihe werden Ende 2007 erscheinen. Sie stellen Fragen nach dem möglichen Umbau der Wirtschaft (Bernd Meyer), nach der Bedrohung durch Infektions-
krankheiten (Stefan H. E. Kaufmann), nach der Gefährdung
der Artenvielfalt (Josef H. Reichholf) und nach einem möglichen Weg zu einer neuen Weltordnung im Zeichen der Nachhaltigkeit (Harald Müller).
    Zwölf Bände – es wird niemanden überraschen, wenn im

Hinblick auf die Bedeutung von wissenschaftlichen Methoden oder die Interpretationsbreite aktueller Messdaten unterschiedliche Auffassungen vertreten werden. Unabhängig davon sind sich aber alle an diesem Projekt Beteiligten darüber einig, dass es keine Alternative zu einem Weg aller Gesellschaften in die Nachhaltigkeit gibt.

## Öffentlicher Diskurs

Was verleiht mir den Mut zu diesem Projekt und was die Zuversicht, mit ihm die deutschsprachigen Zivilgesellschaften zu erreichen und vielleicht einen Anstoß zu bewirken?

Zum einen sehe ich, dass die Menschen durch die Häufung und das Ausmaß der Naturkatastrophen der letzten Jahre sensibler für Fragen unseres Umgangs mit der Erde geworden sind. Zum anderen gibt es im deutschsprachigen Raum bisher nur wenige allgemeinverständliche Veröffentlichungen wie *Die neuen Grenzen des Wachstums* (Donella und Dennis Meadows), *Erdpolitik* (Ernst-Ulrich von Weizsäcker), *Balance oder Zerstörung* (Franz Josef Radermacher), *Fair Future* (Wuppertal Institut) und *Kollaps* (Jared Diamond). Insbesondere liegen keine Schriften vor, die zusammenhängend das breite Spektrum einer umfassend nachhaltigen Entwicklung abdecken.

Das vierte Kolloquium meiner Stiftung, das im März 2005 in der Europäischen Akademie Otzenhausen (Saarland) zu dem Thema »Die Zukunft der Erde – was verträgt unser Planet noch?«, stattfand, zeigte deutlich, wie nachdenklich eine sachgerechte und allgemeinverständliche Darstellung der Thematik die große Mehrheit der Teilnehmer machte.

Darüber hinaus stimmt mich persönlich zuversichtlich,

dass die mir eng verbundene ASKO EUROPA-STIFTUNG
alle zwölf Bände vom Wuppertal Institut für Klima, Umwelt,
Energie didaktisieren lässt, um qualifizierten Lehrstoff für
langfristige Bildungsprogramme zum Thema Nachhaltigkeit
sowohl im Rahmen der Stiftungsarbeit als auch im Rahmen
der Bildungsangebote der Europäischen Akademie Otzenhausen zu erhalten. Das Thema Nachhaltigkeit wird in den nächsten Jahren zu dem zentralen Thema der ASKO EUROPA-
STIFTUNG und der Europäischen Akademie Otzenhausen.

Schließlich gibt es ermutigende Zeichen in unserer Zivilgesellschaft, dass die Bedeutung der Nachhaltigkeit erkannt und
auf breiter Basis diskutiert wird. So zum Beispiel auf dem 96.
Deutschen Katholikentag 2006 in Saarbrücken unter dem
Motto »Gerechtigkeit vor Gottes Angesicht«. Die Bedeutung
einer zukunftsfähigen Entwicklung wird inzwischen durch
mehrere Institutionen der Wirtschaft und der Politik auch in
Deutschland anerkannt und gefordert, beispielsweise durch
den Rat für Nachhaltige Entwicklung, die Bund-Länder-
Kommission, durch Stiftungen, Nicht-Regierungs-Organisa-
tionen und Kirchen.

Auf globaler Ebene mehren sich die Aktivitäten, die den
Menschen die Bedeutung und die Notwendigkeit einer nachhaltigen Entwicklung ins Bewusstsein rufen wollen: Ich
möchte an dieser Stelle unter anderem auf den »Marrakesch-
Prozess« (eine Initiative der UN zur Förderung nachhaltigen
Produzierens und Konsumierens), auf die UN-Weltdekade
»Bildung für nachhaltige Entwicklung« 2005 – 2014 sowie auf
den Film des ehemaligen US-Vizepräsidenten Al Gore *An In-
convenient Truth* (2006) verweisen.

## Wege in die Nachhaltigkeit

Eine wesentliche Aufgabe unserer auf zwölf Bände angelegten Reihe bestand für die Autorinnen und Autoren darin, in dem jeweils beschriebenen Bereich die geeigneten Schritte zu benennen, die in eine nachhaltige Entwicklung führen können. Dabei müssen wir uns immer vergegenwärtigen, dass der erfolgreiche Übergang zu einer derartigen ökonomischen, ökologischen und sozialen Entwicklung auf unserem Planeten nicht sofort gelingen kann, sondern viele Jahrzehnte dauern wird. Es gibt heute noch keine Patentrezepte für den langfristig erfolgreichsten Weg. Sehr viele Wissenschaftlerinnen und Wissenschaftler und noch mehr innovationsfreudige Unternehmerinnen und Unternehmer sowie Managerinnen und Manager werden weltweit ihre Kreativität und Dynamik zur Lösung der großen Herausforderungen aufbieten müssen. Dennoch sind bereits heute erste klare Ziele erkennbar, die wir erreichen müssen, um eine sich abzeichnende Katastrophe abzuwenden. Dabei können weltweit Milliarden Konsumenten mit ihren täglichen Entscheidungen beim Einkauf helfen, der Wirtschaft den Übergang in eine nachhaltige Entwicklung zu erleichtern und ganz erheblich zu beschleunigen – wenn die politischen Rahmenbedingungen dafür geschaffen sind. Global gesehen haben zudem Milliarden von Bürgern die Möglichkeit, in demokratischer Art und Weise über ihre Parlamente die politischen »Leitplanken« zu setzen.

Die wichtigste Erkenntnis, die von Wissenschaft, Politik und Wirtschaft gegenwärtig geteilt wird, lautet, dass unser ressourcenschweres westliches Wohlstandsmodell (heute gültig für eine Milliarde Menschen) nicht auf weitere fünf oder bis zum Jahr 2050 sogar auf acht Milliarden Menschen übertragbar ist. Das würde alle biophysikalischen Grenzen unseres

Systems Erde sprengen. Diese Erkenntnis ist unbestritten. Strittig sind jedoch die Konsequenzen, die daraus zu ziehen sind.

Wenn wir ernsthafte Konflikte zwischen den Völkern vermeiden wollen, müssen die Industrieländer ihren Ressourcenverbrauch stärker reduzieren als die Entwicklungs- und Schwellenländer ihren Verbrauch erhöhen. In Zukunft müssen sich alle Länder auf gleichem Ressourcenverbrauchsniveau treffen. Nur so lässt sich der notwendige ökologische Spielraum schaffen, um den Entwicklungs- und Schwellenländern einen angemessenen Wohlstand zu sichern.

Um in diesem langfristigen Anpassungsprozess einen dramatischen Wohlstandsverlust des Westens zu vermeiden, muss der Übergang von einer ressourcenschweren zu einer ressourcenleichten und ökologischen Marktwirtschaft zügig in Angriff genommen werden.

Die Europäische Union als stärkste Wirtschaftskraft der Welt bringt alle Voraussetzungen mit, in diesem Innovationsprozess die Führungsrolle zu übernehmen. Sie kann einen entscheidenden Beitrag leisten, Entwicklungsspielräume für die Schwellen- und Entwicklungsländer im Sinn der Nachhaltigkeit zu schaffen. Gleichzeitig bieten sich der europäischen Wirtschaft auf Jahrzehnte Felder für qualitatives Wachstum mit zusätzlichen Arbeitsplätzen. Wichtig wäre in diesem Zusammenhang auch die Rückgewinnung von Tausenden von begabten Wissenschaftlerinnen und Wissenschaftlern, die Europa nicht nur aus materiellen Gründen, sondern oft auch wegen fehlender Arbeitsmöglichkeiten oder unsicheren -bedingungen verlassen haben.

Auf der anderen Seite müssen die Schwellen- und Entwicklungsländer sich verpflichten, ihre Bevölkerungsentwicklung in überschaubarer Zeit in den Griff zu bekommen. Mit stärkerer Unterstützung der Industrienationen muss das von der Weltbevölkerungskonferenz der UNO 1994 in Kairo verabschiedete 20-Jahres-Aktionsprogramm umgesetzt werden.

Wenn es der Menschheit nicht gelingt, die Ressourcen- und Energieeffizienz drastisch zu steigern und die Bevölkerungsentwicklung nachhaltig einzudämmen – man denke nur an die Prognose der UNO, nach der die Bevölkerungsentwicklung erst bei elf bis zwölf Milliarden Menschen am Ende dieses Jahrhunderts zum Stillstand kommt –, dann laufen wir ganz konkret Gefahr, Ökodiktaturen auszubilden. In den Worten von Ernst Ulrich von Weizsäcker: »Die Versuchung für den Staat wird groß sein, die begrenzten Ressourcen zu rationieren, das Wirtschaftsgeschehen im Detail zu lenken und von oben festzulegen, was Bürger um der Umwelt willen tun und lassen müssen. Experten für ›Lebensqualität‹ könnten von oben definieren, was für Bedürfnisse befriedigt werden dürften« (*Erdpolitik*, 1989).

## Es ist an der Zeit

Es ist an der Zeit, dass wir zu einer grundsätzlichen, kritischen Bestandsaufnahme in unseren Köpfen bereit sind. Wir – die Zivilgesellschaften – müssen entscheiden, welche Zukunft wir wollen. Fortschritt und Lebensqualität sind nicht allein abhängig vom jährlichen Zuwachs des Pro-Kopf-Einkommens. Zur Befriedigung unserer Bedürfnisse brauchen wir auch keineswegs unaufhaltsam wachsende Gütermengen. Die kurzfristigen Zielsetzungen in unserer Wirtschaft wie Gewinnmaximierung und Kapitalakkumulierung sind eines der Haupthindernisse für eine nachhaltige Entwicklung. Wir sollten unsere Wirtschaft wieder stärker dezentralisieren und den Welthandel im Hinblick auf die mit ihm verbundene Energieverschwendung gezielt zurückfahren. Wenn Ressourcen und Energie die »wahren« Preise widerspiegeln, wird der weltweite Prozess der Rationalisierung und Freisetzung von Arbeitskräften sich umkehren, weil der Kostendruck sich auf die Bereiche Material und Energie verlagert.

Der Weg in die Nachhaltigkeit erfordert gewaltige technologische Innovationen. Aber nicht alles, was technologisch machbar ist, muss auch verwirklicht werden. Die totale Ökonomisierung unserer gesamten Lebensbereiche ist nicht erstrebenswert. Die Verwirklichung von Gerechtigkeit und Fairness für alle Menschen auf unserer Erde ist nicht nur aus moralisch-ethischen Prinzipien erforderlich, sondern auch der wichtigste Beitrag zur langfristigen Friedenssicherung. Daher ist es auch unvermeidlich, das politische Verhältnis zwischen Staaten und Völkern der Erde auf eine neue Basis zu stellen, in der sich alle, nicht nur die Mächtigsten, wiederfinden können. Ohne einvernehmliche Grundsätze »globalen Regierens« lässt sich Nachhaltigkeit in keinem einzigen der in dieser Reihe diskutierten Themenbereiche verwirklichen.

Und letztendlich müssen wir die Frage stellen, ob wir Menschen das Recht haben, uns so stark zu vermehren, dass wir zum Ende dieses Jahrhunderts womöglich eine Bevölkerung von 11 bis 12 Milliarden Menschen erreichen, jeden Quadratzentimeter unserer Erde in Beschlag nehmen und den Lebensraum und die Lebensmöglichkeiten aller übrigen Arten immer mehr einengen und zerstören.

Unsere Zukunft ist nicht determiniert. Wir selbst gestalten sie durch unser Handeln und Tun: Wir können so weitermachen wie bisher, doch dann begeben wir uns schon Mitte dieses Jahrhunderts in die biophysikalische Zwangsjacke der Natur mit möglicherweise katastrophalen politischen Verwicklungen. Wir haben aber auch die Chance, eine gerechtere und lebenswerte Zukunft für uns und die zukünftigen Generationen zu gestalten. Dies erfordert das Engagement aller Menschen auf unserem Planeten.

## Danksagung

Mein ganz besonderer Dank gilt den Autorinnen und Autoren dieser zwölfbändigen Reihe, die sich neben ihrer hauptberuflichen Tätigkeit der Mühe unterzogen haben, nicht für wissenschaftliche Kreise, sondern für eine interessierte Zivilgesellschaft das Thema Nachhaltigkeit allgemeinverständlich aufzubereiten. Für meine Hartnäckigkeit, an dieser Vorgabe weitestgehend festzuhalten, bitte ich an dieser Stelle nochmals um Nachsicht. Dankbar bin ich für die vielfältigen und anregenden Diskussionen über Wege in die Nachhaltigkeit.

Bei der umfangreichen Koordinationsarbeit hat mich von Anfang an ganz maßgeblich Ernst Peter Fischer unterstützt – dafür meinen ganz herzlichen Dank, ebenso Wolfram Huncke, der mich in Sachen Öffentlichkeitsarbeit beraten hat. Für die umfangreichen organisatorischen Arbeiten möchte ich mich ganz herzlich bei Annette Maas bedanken, ebenso bei Ulrike Holler vom S. Fischer Verlag für die nicht einfache Lektoratsarbeit.

Auch den finanziellen Förderern dieses Großprojektes gebührt mein Dank: allen voran der ASKO EUROPA-STIFTUNG (Saarbrücken) und meiner Familie sowie der Stiftung Europrofession (Saarbrücken), Erwin V. Conradi, Wolfgang Hirsch, Wolf-Dietrich und Sabine Loose.

Seeheim-Jugenheim        Stiftung Forum für Verantwortung
Sommer 2006              Klaus Wiegandt

# 1 Die Meere und das Weltklima

Betrachtet man die Erde vom Weltraum aus, sieht man sofort, dass es sich um einen Wasserplaneten handelt. Sie zieht als blaue Perle durchs All und ist unter den Planeten unseres Sonnensystems einzigartig. Von allen bekannten Planeten weist nur die Erde Meere auf, und diese bedecken 71 % ihrer Oberfläche. Deshalb wurde auch schon vorgeschlagen, »Ozean« sei für unseren Planeten ein viel angemessenerer Name als »Erde«.

Die vorherrschende Theorie zur Herkunft all diesen Wassers besagt, dass beständig Dampf aus dem Innern der jungen, heißen Erde aufstieg. Als sich die Oberfläche unter den Siedepunkt abkühlte, fiel unablässig Regen, und das viele Wasser sammelte sich an den tiefergelegenen Stellen. Diese Wasserfülle hat viele bedeutende Auswirkungen – vor allem aber ist sie der Grund, warum es Leben auf der Erde gibt.

## Ein wenig Geographie

Vergegenwärtigen wir uns zu Anfang dieses Buches ein paar grundlegende Fakten zum Weltmeer (siehe auch Abb. I im Farbteil): Es hat eine Fläche von 361 Millionen Quadratkilometern und ist im Schnitt 3800 Meter tief. Das ergibt ein Volumen von 1370 Millionen Kubikkilometern. Über 97 % des Wassers auf unserem Planeten befinden sich im Ozean, 2 %

sind in Eisschilden gebunden (hauptsächlich auf Grönland
und in der Antarktis); Seen, Stauseen und Flüsse enthalten
weltweit 0,02 %, und 0,001 % ist ständig in der Atmosphäre.

Etwa die Hälfte des Meeresbodens besteht aus den riesigen,
relativ flachen Tiefseeebenen, die typischerweise zwischen
3000 und 5000 Metern unter der Oberfläche liegen. Sie sind
mit Sedimenten bedeckt, in denen sich alles ansammelt, was
aus der Wassersäule darüber herabsinkt – meist Produkte biologischer Aktivität. Der Tiefseeboden ist daher eine Art pla-
netarischer Müllhalde, wo unter dem Einfluss der Schwerkraft schließlich die meisten beweglichen Partikel der Erde
landen. Die Tiefseeebenen werden von den Kontinentalabhäng-
hängen begrenzt, wo der Meeresboden zu den flachen Schelfmeeren wie der Nordsee ansteigt, die die meisten Kontinente
umgeben. Diese Schelfmeere sind im Allgemeinen 100 bis 200
Meter tief.

Aus der Tiefsee ragen die riesigen Gebirgszüge der Mittelozeanischen Rücken sowie große Unterwasservulkane empor.
Manche – etwa die Hawaiiinseln – erheben sich bis über den
Meeresspiegel. Außerdem gibt es tief eingeschnittene Gräben, die beispielsweise im nordpazifischen Marianengraben
bis zu 10 923 Metern hinabreichen.

Diese Grundzüge der Meerestopographie sind durch die
Plattentektonik bedingt: die Bewegung der Ozean- und Kontinentalplatten der Erdkruste. Das Material der kontinentalen
ist leichter als das der ozeanischen Platten, deshalb sinken Erstere nicht so tief in die weiche Substanz darunter und ragen
höher auf. Flache Schelfmeere gibt es überall dort, wo das
Meerwasser über die Ränder der Kontinentalplatten reicht.
(Auf dem Höhepunkt der letzten Eiszeit gab es viele dieser
Schelfmeere nicht, weil wesentlich mehr Wasser in den Eisschilden auf dem Land gebunden war und der Meeresspiegel

deshalb um 120 Meter tiefer lag.) Die steilen Kontinentalabhänge bilden die Ränder der Kontinentalplatten, während die Tiefseeebenen die Oberflächen der ozeanischen Platten sind. Da alles auf dem weichen Erdmantel schwimmt, bestimmt sich die relative Höhe der Kontinental- und Ozeanplatten durch ihre unterschiedliche Dichte und das Gewicht des Wassers, das auf den Meeresboden drückt. Das hat zur Folge, dass das Meerwasser gerade das Niveau der Kontinentalplatten erreicht.

An den Mittelozeanischen Rücken entsteht neuer Meeresboden: Dort treiben die Ozeanplatten auseinander, sodass neues Material aus dem Erdinneren aufsteigen kann. Tiefe Gräben bilden sich an Stellen, wo ein Teil einer Ozeanplatte unter eine Kontinentalplatte gedrückt wird, beispielsweise vor der japanischen Küste.

Von besonderem Interesse sind nahezu abgeschlossene Randmeere wie das Mittelmeer, die Nord- und Ostsee oder das Japanische Meer. Hier entwickelten sich schon früh Seefahrt und Handel, und an ihren Küsten lebten von jeher viele Menschen. Heute bereitet in diesen Meeren die zunehmende Verschmutzung einige besondere Probleme, weil nur ein beschränkter Wasseraustausch mit dem offenen Meer stattfindet.

## Das Meerwasser

Für Meeresforscher ist der Ozean nicht einfach bloß mit Wasser gefüllt, sondern mit einer Reihe ganz bestimmter Wassermassen, von denen eine jede – wie ein guter Wein – ihren spezifischen »Geschmack« und Jahrgang aufweist. Diese Wassermassen tragen Namen und Abkürzungen wie

Nordatlantisches Tiefenwasser (NADW), Sargasso-See-Wasser, Antarktisches Bodenwasser (AABW) oder Nordpazifisches Zwischenwasser. Es gibt sogar Bezeichnungen für Wassermassen, von denen man annimmt, dass sie vor Zehntausenden von Jahren existierten, zum Beispiel das Glaziale Nordatlantische Zwischenwasser (GNAIW): eine Wassermasse, die während der letzten Eiszeit den größten Teil des nördlichen Nordatlantiks ausfüllte.

Die beiden wichtigsten Unterscheidungskriterien für Wassermassen sind Temperatur und Salzgehalt; auf diese gehen wir unten näher ein. Aber auch Merkmale wie Sauerstoff-, Nährstoff- und Säuregehalt sowie die Sättigung mit Calciumcarbonaten sind für das Leben im Meer von großer Bedeutung. Die Meeresforscher untersuchen zudem das Alter von Wassermassen – damit meinen sie die Zeit, die vergangen ist, seit dieses bestimmte Wasser unter die Oberfläche gesunken ist und keinen Kontakt mehr zur Atmosphäre hatte. Das ist wichtig, weil sich die Wasserzusammensetzung ändert, wenn es mit Luft in Berührung kommt: Der Sauerstoffgehalt wird höher, und der Anteil instabiler Kohlenstoffisotope gleicht sich dem in der Atmosphäre an, wo permanent das radioaktive Kohlenstoffisotop $^{14}C$ aufgrund der kosmischen Strahlung entsteht. Wenn das Wasser von der Oberfläche in die Tiefe sinkt, nimmt der $^{14}C$-Anteil aufgrund des radioaktiven Zerfalls dieses Isotops langsam ab, und das wird zur Altersbestimmung genutzt. Das älteste Wasser findet man tief unten im Nordpazifik – es ist etwa 2000 Jahre alt. Man kann also eine »Umwälzzeit« des Ozeans schätzen: Im Durchschnitt sinken 0,04 Kubikkilometer Wasser pro Sekunde ab, sodass das obengenannte Gesamtvolumen rund einmal in 1000 Jahren ausgetauscht wird.

## Die Meerestemperaturen

Es ist klar, dass die Meerestemperaturen in erster Linie von der ungleichen Sonnenscheinverteilung auf unserem Planeten abhängen: In tropischen Breiten ist das Oberflächenwasser warm – rund 30° C –, während seine Temperatur an den Polen in der Nähe des Gefrierpunkts liegt (der bei Salzwasser circa -2° C beträgt). Das wärmste Wasser im offenen Meer findet sich an der Oberfläche des westlichen tropischen Pazifiks, dem sogenannten *warm pool*. Seine Temperatur beträgt im Jahresmittel 30° C. Noch wärmeres Wasser gibt es im Sommer in einigen flachen Küstenbereichen.

Die Sonne beherrscht aber nur die Oberflächen der Weltmeere, nicht ihre unendlichen dunklen Tiefen. Der größte Teil des Meerwassers ist sogar sehr kalt – mehr als 80 % sind kälter als 5° C. Der Grund dafür ist einfach: In den polaren Breiten sinkt Oberflächenwasser ab, und dieses kalte Wasser füllt weltweit die Tiefsee (Näheres dazu folgt im Abschnitt über die Meeresströmungen). Das warme Wasser der Tropen und Subtropen ist hingegen leicht und bildet nur eine relativ dünne Oberflächenschicht von wenigen hundert Metern, die auf dem kalten Tiefseewasser schwimmt. Dies hat Henry Ellis, der Kapitän eines englischen Sklavenhandelsschiffs, 1751 als Erster beobachtet: Er holte im subtropischen Atlantik Tiefenwasser mit Hilfe einer langen Leine und einer »Meeressonde« in Form eines Eimers herauf, den ihm ein britischer Geistlicher, Reverend Stephen Hales, zur Verfügung gestellt hatte. Ellis stellte fest, dass das Wasser, das er aus etwa einer Meile Tiefe herauszog, kalt war: Die Temperatur, die man an Deck maß, betrug nur 12° C. Der Brief, den Ellis an Hales schrieb, legt den Schluss nahe, dass er keine Ahnung von den weitreichenden Konsequenzen seiner Entdeckung hatte:

| Temperatur (°C) | | | |
|---|---|---|---|
| -2-0 | 6-8 | 12-14 | 18-20 | 24-26 | 30-32 |
| 0-2 | 2-4 | 8-10 | 14-16 | 20-22 | 26-28 | > 32 |
| | 4-6 | 10-12 | 16-18 | 22-24 | 28-30 |

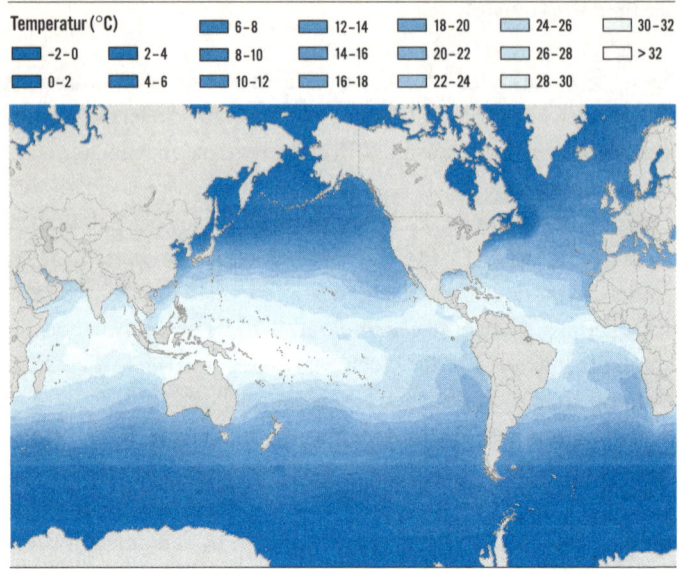

**Abb. 1.1** Karte der Meeresoberflächentemperaturen (°C) im Mai 2006 nach Satellitenmessungen.

»Dieses Experiment, das anfangs zu nichts weiter als der Befriedigung der Neugier zu dienen schien, hat sich mittlerweile als sehr nützlich für uns herausgestellt. Mit seiner Hilfe können wir unser kaltes Bad haben und unseren Wein und das Trinkwasser nach Belieben kühlen, und das ist uns in diesem brennend heißen Klima höchst willkommen.«

## Warum ist das Meerwasser salzig?

Der Wasserkreislauf schwemmt ständig Partikel vom Land ins Meer. Der Regen fällt auf Felsen und andere Oberflächen und löst Mineralien. Die Flüsse der Erde transportieren daher schätzungsweise vier Milliarden Tonnen Salze pro Jahr ins Meer. Wenn das Wasser an der Oberfläche wieder verdunstet, bleiben die Salze zurück. Im Meer sammeln sie sich, deshalb ist die Salzkonzentration hier wesentlich höher als im Flusswasser – sie steigt bis auf ein Niveau, wo genauso viel Salz ausfällt wie ständig nachkommt, sodass sich ein Gleichgewicht einstellen kann. Die meisten Substanzen, die aus dem Wasser ausfallen, landen in den Sedimenten des Meeresbodens und wandern schließlich in die Erdkruste, wenn jener Teil des Meeresbodens unter Kontinentalplatten gedrückt wird. Genau wie das Weltmeer fungieren auch alle anderen Gewässer ohne Abfluss als Sammelbecken für gelöste Partikel und sind daher salzig, so beispielsweise der Great Salt Lake in Utah oder das Kaspische Meer.

Die verschiedenen gelösten Partikel werden auch unterschiedlich wieder aus dem Wasser entfernt. Bei manchen wird einfach der Sättigungsgrad erreicht, sodass keine weiteren mehr gelöst werden können und der Überschuss ausgefällt wird. Andere unterlaufen eine chemische Reaktion. Und einige, wie Silizium und Kalzium, werden eifrig von Organismen zum Aufbau kleiner und großer Schalen genutzt. Das Absinken dieser Schalen in die Sedimente bildet für diese Substanzen den Hauptausscheidungsprozess, und an vielen Stellen besteht das Sediment überwiegend aus diesen Schalen.

Bis zu 85 % der gelösten Substanzen im Meerwasser sind Chlorid und Natrium (die Bestandteile des gewöhnlichen Kochsalzes). Der Grund für diesen hohen Anteil ist ihre gute

Löslichkeit in Wasser sowie der Umstand, dass sie nicht durch biologische Mechanismen entnommen werden. Der durchschnittliche Salzgehalt des Meerwassers beträgt 35 Gramm pro Kilo Wasser. Das sind 3,5 %, aber traditionellerweise geben Meeresforscher ihn in Promille an – sie sagen also 35 ‰. Angesichts des oben genannten Gesamtvolumens der Ozeane können wir folgern, dass sich rund $5 \times 10^{16}$ Tonnen Salz darin befinden. Bei einem Eintrag von $4 \times 10^{9}$ Tonnen pro Jahr erhalten wir eine durchschnittliche Verweildauer von etwa $10^{7}$ oder zehn Millionen Jahren. Diese Dauer ist um Größenordnungen länger als die der Vermischung des Meerwassers durch Strömungen und Turbulenzen. Daher können wir erwarten, dass die wichtigsten Salze im Weltmeer außerordentlich gut vermischt sind. In der Tat ist die Zusammensetzung des Meersalzes nahezu überall gleich – das war eine der vielen Entdeckungen der berühmten Challenger-Expedition Ende des 19. Jahrhunderts, der ersten globalen ozeanographischen Forschungsreise.

Dieser Umstand erleichtert den Meeresforschern einiges: Statt eine Unzahl verschiedener Salze messen zu müssen, brauchen sie nur die Salzkonzentration insgesamt festzuhalten – die sie als Salinität bezeichnen –, und die können sie über die elektrische Leitfähigkeit des Wassers bestimmen. Die Salinität ist von großer dynamischer Bedeutung, weil sie zusammen mit der Temperatur und dem Druck (der mit der Tiefe zunimmt) die Dichte des Wassers bestimmt und daher die Druckverteilung im Meer und die Strömungen beeinflusst.

Unterschiede in der Salinität im Meer resultieren aus den Quellen und Senken von Süßwasser, nicht aus den Quellen und Senken von Salzen, weil Erstere um Größenordnungen größer sind. Jedes Jahr verdunsten mehr als $4 \times 10^{14}$ Kubikmeter Meerwasser, das entspricht über einem Meter in der Vertikalen. Somit wird das gesamte Meerwasser etwa alle 3000 Jahre ausgetauscht – das ist nichts gegen die 10 Millionen Jahre, die das Salz dafür braucht. Hohe Salinität finden wir daher dort, wo die Verdunstung die Niederschläge übersteigt – vor allem in den warmen und trockenen Subtropen –, und niedrige in den höheren Breiten oder in kleineren Maßstäben bei Flussmündungen. In der Nähe des Äquators führen die großen Wolken- und Regenmengen der intertropischen Konvergenzzone (dem berühmten tropischen Regengürtel) zu relativ niedrigen Salinitäten.

Abseits von den Küsten liegt der Salzgehalt der Ozeane meist zwischen 33 und 38 ‰. Teilweise abgeschlossene Meere können jedoch ganz andere Werte aufweisen. Die Ostsee, in die Regenfälle und Flüsse weit mehr Süßwasser einbringen als verdunstet, hat Salinitäten zwischen 5 ‰ bei Finnland und 15 ‰ im Skagerrak, ihrer flachen Verbindung mit der Nordsee und dem Weltmeer. Das andere Extrem bilden das Rote Meer und der Persische Golf mit Salinitäten von fast 40 ‰, weil hier die Verdunstung so hoch ist. Das Mittelmeer ist gleichfalls ein Meeresbecken, das mehr Süßwasser verliert als hinzukommt (etwa einen Meter pro Jahr). Zwei kräftige Strömungen in entgegengesetzten Richtungen durch die Straße von Gibraltar sind erforderlich, um den Ausgleich der Wasser- und Salzbilanz zu schaffen: Eine Oberflächenströmung, die relativ frisches Wasser ins Mittelmeer bringt, und ein salzhaltiger Ausfluss darunter.

## Die Meeresströmungen

Die Ozeane sind unablässig in Bewegung. Verursacht wird dies durch drei verschiedene Antriebskräfte.

Die erste sind die Gezeiten, also die Anziehungskräfte von Mond und Sonne. Sie bewirken Ebbe und Flut. Im Wesentlichen zieht der Mond eine große Menge Wasser an, sodass der Wasserspiegel an der Stelle steigt, über der der Mond am Himmel steht. Die Erde dreht sich unter diesem Flutberg. Weniger offensichtlich ist, warum die Flut an den meisten Stellen zweimal täglich kommt und nicht nur einmal. Der Grund ist eine zweite »Wasserbeule« auf der entgegengesetzten Seite der Erde, die von den Zentrifugalkräften bewirkt wird. Da sich die Erde »im freien Fall« durch das Gravitationsfeld des Mondes bewegt, sind Fliehkraft und Anziehung genau in der Erdmitte ausbalanciert. An der Oberfläche ist auf der dem Mond zugewandten Seite dessen Anziehungskraft stärker und hebt den Wasserstand an. Auf der gegenüberliegenden Seite ist die Mondanziehung schwächer, und das Wasser strebt vom Mond weg – was aus irdischer Sicht wiederum zu einer Anhebung des Wasserstands führt. Diese beiden »Beulen« bewirken, dass es zweimal täglich Flut gibt.

Die Überlagerung mit der ähnlichen, aber schwächeren Auswirkung der Sonnenanziehungskraft bewirkt den sogenannten Spring- und Nipptiden-Zyklus. Springtiden (die nicht mit Sturmfluten zu verwechseln sind) treten alle zwei Wochen auf, wenn Sonne und Mond in einer Linie stehen, sodass sich der durch sie bewirkte Tidenhub verstärkt, denn der Mond benötigt 29 Tage für eine Erdumrundung.

Dieses einfache Bild würde die Gleichgewichtstiden korrekt beschreiben, wenn unser Planet vollständig mit Wasser bedeckt wäre. Aber die Dinge liegen komplizierter, was zum

einen an den Küstenlinien liegt und zum anderen an dem Umstand, dass so viel Wasser sich nicht schnell genug bewegen
kann, um mit dem Mond darüber Schritt zu halten (wie aus
der Luftfahrt bekannt ist, muss man mit Überschallgeschwin-
digkeit fliegen, um mit der Erdrotation Schritt zu halten). Die
Ablenkung der Wasserbewegungen durch die Erdumdrehung
(siehe unten) spielt auch noch eine Rolle. In Wahrheit kreisen
die »Tidenbeulen« daher durch die großen Meeresbecken und
interagieren mit den Küsten. An manchen Stellen führt die
Form der Küste zu einer Resonanz, und das bewirkt einen besonders starken Tidenhub. Diese Orte sind besonders gut für
Gezeitenkraftwerke geeignet. Die westkanadische Bay of
Fundy ist berühmt für den höchsten Tidenhub der Welt, nämlich über 15 Meter am Kopf der Bucht.

Die zweite Kraft, die das Wasser in Bewegung versetzt, ist
der Wind. Aufgrund ihrer Reibungskraft auf dem Wasser verursachen Winde Oberflächenwellen und -strömungen. Während die Gezeitenströme viermal täglich ihre Richtung um
180° ändern und das Wasser daher nur »hin und her schwap-
pen« lassen, können andere Strömungen das Wasser über
weite Distanzen transportieren. Wie sich diese großen Strömungen bewegen, widerspricht der Vorstellungskraft der
meisten Menschen. Das liegt daran, dass die Erde eine rotie-
rende Kugel ist und Strömungen durch die Corioliskraft abgelenkt werden (Letztere ist genau genommen gar keine Kraft,
sondern eine Illusion, die sich bei einem Betrachter auf einem
rotierenden System einstellt). Ein stetiger Wind aus Ost beispielsweise bewegt Wasser auf der nördlichen Halbkugel insgesamt nach Norden (allgemein gesagt, in einem Winkel von
90° nach rechts von der Windrichtung) und auf der südlichen
Hemisphäre nach Süden (um 90° nach links). Deshalb drü-
cken die östlichen Passatwinde in den tropischen Breiten auf

beiden Hemisphären Wasser vom Äquator weg. Dieses Wasser muss durch Wasser ersetzt werden, das in Äquatornähe aus der Tiefe aufsteigt – ein bedeutendes Meeresphänomen, das als »äquatoriales Aufsteigen« (*upwelling*) bekannt ist und das Oberflächenwasser im Äquatorbereich mit Nährstoffen versorgt.

Hauptkennzeichen der vom Wind getriebenen Meereszirkulation sind die großen Subtropenwirbel, die in jedem Meeresbecken etwa zwischen dem 15. und dem 50. Breitengrad auftreten. Sie sind so etwas wie gigantische Wasserräder, die sich horizontal in den obersten paar hundert Metern des Meeres drehen. Jeweils an ihren Westseiten transportieren diese Wirbel Wasser als schmale, schnelle Randströmung polwärts: der Golfstrom im Nordatlantik, der Kuroshio im Nordpazifik, der Brasilstrom im Südatlantik oder der Ostaustralstrom im Südpazifik. Der Rückstrom Richtung Äquator ist dagegen breit und träge, er verteilt sich über nahezu die gesamte Breite des jeweiligen Meeresbeckens. Für die Meereskunde war es ein entscheidender Durchbruch, als Henry Stommel in den vierziger Jahren des 20. Jahrhunderts die theoretische Erklärung für diese »westliche Intensivierung« fand: Der Grund ist das Erhaltungsgesetz des Drehimpulses auf der rotierenden Erde.

Im Innern jedes Subtropenwirbels befindet sich eine riesige, nahezu gleichförmige Wassermasse, wo Oberflächenwasser zusammenströmt und langsam mehrere hundert Meter absinkt. Im Nordatlantik ist diese Wassermasse die Sargassosee mit ihren berühmten Anhäufungen dicker Tangwiesen, die Alexander von Humboldt in *Ansichten der Natur* (1807) so plastisch beschrieben hat. Nach Auswertung von Logbüchern seit Kolumbus' Sichtungen der Tangwiesen war Humboldt vor allem fasziniert, dass das Seegras über Jahr-

hunderte am gleichen Ort zu finden war: »Solche Beweise der
Beständigkeit großer Naturphänomene fesseln zwiefach die
Aufmerksamkeit des Physikers, wenn wir dieselbe in dem all-
bewegten oceanischen Elemente wiederfinden« (*Über die
Steppen und Wüsten*, Anmerkung 7).

Kommen wir nach den Gezeiten und dem Wind nun zur
dritten Hauptkraftquelle der Meeresströmungen: dem »thermohalinen Antrieb«. Darunter versteht man den Wärme-
und Süßwasseraustausch an der Meeresoberfläche, wodurch
das Wasser wärmer oder kälter und salziger oder süßer wird.
»Thermo« steht für die Temperaturänderung, »halin«, das
vom griechischen Wort für Salz abgeleitet ist, für die Änderung der Salinität. Wie bereits erwähnt, beeinflussen Tempe-
ratur- und Salinitätsänderungen die Dichte des Wassers.
Dichteunterschiede aber bewirken in Flüssigkeiten Druckun-
terschiede, und diese lösen natürlich Strömungen aus.

Die wichtigste Eigenschaft des thermohalinen Antriebs ist,
dass er bestimmt, wo Wasser von der Oberfläche in die Tiefsee
absinken kann: nämlich nur dort, wo die Dichte am höchsten
ist. Nur in drei Bereichen des Weltmeers wird eine Oberflä-
chendichte von fast 1028 kg/m$^3$ erreicht: im Nordatlantik
(vor allem in der Labradorsee und im Europäischen Nordmeer), um die Antarktis herum (im Ross- und Weddellmeer)
und im Mittelmeer. In den beiden ersteren Bereichen sind die
niedrigen Temperaturen für die hohe Dichte verantwortlich,
im Mittelmeer ist es, bei relativ hohen Temperaturen, die
hohe Salinität. Da es nur durch die flache Straße von Gibraltar
mit dem Atlantik verbunden ist, hat das Mittelmeer wenig
Einfluss auf das Weltmeer. Die beiden genannten Polarregionen wirken sich hingegen tiefgreifend auf das gesamte Ozeansystem aus.

Hier sinkt Wasser ab – ein Prozess, der als »Tiefenwasser-

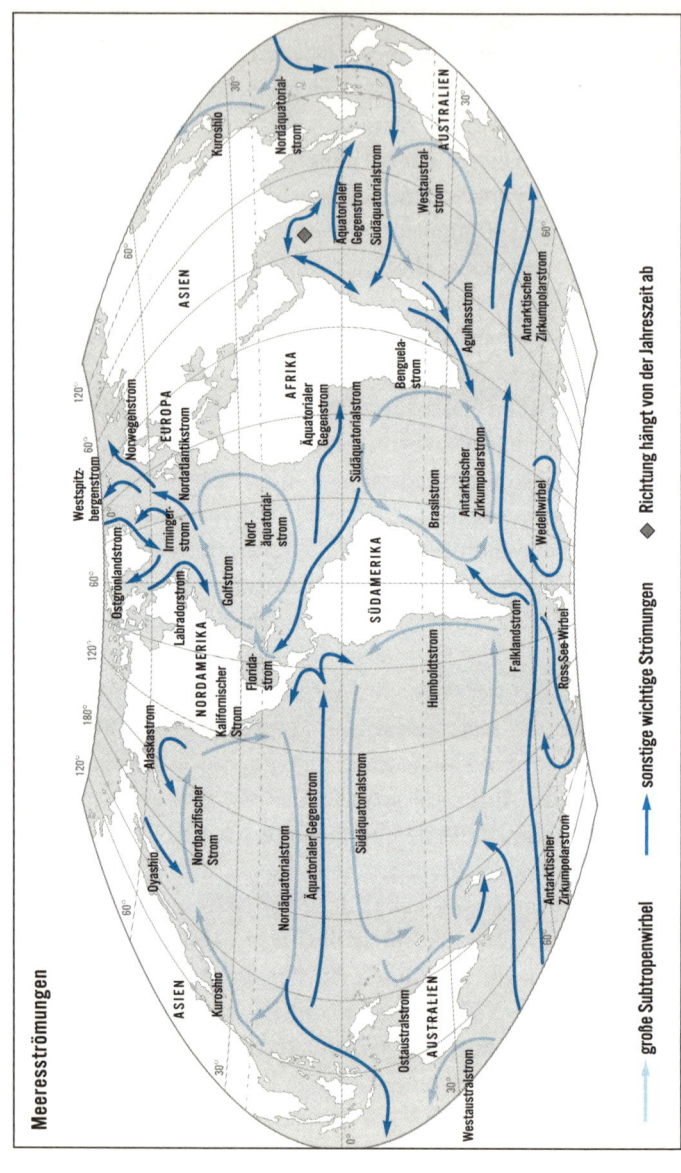

Meeresströmungen

bildung« bezeichnet wird –, um sich dann in der Tiefe rund um die Welt zu verbreiten. Die Tiefen- und Bodenwasser der Weltmeere stammen von hier. Rückflüsse nahe der Oberfläche bringen Wasser zu diesen »Abflusslöchern«, wo sie das abgesunkene Wasser ersetzen. Das Ergebnis ist eine gewaltige Umwälzbewegung der Meere (Abb. III im Farbteil), die eine Stärke von rund 30 Sv hat. (Sv ist die Abkürzung für Sverdrup, eine alte Maßeinheit für die Strömung, benannt nach dem schwedischen Meeresforscher Harald Ulrik Sverdrup. 1 Sv = 1 Million Kubikmeter pro Sekunde.)

Wenn die Tiefsee mit diesem Wasser von hoher Dichte angefüllt ist, kann natürlich kein Wasser mit geringerer Dichte aus anderen Bereichen mehr absinken – solche Wassermassen müssen oben auf dem dichteren Wasser schwimmen. Aufmerksame Leser dürften hier ein Paradoxon entdecken: Wieso kann überhaupt weiterhin Wasser absinken, wenn der Ozean einmal mit Wasser höchster Dichte gefüllt ist? Warum kommt die große Umwälzung des Meeres nicht einfach zum Erliegen? Der Hauptgrund ist, dass die Turbulenzen im Ozean langsam Wärme von den warmen Oberflächenschichten in die Tiefe hinuntermischen und so im Lauf der Zeit dort die Dichte verringern. Dieser beständige Verlust an Dichte ermöglicht den fortgesetzten Austausch von Tiefenwasser durch »junges« Wasser aus den Polargebieten.

Im 19. Jahrhundert debattierten Wissenschaftler ausgiebig darüber, was die wesentlichen Meeresströmungen wie den Golfstrom bewirkt: Wind oder thermohaline Kräfte? Wurden

**Abb. 1.2** Die wichtigsten Oberflächenströme der Weltmeere. Hell hervorgehoben sind die großen Subtropenwirbel, die sich in allen großen Meeresbecken finden.

diese Meeresbewegungen vom Wind angetrieben, oder handelte es sich um »Konvektionsströme«, wie man damals sagte?

In gewisser Hinsicht ist diese Frage auch heute noch nicht völlig beantwortet. Wir wissen jetzt, dass viele Strömungen, darunter der Golfstrom, auf eine Mischung aus beiden Antriebskräften zurückzuführen sind: Sowohl die Wind- als auch die thermohalinen Kräfte spielen eine entscheidende Rolle, aber es ist schwierig, den jeweiligen Anteil zu bestimmen.

Der Golfstrom ist die westliche Randströmung des Subtropenwirbels im Nordatlantik, und weiter oben wurde sie als vom Wind verursacht dargestellt. Aber hinzu kommt eine nach Norden gerichtete Oberflächenströmung, die Teil der gerade beschriebenen thermohalinen Umwälzung ist – und die ebenfalls zum Golfstrom beiträgt. In den mittleren Breiten des Atlantiks wird das Ausmaß dieser Umwälzung auf 15 bis 20 Sv geschätzt. Der Golfstrom hat insgesamt etwa 70 Sv (wenn man lokale Gegenströmungen mit berücksichtigt). Also könnte man für den Golfstrom sagen, dass etwa ein Viertel davon thermohalin bedingt ist und drei Viertel windgetrieben sind. Aber das ist nur eine grobe Schätzung, denn bei windgetriebenen und thermohalinen Meeresströmungen kommt es zu nichtlinearen Wechselwirkungen, und es gibt keine Möglichkeit, sie eindeutig voneinander zu trennen.

Die stärkste Meeresströmung der Erde kreist um den antarktischen Kontinent: der Antarktische Zirkumpolarstrom. Er hat 120 bis 140 Sv – das ist mehr als das Tausendfache des Amazonasstroms! Er reicht von der Oberfläche bis hinunter zum Meeresgrund. Sowohl westliche Winde als auch thermohaliner Antrieb (aufgrund der Abkühlung um die Antarktis) tragen zu dieser kräftigen Strömung bei, aber der Hauptgrund für seine Stärke ist der Umstand, dass er nicht durch Kontinente behindert wird. Auf einem rotierenden Körper tendieren Winde und Meere von Natur aus dazu, den Breitenkreisen zu folgen – etwa der Westwindgürtel. Für Meeresströmungen ist dieser Weg überall durch Kontinente versperrt – außer zwischen dem 56. und 63. Breitengrad Süd, der Höhe der Drake Passage. Hier kann der Antarktische Zirkumpolarstrom den Erdball von West nach Ost umkreisen, ohne dass sich ihm Barrieren in Form von Kontinenten in den Weg stellen.

Meeresströme fließen in Wahrheit nicht so stetig und geradlinig, wie das die vereinfachten Darstellungen in Atlanten (und auch in diesem Buch) nahe legen. Die meisten von ihnen weisen heftige Turbulenzen und unstetige Strömungen sowie zahllose Mäander und Wirbel auf, die sich ständig verändern. Satellitenaufnahmen und auch die hoch auflösenden Zirkulationsmodelle, die die Meeresforschungsinstitute auf ihren Supercomputern laufen lassen, liefern ein anschauliches Bild davon. Solche Wirbel und Mäander sind in den Ozeanen weit verbreitet, und in den Computermodellen entstehen sie aufgrund von Instabilitäten in den zugrundeliegenden hydrodynamischen Strömungsgleichungen ganz von allein.

Turbulenzen sind im Ozean von großer Bedeutung, denn sie vermischen Wärme, Salz und Nährstoffe – daher haben sie eine erhebliche Auswirkung auf die Dichte und große Strömungen, auf die Verteilung von Schadstoffen und auf die biologische Produktivität. Eine der großen Herausforderungen der physikalischen Meeresforschung ist heute, die Eigenschaften der Turbulenzen besser zu verstehen und im Modell abzubilden – also ihre räumliche Verteilung und zeitliche Veränderung zu beschreiben.

## Wellen

Ein weiteres faszinierendes Phänomen der Meeresdynamik sind die Wellen. Surfer reisen rund um die Welt, um sich ideal brechende Wellen zu finden, während Konstrukteure von Deichen oder Ölplattformen die massiven Kräfte, die Wellen entfesseln können, sorgfältig in ihre Pläne einbeziehen müssen. Der erste Herbststurm des Jahres 2006 beispielsweise erzeugte am 1. November in der Nordsee bis zu 20 Meter hohe Wellen und riss eine norwegische Ölplattform mit 75 Mann Besatzung los. Glücklicherweise konnten alle gerettet werden.

Die meisten Wellen entstehen aufgrund der Einwirkung von Wind auf die Wasseroberfläche. Große Wellen, die durch Stürme hervorgerufen werden, können Tausende von Kilometern zurücklegen. Auf diesem Weg sortieren sie sich nach ihren Wellenlängen, weil sie sich je nach ihrer Wellenlänge unterschiedlich schnell ausbreiten. Weit entfernt von dem Sturm, der sie ausgelöst hat, kommen diese Wellen daher als sehr regelmäßige Dünung an. Sie brechen, wenn sie flaches Wasser erreichen, weil sie dann von unten gebremst werden und der Kamm das Wellental überholt.

In Extremfällen können Seebeben und Erdrutsche unter Wasser sehr lange Oberflächenwellen auslösen, die als Tsunamis (und manchmal auch falsch als »Gezeitenwellen«) bezeichnet werden. Sie können binnen Stunden über ganze Meeresbecken rasen und große Zerstörungen anrichten, wenn sie sich an einer Küste auftürmen. Ihre enorme Wellenlänge von 100 bis 700 Kilometern macht sie sehr schnell: Sie erreichen Geschwindigkeiten von bis zu 700 km / h. Im offenen Meer sind selbst große und gefährliche Tsunamis nur etwa 30 Zentimeter hoch, und in einem Boot weit draußen würde man nicht merken, dass ein Tsunami darunter durchzieht. Aber wie vom Wind verursachte Wellen gewinnen sie enorm an Höhe, wenn sie flache Küstengewässer erreichen und dort abgebremst und zusammengestaucht werden.

Der Tsunami vom 26. Dezember 2004 forderte an den Küsten des Indischen Ozeans fast 300 000 Menschenleben. Am 1. November 1755 zerstörte ein Seebeben samt Tsunami im Atlantik die Hafenstadt Lissabon, und 1883 löste der Ausbruch des Krakatau einen größeren Tsunami in Indonesien aus. Im Pazifik gibt es seit 1946 ein Tsunami-Warnsystem: Wird ein möglicherweise gefährliches Seebeben registriert, wird die Ausbreitung der Tsunami-Wellen per Computermodell berechnet und die Bevölkerung an den Küsten über Radio, mit Sirenen und anderen Mitteln gewarnt, dass sich ein Tsunami nähert.

Neben den richtigen Tsunamis gibt es auch kleinere »Meteotsunamis«, die durch bestimmte Luftdruckschwankungen ausgelöst werden und bislang vor allem im Mittelmeer beobachtet wurden. Sie führen zu rätselhaften großen Wellen, die aus heiterem Himmel in Hafenstädten wie Ciutadella auf der Insel Menorca auftreten und gelegentlich zu erheblichen Schäden führen. Den Einheimischen sind diese plötzlichen Wellen unter verschiedenen Namen bekannt: In Menorca heißen sie *Rissaga*, in Malta *Milghuba* und in Sizilien *Marrubio*.

Die meisten Laien denken nur an die Meeres*oberfläche*, wenn von Wellen die Rede ist. Doch in Wirklichkeit gibt es sie auch im Innern des Ozeans. Diese Wellen bleiben an der Oberfläche normalerweise unsichtbar. Wellen und andere Oszillationen entstehen, wenn etwas aus dem Gleichgewicht gebracht wird und eine »Rückstellkraft« es wieder zurückzieht – diese Rolle spielt zum Beispiel die Schwerkraft, wenn von einer glatten Wasseroberfläche ein Teil nach oben ausgelenkt wird. Solch eine Rückstellkraft entsteht auch, wenn Wasser im Ozean*innern* vertikal ausgelenkt wird, weil das Meer geschichtet ist: Wie zuvor dargelegt, schwimmt relativ leichtes Wasser auf schwererem. Ein bekanntes Beispiel sind Essig und Öl, ehe sie für eine Salatsauce vermischt werden: Dort schwimmt das Öl auf dem Essig. An der Grenzfläche von Essig und Öl können Wellen entstehen, die die Oberfläche in keiner Weise kräuseln. Das Meeresinnere ist voll mit diesen »internen Wellen«, wie sie bezeichnet werden. Sie haben eine sehr niedrige Frequenz, aber große Amplituden, weil die Rückstellkraft hier aufgrund der geringeren Dichtedifferenz wesentlich schwächer ist als an der Oberfläche. Diese internen Wellen können sich wie Oberflächenwellen ausbreiten und brechen, daher sind sie eine wichtige Ursache für Turbulenzen im Meeresinnern.

## Die Küsten

Für viele Menschen ist die Küste, wo Meer und Land aufeinandertreffen, ein besonderer Ort. Urlauber zieht es an Strände, viele der größten Städte der Welt – etwa New York, Tokyo, Shanghai oder Mumbay – liegen direkt am Meer, und seit vielen Jahrtausenden finden Menschen durch Fischen und andere maritime Tätigkeiten ihr Auskommen an Küsten. Heute leben rund 300 Millionen Menschen weniger als fünf Meter über dem mittleren Meeresspiegel – darauf kommen wir im vierten Kapitel zurück, wenn es um den Anstieg des Meeresspiegels geht.

Unsere Erde hat sehr lange Küstenlinien. Ihre genaue Länge hängt davon ab, welchen Maßstab man anlegt, denn die Küstenlinie ist fraktal geformt und wird länger und länger, je mehr Ein- und Ausbuchtungen man in die Messung

einbezieht. Doch wenn man ein »Lineal« von ein paar Kilometern Länge anlegt, kann man als Faustregel festhalten,
dass die Erde rund eine Million Kilometer Küstenlinie be-
sitzt. Dies klingt nach ziemlich viel. Doch wenn wir die
gesamten sechs Milliarden Menschen, die gegenwärtig auf
diesem Planeten leben, entlang der Küsten dieser Welt auf-
reihen, würde es mit sechs Personen pro Meter ziemlich eng
werden. Diese Perspektive hilft vielleicht zu verstehen, warum menschliches Handeln große Auswirkungen auf die
Meere haben kann.

Die Küstenlinien sind nicht statisch, sondern werden durch
die ständigen Wechselwirkungen von Wasser und Land geformt. Am wichtigsten dabei ist die energetische Aktivität der
Wellen, die den Küstenbereich und das Profil des Meeresbodens davor formt. Wellen liefern Energie, die die Küstenlinie
erodieren lässt, und sie suspendieren Sedimentpartikel im
Wasser. Hereinkommende Wellen bewirken Küstenströmun-
gen, die Sand transportieren. Unter gewissen Bedingungen
lösen sie auch Rippströmungen aus, die unerfahrenen
Schwimmern gefährlich werden können. Verallgemeinernd
lässt sich sagen, dass in einer Gegend mit starkem Wind und
energiereichen Wellen die Strände eher aus gröberem Material (grober Sand, Kies oder Steine) bestehen und steiler sind.
An ruhigeren Küsten, wie man sie häufig in den Tropen oder
in geschützten Buchten findet, weisen die Strände feinen
Sand auf, sind oft breit und fallen sanft ab. Ein großer Tidenhub bewirkt gleichfalls weite Strände.

Wie stark eine Küste erodiert, hängt auch von den geologischen Gegebenheiten ab: Hartes Gestein (wie etwa Basalt)
setzt der Erosion weit mehr Widerstand entgegen als weiches
(beispielsweise Sandstein). Sandsteinküsten erodieren oft
rasch und ziehen sich schnell zurück, wie man an winzigen

übrig gebliebenen Inselchen einige zig oder hundert Meter
vor der Küste erkennen kann.

Das Material von erodierenden Landzungen oder aus Flussmündungen wird von der Strömung und den Wellen fortge-
tragen und sammelt sich an geschützten Stellen wie etwa
Buchten oder auf dem ruhigeren Meeresgrund. Der Wind
kann auch Sand landeinwärts wehen, wo Dünen entstehen,
die schließlich von Vegetation fixiert werden. Die Gestalt des
Strandes kann sich im Lauf der Zeit wandeln, weil sich die
Windverhältnisse oder – in einem längeren Zeitrahmen – die
Höhe des Meeresspiegels ändern. Transport von Sand entlang
der Küste führt häufig zu Sandbänken wie dem neuseeländi-
schen Farewell Spit oder Barriereinseln wie Sylt. Meeresforscher untersuchen die Dynamik solcher Veränderungen in
riesigen Wellenbecken mit künstlichen Stränden.

Ein besonderer und beliebter Küstentyp sind Flussmündungen. Seit den Anfängen der Zivilisation haben Menschen
hier am liebsten gesiedelt, weil Flussmündungen sowohl
fruchtbare Ebenen für den Ackerbau als auch Möglichkeiten
zum Fischen sowie häufig noch geschützte Häfen bieten. Zudem ermöglicht der Fluss den einfachen Verkehr ins Binnen-
land und die bequeme Abfallentsorgung.

Um die Gestalt der Flussmündungen zu verstehen, muss
man sich klarmachen, dass der Meeresspiegel nach der letzten
Eiszeit – vor gerade mal rund 5000 Jahren – um 120 Meter gestiegen ist. Mündungen in flachen Küstenebenen sind also
einfach Flüsse des Pleistozäns, die durch den steigenden Meeresspiegel geflutet wurden. In höheren Breitengraden, wo die
Gletscher während der Eiszeit steile Täler bis hinunter zur
Küste geformt haben (wie in Norwegen oder im Süden von
Neuseeland), bilden diese überschwemmten Täler heute wun-
derschöne Fjorde mit gelegentlich nahezu senkrecht abfallen-

den Wänden. An Flussmündungen trifft das leichte Süßwasser auf das salzige, schwerere Meerwasser und verursacht spezielle ökologische Bedingungen und besondere Arten der Zirkulation.

## Wie das Meer das Klima beeinflusst

Wir haben uns bislang mit den wichtigsten geographischen und dynamischen Erscheinungen der Ozeane vertraut gemacht: Meeresbecken, Wassermassen, Strömungen, Wellen und Küsten. Doch welche Rolle spielen die Ozeane im Klimasystem? Im Wesentlichen tun sie fünf entscheidende Dinge: Sie speichern Wärme, sie transportieren Wärme rund um den Globus, sie geben Wasser an die Atmosphäre ab, sie gefrieren, und sie speichern Gase wie Kohlendioxid und tauschen diese mit der Atmosphäre aus. Die Ozeane sind daher integraler Bestandteil des Klimasystems und genauso wichtig wie die Atmosphäre. Wir werden im Folgenden diese Faktoren nacheinander erklären.

Weil der größte Teil der Erde von Meeren bedeckt und die Atmosphäre weitgehend für Sonnenstrahlung durchlässig ist, wird der größte Teil der eingestrahlten Sonnenenergie zunächst von den Ozeanen absorbiert. Die Meere speichern die Wärme, transportieren sie mittels Strömungen rund um den Erdball und geben sie schließlich wieder an die Atmosphäre ab. Die Ozeane kontrollieren daher, wie die Sonnenenergie in das Klimasystem gelangt und dieses antreibt.

Die große Wärmespeicherkapazität der Meere stellt einen Puffereffekt dar, der jede Veränderung des Klimas abmildert. Ein Paradebeispiel sind die Jahreszeiten: Den meisten Leuten ist bewusst, dass ein maritimes Klima im Vergleich zu konti-

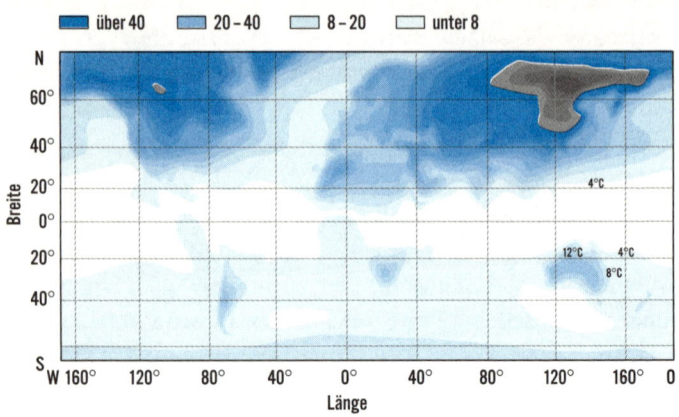

**Abb. 1.3**  Die Jahreszeitenunterschiede im Weltklima. Gezeigt ist hier die Temperaturdifferenz zwischen dem wärmsten und dem kältesten Monat des Jahres (im langjährigen Mittel). Die Meere dämpfen die Jahreszeiten stark.

nentalem Klima wesentlich geringere jahreszeitliche Schwankungen aufweist (Abb. 1.3). Im Landesinnern von Nordamerika beträgt der Temperaturunterschied zwischen Sommer und Winter bis zu 44° C, in Sibirien sogar bis zu 56° C. Im Gegensatz dazu machen die jahreszeitlichen Schwankungen in Küstennähe in der Regel weniger als 8° C aus.

Die Wärmespeicherkapazität bewirkt auch eine zeitliche Verzögerung der Temperaturschwankungen. Auf der Nordhalbkugel erfolgt das Maximum an Sonneneinstrahlung am 20. Juni (dem astronomischen Sommerbeginn), aber die höchsten Temperaturen werden im Kontinentalklima erst Ende Juli und im Seeklima im August erreicht, während die höchsten Wassertemperaturen dann im September auftreten.

Die jahreszeitliche Wärmespeicherung umfasst nicht den gesamten Ozean, sondern nur eine dünne Oberflächenschicht, die sogenannte »durchmischte Schicht«. Der Grund dafür ist einfach: Nahezu die gesamte Sonneneinstrahlung wird in den oberen Metern des Meerwassers absorbiert (die genaue Eindringtiefe hängt davon ab, wie klar das Wasser ist). Um diese Wärme innerhalb der Wassersäule nach unten zu transportieren, ist zusätzliche Energie nötig, denn warmes Wasser ist leichter und schwimmt deshalb natürlich oben. Solche zusätzliche Energie liefert der Wind, der die oberen zig Meter Wasser vermengt und so die Wärme nach unten leitet. Wie dick die durchmischte Schicht ist, hängt davon ab, wie viel Windenergie zur Verfügung steht und wie viel nötig ist, um Wärme in eine bestimmte Tiefe zu bringen. Im Sommer ist die durchmischte Schicht dünn (nur wenige zig Meter), während sie im Winter ziemlich dick sein kann (typischerweise 100–200 Meter), weil dann die Abkühlung an der Oberfläche das Wasser schwerer macht und die Vermischung verstärkt. Wie zuvor dargelegt, sinkt das Wasser dort, wo im Winter die größte Wasserdichte erreicht wird, ab und füllt im Lauf der Jahrtausende die gesamte Tiefsee. Die warmen Oberflächenwasser der Tropen und Subtropen schwimmen als dünne Schicht auf dieser Masse kalten Wassers.

Dieser Wärmepuffer-Effekt der Ozeane ist nicht nur für die Abschwächung der jahreszeitlichen Schwankungen wichtig, sondern wirkt sich auch im größeren Zeitrahmen des Klimawandels aus, denn in diesem Fall speichern nicht bloß die durchmischte Oberfläche, sondern auch tiefere Schichten enorme Wärmemengen, was die Reaktion des Klimasystems auf Störungen an der Oberfläche verlangsamt. In Bezug auf den gegenwärtigen globalen Temperaturanstieg (mehr dazu im vierten Kapitel) schätzt man, dass die Wärmespeicherung im Ozean (laut Temperaturmessungen rund 0,6 Watt pro Quadratmeter Erdoberfläche) zwischen einem Drittel und der Hälfte der von Menschen verursachten Störungen des Energiehaushalts auffängt. Anders ausgedrückt: Wenn die Menschen einen zusätzlichen Wärmefluss von 1,6 Watt verursacht haben (die Zahl ist nicht ganz sicher, weil hierbei nicht nur Treibhausgase eine Rolle spielen, sondern auch der noch ungeklärte gegenläufige Kühleffekt der Aerosole) und der Ozean davon 0,6 Watt aufnimmt, dann spüren wir nur die Auswirkungen der restlichen 1,0 Watt (alles pro Quadratmeter). Bis zur Hälfte der von uns verursachten Oberflächenerwärmung nehmen wir noch nicht wahr, weil sie bislang im Ozean »verschwindet«. Dessen immer noch kühles Wasser verbirgt den Effekt, bis sich die Meere im Lauf der kommenden Jahrzehnte nach und nach erwärmt haben.

Diese Zeitverzögerung hat Vor- und Nachteile: Einerseits dämpft sie den Klimawandel und hat bis dato eine schnellere und folgenschwerere Erwärmung verhindert. Andererseits hat sie vielleicht mitgeholfen, die Öffentlichkeit und die Politiker in falscher Sicherheit zu wiegen, weil die Erwärmung sich nur zum Teil bemerkbar macht. Aufgrund der Verzögerung kommt der Klimawandel langsamer, aber er wird deshalb auch langsamer auf unsere Gegenmaßnahmen reagieren. Wenn wir auf der Stelle damit aufhörten, die Treibhausgaskonzentrationen in der Atmosphäre weiter in die Höhe zu treiben, würde die globale Temperatur bis zum Ende des Jahrhunderts trotzdem noch um rund 0,5° C ansteigen, weil der Ozean die Erwärmung bis dahin nachholt und er allmählich aufhört, mehr Wärme aufzunehmen.

Kommen wir nun von der Wärmespeicherung zum Wärmetransport. Die Ozeane sind nicht einfach ein großer Kübel voll Wasser, der passiv Wärme speichert. Sie spielen für das

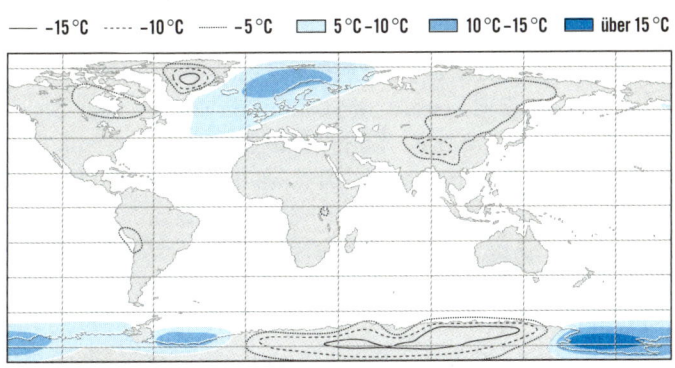

— –15 °C    ····· –10 °C    ······· –5 °C    ☐ 5 °C–10 °C    ▨ 10 °C–15 °C    ▪ über 15 °C

**Abb. 1.4** Die klimatischen Temperaturabweichungen (°C) vom Mittelwert eines jeden Breitengrades. Über den Tiefenwasserbildungsgebieten der Weltmeere im nördlichen Atlantik und im Antarktischen
Ozean liegen die Lufttemperaturen um mehr als 10 °C höher als für
den Breitengrad üblich.

Klima eine sehr aktive und dynamische Rolle – dank ihrer
Strömungen, die enorme Wärmemengen rund um den Globus befördern. Ein Teil davon wird von den Subtropen- und
auch kleineren Wirbeln transportiert. Wie in der Atmosphäre
wird die Wärme im Allgemeinen vom Äquator zu den Polen
befördert, folgt also dem Temperaturgefälle von warm nach
kalt. Auf diese Weise wird überschüssige Sonnenwärme, die
vom Klimasystem in den Tropen aufgenommen wird, durch
ihre Abgabe an das Weltall in den höheren Breitengraden ausgeglichen.

Interessanter ist jedoch die Rolle der weiter oben beschriebenen thermohalinen Zirkulation, die große Wärmemengen
in Richtung auf die Absinkgebiete im nördlichen Atlantik und
um die Arktis herum transportiert (siehe Abb. 1.4). Im Atlan-

tik führt das zu dem, was Klimatologen als »anomalen« Wärmetransport bezeichnen: Im gesamten Atlantik, auch in der Südhälfte, verläuft er nach Norden. Das bedeutet, dass die thermohaline Zirkulation im Südatlantik Wärme zum Äquator befördert, also das Temperaturgefälle hinauf, von kalt nach warm! Diese Wärme fließt dann über den Äquator weiter nach Norden, bis sie in den mittleren bis hohen Breitengraden im Nordatlantik freigesetzt wird. Dieser enorme Wärmetransport über den Äquator hinweg nach Norden ist der Hauptgrund, warum die nördliche Hemisphäre unseres Planeten wärmer ist als die südliche. Möglich ist er, weil der Atlantik zwischen den Kontinenten »eingezwängt« ist, was eine kräftige Nord-Süd-Strömung bewirkt. Ohne sie verliefe die Strömung – wie die in der Atmosphäre – von Ost nach West, und es gäbe kaum Austausch über den Äquator hinweg.

In der jüngeren Erdgeschichte hat sich diese Zirkulation als ziemlich instabil erwiesen: Sie hat ihren Verlauf geändert und zu einigen abrupten und drastischen Klimaänderungen geführt. Diese sind für die letzte große Eiszeit von vor 100 000 bis vor 10 000 Jahren gut dokumentiert. Im größten Teil dieses Zeitraums sah die atlantische Zirkulation ganz anders aus als heute. Daten aus Sedimentschichten zeigen, dass die Tiefenwasserbildung nicht wie derzeit im Europäischen Nordmeer erfolgte, sondern offenbar viel weiter südlich: im offenen Atlantik südlich von Island. Das Meer brachte also keine Wärme in die hohen Breiten – ein Grund für die bittere Kälte dort. Aber alle paar tausend Jahre stiegen die Temperaturen in Grönland binnen weniger Jahrzehnte um über 10° C – sie erreichten zwar nicht ganz die heutigen Temperaturen dort, aber es war immer noch eine starke Erwärmung. Dies geschah über zwanzig Mal, und diese Ereignisse werden nach dem dänischen Wissenschaftler Willi Dansgaard und seinem Schwei-

zer Kollegen Hans Oeschger, die sie zuerst beschrieben, Dansgaard-Oeschger-Ereignisse genannt.

Der Grund für diese Vorgänge war offenbar, dass plötzlich
im Nordmeer eine Tiefenwasserbildung einsetzte und infolge
dessen warmes, salziges Atlantikwasser weit nach Norden
vordrang. Sedimentschichten in der Nähe von Island belegen,
dass die Salinität immer dann sprunghaft anstieg, wenn es in
Grönland warm wurde. Und die jüngsten europäischen Eis-
kernbohrungen in der Antarktis – im Rahmen von EPICA,
dem European Project for Ice Coring in Antarctica – zeigen,
dass jedes Mal, wenn die Temperaturen auf Grönland in die
Höhe schnellten, in der Antarktis eine allmähliche Erwärmung in eine langsame Abkühlung umschlug. Dies ist ein
klares Zeichen, dass der Wärmetransport im Atlantik zugenommen hat; Computer-Simulationen der Dansgaard-
Oeschger-Ereignisse zeigen dasselbe Muster.

Auch eine zweite Art von plötzlicher Veränderung der Meereszirkulation ist gut belegt: der völlige Stopp von Tiefenwasserbildung im Nordatlantik. Dies geschah mehrfach und war
offenbar die Folge eines massiven Süßwasserzuflusses im
Nordatlantik – entweder aufgrund eines größeren Eintrags
von Festlandeis (sogenannte Heinrich-Ereignisse, bei denen
eine riesige Armada von Eisbergen über den Atlantik trieb)
oder aber durch Schmelzwasser am Ende der letzten Eiszeit. So
brach beispielsweise vor 8200 Jahren ein Eisdamm, der einen
größeren Schmelzwassersee in Nordamerika aufgestaut hatte
– den Agassizsee –, und verursachte die letzte starke Abkühlung auf Grönland, die die Eisbohrkerne belegen. Ein Stopp
der Zirkulation bedeutet Kälte in Europa, wie Pollenuntersu-
chungen und Sedimentbohrkerne belegen. Physikalisch macht
dies Sinn – der Eintrag einer großen Menge Süßwassers in den
Atlantik bewirkt einen Süßwasser-»Deckel«, der verhindert,

dass Wasser absinkt. Damit unterbricht er die Tiefenwasserbildung, die für die thermohaline Zirkulation entscheidend ist.

Im Gegensatz zu diesen Kältephasen, die eindeutige Ursachen haben, ist bei den warmen Dansgaard-Oeschger-Ereignissen besonders interessant, dass in den Daten kein klarer Auslöser für diese Veränderungen der Meeresströme erkennbar ist. Wir vermuten, dass sehr geringe Klimaschwankungen (vielleicht einer der schwachen Sonnenzyklen) ausreichen, den Wandel im Meer anzustoßen, denn die Meereszirkulation war zu jenem Zeitpunkt sehr instabil. Sie muss sich dicht an der Schwelle zu einem »Umkippen« befunden haben. Das ist keine bloße Spekulation, denn die Physik solcher kritischen Schwellen ist recht gut bekannt. Ursache ist eine empfindliche Balance im Salzgehalt des nördlichen Atlantik, nämlich zwischen dem Süßwassereintrag durch Regen, Flüsse und Schmelzwasser und dem Zustrom weiterer Salzwassers aus dem Süden durch die Meeresströmung. Da die Strömung, wie oben dargelegt, von der Salinität abhängt und die Salinität wiederum von der Strömung, liegt hier eine klassische positive Rückkopplung vor; und wie jeder Physiker weiß, kann dies zu instabilem Verhalten führen, und dann besteht die Gefahr, dass das System in einen anderen Zustand umkippt. Mit Hilfe von Klimamodellen wurde dieses Schwellenverhalten systematisch untersucht. Im vierten Kapitel werden wir auf das Risiko eingehen, dass solche Instabilitäten bei den Meeresströmungen auch künftig auftreten könnten. In der derzeitigen Situation sollten wir als Lektion aus der Klimageschichte im Hinterkopf behalten, dass Meeresströmungen ziemlich instabil sein können, was zu erheblichen regionalen Klimaänderungen führen kann.

Auch beim bislang gewohnten Klima führten die Dynamik der Meere und das Wechselspiel von Strömungen, Winden und Wassertemperaturen zu Schwankungen. Die wichtigsten davon sind das El-Niño-Phänomen (auch als *southern oscillation* bekannt) und die Nordatlantische Oszillation. Als El Niño bezeichnete man ursprünglich eine plötzliche Erwärmung der Meerestemperaturen im östlichen tropischen Pazifik (vor den Küsten Südamerikas), die alle drei bis sieben Jahre auftritt und monatelang anhält. Heute wissen wir, dass es sich um die Warmphasen einer natürlichen Schwankung handelt, in deren Verlauf die Passatwinde abschlaffen und warmes Wasser aus dem tropischen *warm pool* (siehe oben) vom Westpazifik nach Osten »schwappt«, was wiederum die Abschwächung der Passatwinde noch unterstützt (eine klassische positive Rückkopplung) und zum Beispiel in Indonesien und Australien zu Dürre, in Südamerika dagegen zu Starkregen führt. Ozeanische Wellen, die am Äquator quer über den Pazifik laufen, beenden schließlich dieses Phänomen wieder – das System pendelt hin und her. Bei der Nordatlantischen Oszillation (NAO) dagegen handelt es sich um eine »Luftdruckschaukel« zwischen dem Azorenhoch und dem Islandtief, die auch von den Meerestemperaturen beeinflusst wird und darüber entscheidet, ob wir einen milden und stürmischen Winter mit starker Westströmung über Europa bekommen (in den positiven Phasen der NAO), oder aber einen kalten und trockenen Winter (in den negativen Phasen).

Drittens beeinflussen die Meere das Klima, indem sie durch Verdunstung Wasser an die Atmosphäre abgeben (siehe Abb. II im Farbteil). Den meisten Menschen ist klar, dass das Wasser, das als Regen oder Schnee auf das Land fällt, letztlich aus dem Ozean stammt (in den es am Ende des Wasserkreislaufs auch wieder gelangt). Die Menge ist schwindelerregend: Pro Jahr verdunsten über 400 000 Kubikkilometer Wasser aus den Meeren – das entspricht etwa der zwanzigfachen Wassermenge in der Ostsee. Die Luft über den Ozeanen ist im Schnitt zu 80 % mit Wasserdampf gesättigt (das heißt, die hat eine relative Luftfeuchtigkeit von 80 %). Aus dem Meer verdunstendes Wasser bleibt durchschnittlich zehn Tage in der Luft (alle zehn Tage wird also das gesamte Wasser in der Atmosphäre ausgetauscht), und es wird rund 1000 Kilometer weit transportiert, ehe es wieder abregnet. Insgesamt enthält die Atmosphäre aber erstaunlich wenig Wasser: Ginge die gesamte Wassermenge auf einmal nieder, würde das den Meeresspiegel nur um drei Zentimeter anheben.

Das Wasser bildet natürlich Wolken, und eine Änderung der Wolkenbedeckung ist eine der wenigen Möglichkeiten, den Energiehaushalt der Erde und damit die globale Durchschnittstemperatur zu beeinflussen. Dies geht nur durch Veränderungen der Sonneneinstrahlung (also zum Beispiel der Sonnenaktivität), des Anteils der reflektierten Sonneneinstrahlung (die sogenannte Albedo – dabei haben Wolken großen Einfluss) oder der ins Weltall gehenden langwelligen Strahlung. Indem sie reichlich Wasser für Wolken liefern, kühlen die Ozeane das Klima ab.

Nur wenige wissen aber, dass der Wasserkreislauf auch sehr eng mit dem Energiekreislauf verknüpft ist. Für das Verdampfen von Wasser wird viel Wärme benötigt – die sogenannte Verdunstungswärme –, weil sich Wasserdampf auf einem höheren Energieniveau befindet als flüssiges Wasser. Sobald der Wasserdampf zu Tröpfchen kondensiert (wenn sich also Wolken bilden), wird diese Wärme wieder freigesetzt. Die Verdunstung ist ein Wärmevernichter an der Meeresoberfläche: Sie verbraucht einen Großteil der Sonnenenergie, die auf das Wasser trifft. Die Kondensation auf Höhe der Wolken stellt die Kehrseite der Medaille dar: Sie bildet eine große Wärmequelle für die Atmosphäre.

Ein spezielles und wichtiges Beispiel dieses Zusammenhangs sind die Tropenstürme: Ihre Hauptenergiequelle ist die Verdunstung an der Meeresoberfläche. Deshalb entstehen sie nicht über dem Festland (sobald sie auf Land treffen, fallen sie sehr rasch zusammen) oder über kalten Gewässern (wo die Verdunstungsrate zu niedrig ist). Im Zentrum eines Hurrikans steigt mit Wasser gesättigte Luft auf; da der Druck mit zunehmender Höhe fällt, kühlt sie sich ab und wird dadurch übersättigt. Die Folge ist eine Freisetzung von Wärme. Das Luftpaket wird daher wärmer als die benachbarte Luft, was dazu führt, dass es noch schneller aufsteigt. Es entsteht eine Säule heftig nach oben strömender Luft, was nahe der Oberfläche einen Zustrom in dieses Gebiet bewirkt, der den Auftrieb speist. Die starken Winde verstärken die Verdunstung und somit die Energiezufuhr für den Sturm. Die Corioliskraft lenkt die Winde ab, die versuchen, ins Zentrum des Sturms zu strömen, und versetzt den Hurrikan in eine Drehbewegung: gegen den Uhrzeigersinn auf der Nordhalbkugel, mit dem Uhrzeigersinn auf der südlichen Hemisphäre. Direkt über dem Äquator verschwindet die Corioliskraft, deshalb sind hier keine Hurrikane anzutreffen, sondern erst mindestens fünf Grad nördlich oder südlich davon.

Viertens können die Meere sich durch das Eis auf das Klima auswirken. Wie erwähnt, kann man den globalen Wärmehaushalt beeinflussen, indem man die Albedo ändert, also den Prozentsatz des Sonnenlichts, der reflektiert wird. Ein besonders effizientes Mittel dafür ist die Umwandlung von Meerwasser in Eis und umgekehrt. Meerwasser gefriert bei etwa $-1,8\,°C$ – der Salzgehalt wirkt wie ein leichtes Frostschutzmittel. Wie wir auf Satellitenbildern erkennen können, gehört Meerwasser zu den dunkelsten Oberflächen auf der Erde; es absorbiert über 90 % der Sonneneinstrahlung. Eis hingegen gehört zu den hellsten Oberflächen und reflektiert über 90 %. Dies bewirkt einen starken Einfluss der Meere auf das Klima: Wenn sich die Polarregionen erwärmen und die Meereisfläche schmilzt, wird weniger Sonnenlicht zurückgespiegelt und mehr aufgenommen, was die Erwärmung verstärkt. (Wie im vierten Kapitel ausgeführt, ist dies ein wichtiger Prozess, der derzeit in der Arktis abläuft und für die besonders starke Erwärmung dort in den letzten Jahrzehnten verantwortlich ist.) Aber die Ozeane erzeugen nicht nur Meereis, sie liefern auch das Wasser für Schnee auf dem Land und die Bildung von Gletschern und kontinentalen Eisschilden, die eine ähnliche Eis-Albedo-Rückkopplung auf dem Land bewirken. Vor 20 000 Jahren – auf dem Höhepunkt der letzten Eiszeit – lag der Meeresspiegel 120 Meter tiefer als heute – so viel Wasser lieferte das Meer zur Bildung der ungeheuren Eismassen an Land!

Die fünfte Form größeren Einflusses des Meeres auf das Klima ist schließlich den Austausch von Gasen mit der Atmosphäre. Das wichtigste dieser Gase ist Kohlendioxid ($CO_2$). Die Atmosphäre enthält rund 800 Milliarden Tonnen Kohlenstoff in Form von Kohlendioxid (bevor die Emissionen durch die Menschheit begannen, waren es 600 Milliarden Tonnen). Wem das als viel erscheint, sollte bedenken, dass sich in den Meeren etwa fünfzigmal so viel befindet. Dieses riesige Reservoir ist an die Atmosphäre gekoppelt: An seiner Oberfläche kann das Meer Gas in die Atmosphäre freisetzen und auch Gas aus der Atmosphäre aufnehmen. Auf diese Weise tauscht es de facto pro Jahr rund 90 Milliarden Tonnen $CO_2$ mit der Atmosphäre aus. In den Jahrtausenden vor der Industrialisierung nahm das Meer etwa so viel auf, wie es freisetzte, und das System befand sich im Gleichgewicht. Dies lässt sich an den Daten der Eisbohrkerne ablesen: Sie zeigen, dass die Kohlendioxidkonzentration über Jahrtausende hinweg annähernd konstant blieb. Mittlerweile bläst die Menschheit sechs Milliarden Tonnen Kohlenstoff pro Jahr in die Atmosphäre, von denen durch den Gasaustausch an der Wasseroberfläche ungefähr zwei Milliarden in die Ozeane gelangen. Daher steigt seither der Kohlendioxidgehalt nicht nur in der Atmosphäre, sondern auch in den oberen Bereichen der Meere, wie Tausende von Messungen belegen. Dass die Meere uns einen Teil dieser Last abnehmen, ist gleichzeitig Segen wie Fluch: Sie mildern die globale Erwärmung ab, indem sie die $CO_2$-Zuwachsrate in der Atmosphäre verringern (wie im vierten Kapitel dargelegt wird), andererseits führt das zu einer zunehmenden Versauerung der Ozeane (was im fünften Kapitel behandelt wird).

## 2  Das Leben in den Ozeanen

Das Leben begann im Meer, und im Lauf der Zeit wurden die Ozeane zur Heimat zahlloser faszinierender und schöner Pflanzen und Tiere. Die meisten Organismen, die im Verlauf der Erdgeschichte im Meer entstanden und darin gelebt haben, sind mittlerweile ausgestorben, aber das ist bloß Ausdruck dessen, dass sich das Leben ständig verändert und weiterentwickelt. Heute ist in den Weltmeeren eine phantastische Vielfalt an Lebewesen zu finden. Niemand weiß genau, wie vielen Arten der Ozean eine Heimat bietet, aber man schätzt, dass ihre Zahl 10 Millionen oder mehr betragen kann. Erst 300 000 sind wissenschaftlich erfasst, und viele dieser Wesen hat folglich bislang kein menschliches Auge erblickt.

### Die Meeresorganismen und das System Erde

Das Meeresleben spielte und spielt noch immer eine wesentliche Rolle bei der Bildung des Systems Erde als Ganzem – also des Planeten, wie wir ihn kennen. Vor rund 3,4 Milliarden Jahren entwickelten einige der winzigen, primitiven Pflanzen im urzeitlichen Meer eine Form der Fotosynthese, bei der als Nebenprodukt Sauerstoff anfällt (eigentlich waren es bloß fotosynthetische Bakterien, die als »Cyanobakterien« bezeichnet werden). Dank dieser Entwicklung enthält die Luft, die wir heute atmen, rund 21 % Sauerstoff – eine Konzentration, die hoch genug ist, um vielzellige Lebewesen wie uns zu ermöglichen. Als wäre das nicht schon genug, führte die Sauerstoffproduktion der Meerespflanzen schließlich auch zur Bildung einer Ozonschicht in der Stratosphäre, in 15 bis 50 Kilometer Höhe, die die ultraviolette Strahlung der Sonne filtert und ein Leben an Land ermöglicht. Ehe sich diese Ozonschicht gebildet hatte, gab es irdisches Leben nur in den Meeren, weil Wasser gleichfalls die UV-Strahlung ausfiltert. Obwohl sie mit bloßem Auge nicht zu erkennen sind, verdanken wir den Cyanobakterien unser Dasein.

Wenn man bedenkt, wie wichtig Meeresorganismen für die Entwicklung einer uns zuträglichen Umwelt waren, scheint es merkwürdig, dass die meisten Menschen über die Natur im Meer nur wenig wissen und ihr kaum Respekt entgegenbringen. Den meisten ist klar, dass viele menschliche Verhaltensweisen an Land die Natur bedrohen, weil sie die Lebensbedingungen oder Habitate verändern, von denen Organismen abhängig sind. Deshalb ist in den meisten Ländern geregelt, wo und wie viel umweltschädliche Aktivitäten erlaubt sind. Daneben werden Schutzgebiete ausgewiesen, in denen sich die Natur – oder wenigstens Teile davon – mehr oder weniger frei von menschlichen Eingriffen entwickeln kann. Weltweit sind geschätzte 18 Millionen Quadratkilometer Land gewissen Naturschutzregeln unterworfen. Obwohl es keinerlei Grund gibt, die Natur in den Meeren für weniger wichtig oder schützenswert als die an Land zu halten, schätzt man, dass heute nur 1,9 Millionen Quadratkilometer Meer dem Naturschutz unterliegen. Angesichts der Tatsache, dass der mit Meer bedeckte Teil der Erde mehr als doppelt so groß ist wie ihre Landfläche, kann man sich nur wundern, wieso der Naturschutz in den Ozeanen so geringen Stellenwert hat.

Die Antwort hat zweifellos damit zu tun, dass das Meer für

uns eine sehr fremde und feindselige Umwelt darstellt. Würde man uns hineinwerfen, könnten wir in den meisten Fällen nicht sehr lange überleben. Daher beschränken wir uns im Allgemeinen darauf, den Ozean vom Ufer aus zu betrachten, was normalerweise bedeutet, dass wir *über* das Meer schauen statt hinein und das Leben darin nicht wahrnehmen. Wir können uns auf ein Schiff stellen und hinunter aufs Wasser blicken, doch auch dann erkennen wir nicht die Natur darin. Manche Menschen dringen mit Tauchausrüstungen oder U-Booten kurze Zeit ins Meer selbst vor, doch auch dann lassen es unsere Sinne nicht zu, dass wir den Großteil des Lebens im Meer wahrnehmen und würdigen.

### Wie sich das Leben an Land von dem im Meer unterscheidet

Überlegen Sie einmal kurz, was wir sehen, wenn wir durch einen Wald gehen. Sofort fallen uns Bäume und Pflanzen sowie kleinere Tiere wie Insekten und Vögel ins Auge. Gelegentlich entdecken wir auch ein größeres Tier, etwa ein Reh, ein Wildschwein oder einen Fuchs. Und wenn wir sehr viel Glück haben, sehen wir eines der großen Raubtiere an der Spitze der Nahrungskette: einen Adler oder einen Wolf. Doch alles in allem gewinnen wir den Eindruck, dass im Wald überwiegend kleinere Tiere leben, die sich entweder direkt von Pflanzen ernähren oder von anderen Tieren, die Pflanzen fressen. Beobachten wir als Nächstes auf einer Wiese die Natur. Was sehen wir? Andere Pflanzen und eine ganz unterschiedliche Fauna: andere Vögel, in der Ferne ein Kaninchen, eine Schlange, die sich in der Sonne aalt, und anstelle der schwarzen Käfer des Waldbodens Schmetterlinge. Instinktiv wissen wir: Dass die Natur in diesen beiden verschiedenen

Umwelten anders aussieht und sich anders verhält, liegt daran, dass in jedem dieser Bereiche unterschiedliche Pflanzen wachsen.

Lassen Sie uns nun zum Meer gehen und dort die Natur beobachten. Wir springen irgendwo mitten in den Ozean und landen an einer Stelle, die für das Meer als Ganzes repräsentativ ist. Wir sind also weit von der Küste und unserem Lieblingsstrand entfernt. Wir können überhaupt kein Land sehen. Der Meeresboden liegt Hunderte oder gar Tausende von Metern unter uns. Was sehen wir? Nichts. Keine Pflanzen, keine Insekten, keine kleinen Tiere. Wenn wir lange genug warten, zieht vielleicht mal ein Fisch oder ein Schwarm kleiner Fische vorbei, und – ganz – selten kann mal ein großer Fisch, der die kleineren frisst, oder ein Säugetier wie eine Robbe oder ein Wal vorbeischwimmen. Wenn man Menschen bittet, sich die Natur im offenen Meer vorzustellen, erzählen die meisten daher nur von Fischen, Haien und Walen, nicht von den Ökosystemen, von denen diese leben.

Die Natur an Land und die Faktoren, die dort die Ökosysteme strukturieren, verstehen wir intuitiv. Es ist uns bewusst, dass das Pflanzenangebot in hohem Maße regelt, welche Arten von Pflanzenfressern vorkommen und woraus der Rest des Ökosystems besteht. Wir wissen auch, dass es für das Überleben von Pflanzen am wichtigsten ist, Zugang zu Wasser, Licht und Nährstoffen zu haben. Deshalb haben Pflanzen an Land häufig ein riesiges Wurzelgeflecht. Viele wachsen in die Höhe, um mehr Licht abzubekommen. Und dafür mussten sie kräftige Stängel oder Stämme entwickeln, durch die Wasser die gesamte Pflanze hoch transportiert werden kann. Groß und vielzellig zu sein – mit unterschiedlichen Zellen, die jeweils verschiedene Funktionen ausüben (Wassertransport, Verstärkung von Zellwänden, Fotosynthese und so weiter) –, verschafft den Pflanzen einen Wettbewerbsvorteil an Land, wo Wasser und Licht meist getrennt vorkommen: Ersteres tief im Boden, Letzteres in ausreichender Menge oberhalb der Erdoberfläche.

Für Pflanzen im Meer ist die Wasserversorgung kein Problem. Daher besteht für sie keine Notwendigkeit, relativ große und differenzierte Formen auszubilden, wie das für höher entwickelte Pflanzen an Land typisch ist. Man kann sogar sagen, dass es im offenen Meer ein Wettbewerbsnachteil wäre, eine große Pflanze zu sein, weil diese absinken und damit rasch in Tiefen geraten würde, wo es kaum noch Licht gibt. Daher ist der größte Teil der Meerespflanzen relativ klein: 95 % oder mehr der Fotosynthese im Meer erfolgt durch Pflanzen, die man mit bloßem Auge nicht erkennen kann – dabei gibt es im Meer ebenso viel pflanzliche Aktivität (Fotosynthese) wie an Land.

## Meerespflanzen: Phytoplankton

Zusammengenommen werden diese winzigen Pflanzen als Phytoplankton bezeichnet: *Phyto* kommt vom griechischen Wort für Pflanze, und *Plankton* bezeichnet Organismen, die zu klein beziehungsweise zu schwach sind, um ihren Standort angesichts der Wasserbewegung selbst bestimmen zu können. Weil wir Phytoplankton nicht sehen können, ignorieren wir oft, dass es aus einer ganzen Reihe taxonomischer Gruppen mit sehr unterschiedlichen Merkmalen besteht. Hinzu kommt noch, dass die verschiedenen Phytoplanktonarten – relativ betrachtet – enorme Größenunterschiede aufweisen. Im Verhältnis zu uns sind zwar alle äußerst klein, aber die kleinsten und die größten Phytoplanktonarten differieren relativ mehr als Maus und Elefant. Niemand käme auf die Idee zu sagen, Mäuse und Elefanten trügen in gleicher Weise zu den Nahrungsketten an Land bei, und selbstverständlich sind die Größenunterschiede bei den Phytoplanktonarten für jene Tiere, die sie fressen, von erheblicher Bedeutung (siehe Abb. V im Farbteil).

Große Phytoplanktonzellen mit einer Zellenlänge von über 20 µm (1 µm = 0,001 mm) können von den größten tierischen Planktonarten (»Zooplankton«) direkt gefressen werden, und Fischlarven oder kleine Fische können die großen Zooplanktonarten direkt verzehren. Einige kleine Fische ernähren sich aber auch unmittelbar von großem Phytoplankton (Abb. 2.1).

Daher sind es im Fall von überwiegend großem Phytoplankton nur ein oder zwei Glieder beziehungsweise Schritte in der Nahrungskette, bis die per Fotosynthese aus dem Sonnenlicht gewonnene Energie die Ebene von Fischen erreicht. Immer wenn Energie in der Nahrungskette eine Stufe höher gelangt (wenn ein also kleines Tier eine Pflanze frisst oder ein größeres Tier jenes frisst, das die Pflanze gefressen hat – man nennt diese Stufen »Trophieebenen«), gehen gut 90 % der Energie verloren, die in dem verzehrten Organismus enthalten war. Kurze Nahrungsketten – in denen große Phytoplanktonzellen vorherrschen – transferieren also Energie effizienter vom Primärproduzenten (Phytoplankton) zum Fisch. Gebiete mit überwiegend großen Phytoplanktonarten müssten also auch hinsichtlich des Fischvorkommens produktiver sein als jene, wo kleine Phytoplanktonarten die Regel sind, und das ist in der Tat der Fall: In den gemäßigten Zonen, wo große Phytoplanktonarten bisweilen im Überfluss auftreten, sind die Fischereierträge (Menge pro Fang) wesentlich höher als in den tropischen Gebieten, wo fast immer kleine Phytoplanktonarten überwiegen.

Größe (μm)

20 000                                              1 μm = 1/1000 mm

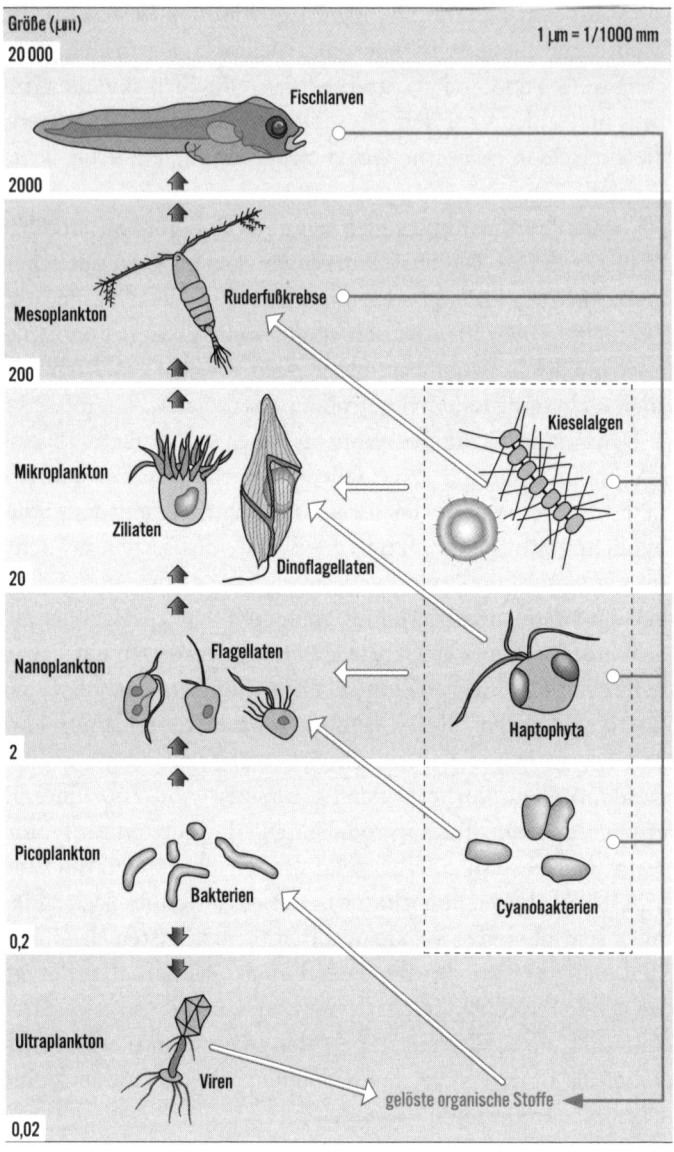

Fischlarven

2000

Mesoplankton          Ruderfußkrebse

200

Mikroplankton                                        Kieselalgen

Ziliaten

                      Dinoflagellaten

20

Nanoplankton          Flagellaten

                                                     Haptophyta

2

Picoplankton

         Bakterien                                   Cyanobakterien

0,2

Ultraplankton

              Viren            gelöste organische Stoffe

0,02

Was ist dafür ausschlaggebend, dass große oder kleine Phytoplanktonarten in einer bestimmten Region vorherrschen? Die Antwort ist einfach: die Verfügbarkeit von Nährstoffen. Pflanzen brauchen zum Wachsen Wasser, Nährstoffe und Licht. Wasser ist für Meeresorganismen kein Problem, schwieriger ist aber, sowohl Nährstoffe als auch Licht in ausreichender Menge zu finden. Die Nährstoffaufnahme des Phytoplanktons ist energieintensiv und erfolgt durch die Zellwand. Klein zu sein ist bei geringem Nährstoffangebot ein Vorteil, denn kleine Zellen haben im Verhältnis zum Volumen mehr Oberfläche als große. Wo Nährstoffe nur in niedriger Konzentration vorkommen, dominieren im Phytoplankton also eher die kleinen Zellen.

Im offenen Meer setzt die Verfügbarkeit von Stickstoff (N) den Pflanzenaktivitäten Grenzen. In einigen Küstenbereichen kann jedoch zeitweilig der Phosphor (P) diese Rolle spielen. In den letzten Jahren wurde auch deutlich, dass in weiten Teilen des Südpazifiks die Menge an Eisen (Fe) die Phytoplanktonaktivität reguliert. Dies ist eine besonders interessante Beobachtung, weil wir dadurch verstehen, wieso die Sauerstoffentwicklung in der Atmosphäre im Verlauf der Erdgeschichte nicht gleichförmig erfolgt ist. Durch Vulkanausbrüche gelangt Eisenstaub ins Meer und kann so in Gebieten, wo sonst das Eisenangebot begrenzt ist, die Fotosynthese und damit auch die Sauerstoffproduktion anregen.

**Abb. 2.1** Die Plankton-Nahrungskette. Kleines Phytoplankton wird von kleinem Zooplankton (kleinen Tieren, die in den Strömungen treiben) gefressen. Größeres Phytoplankton wird von großem Zooplankton gefressen, und dieses kann Fischlarven direkt als Nahrung dienen. Wo großes Phytoplankton vorherrscht, ist die Nahrungskette daher sehr kurz und effizient, und die Zahl der Fische ist im Allgemeinen groß.

Licht zu bekommen, ist für Phytoplankton eine Herausforderung, weil auch das Licht im Ozean von der Sonne stammt. Also gibt es nur in den obersten Meeresschichten viel davon. Mit zunehmender Wassertiefe schwächt sich die Helligkeit exponentiell ab. Um wie viel, hängt davon ab, wie klar das Wasser ist. Wo das Oberflächenwasser sehr viele Nährstoffe enthält und es viel Phytoplankton gibt, dringt das Licht nicht weit in die Wassersäule vor. Als Faustregel lässt sich sagen, dass das Wachstum von Phytoplankton bis in eine Tiefe möglich ist, wo noch 1 % des einfallenden Lichts vorhanden ist. In Meerwasser mit einer hohen Nährstoffkonzentration an der Oberfläche (etwa zu bestimmten Jahreszeiten in den gemäßigten Zonen) kann das bedeuten, dass Phytoplankton nur in den oberen 10 bis 20 Metern wachsen kann. Bei geringem Nährstoffvorkommen wie in den meisten tropischen Gewässern kann die Fotosynthese hingegen auch noch in einer Tiefe von 100 oder mehr Metern möglich sein.

Von unseren Haus- und Gartenpflanzen wissen wir, dass manche Arten im vollen Licht gedeihen und andere weniger brauchen. Dasselbe gilt für das Phytoplankton. In relativ stabilen Wassersäulen – in denen das Wasser nicht von oben bis unten gut durchmischt ist – können die einzelnen Phytoplanktonarten vom hellen Licht im Oberflächenwasser bis hinunter zu den dunkleren Verhältnissen sehr unterschiedlich verteilt sein. Wie bei Landpflanzen gibt es also eine spezifische Bandbreite an Lichtintensität, bei der eine bestimmte Art gedeihen kann. In einer gut durchmischten Wassersäule wird das Phytoplankton durch die gesamte Wassersäule gespült. Hier müssen die Arten also sowohl viel als auch wenig Licht vertragen können. Wenn die Wassersäule hingegen geschichtet ist – also aus verschiedenen Wassermassen übereinander besteht –, hat das Phytoplankton die

Möglichkeit, sich die Lichtverhältnisse »auszusuchen«, die ihm am besten bekommen. Viele der Phytoplanktonarten in geschichtetem Wasser haben Geißeln (Flagellen), dank derer sie schwimmen und sich in der Wassersäule positionieren können.

An der Meeresoberfläche ist, wie gesagt, genügend Licht für die Fotosynthese vorhanden. Dabei werden Nährstoffe aus dem Oberflächenwasser in die organischen Partikel des Phytoplanktons eingebaut und gelangen in der Folge in jene Organismen, die es fressen. Diese Nährstoffe enthaltenden Partikel sind schwerer als Wasser und sinken deshalb von der Oberfläche hinab. Dabei transportieren sie auch die Nährstoffe in die tieferen Meeresschichten. Wenn man die Temperatur oder die Salinität in der Wassersäule misst, stellt man fest, dass in den meisten Teilen der Weltmeere die Wassersäule nicht vermischt ist. Anders gesagt: Sie besteht aus zwei oder mehr unterschiedlichen Wassermassen, die übereinander liegen. Da diese Schichten unterschiedliche Temperaturen und Salinitäten aufweisen, haben sie auch unterschiedliche Dichten. Daher vermischen sie sich – wie Essig und Öl bei einer Salatsauce – nicht ohne die Zufuhr von Energie.

Würde sich nährstoffreiches Wasser aus den unteren Schichten niemals mit dem der Oberfläche vermischen, gäbe es im Meer weder Phytoplankton noch all jene Organismen, deren Überleben von ihm abhängt. Glücklicherweise gibt es aber Mechanismen, die die Nährstoffe aus der Tiefe nach oben transportieren (siehe Kapitel 1). Das Aufsteigen (Upwelling) von Wasser aus der Tiefe findet an Westküsten statt (beispielsweise vor Südamerika), wo das Zusammenspiel verschiedener physikalischer Prozesse häufig dazu führt, dass Oberflächenwasser von der Küste weg gedrückt wird. Dann steigt Tiefenwasser auf und ersetzt dieses Oberflächenwasser.

Auch am Äquator steigt nährstoffreiches Tiefenwasser nach oben, weil aufgrund der Erdrotation und der daraus resultierenden Corioliskraft am Äquator die Oberflächenwasser der beiden Hemisphären voneinander wegströmen (siehe Kapitel 1). Neben diesen beiden Systemen am Äquator und vor den Küsten kommt es noch in der Nähe der Antarktis zu einem umfangreichen Upwelling. Dass in größeren Mengen aufsteigendes Tiefenwasser aufgrund der Nährstoffzufuhr in Richtung Oberfläche das Phytoplanktonwachstum anregt, kann man deutlich an der geographischen Verteilung des Fotosynthese-Pigments Chlorophyll und damit des Phytoplanktons im Oberflächenwasser erkennen (siehe Abb. IV im Farbteil).

Es gibt auch lokal begrenzte Formen des Aufsteigens von Tiefenwasser, für die kleine Hügel im Meeresboden und / oder örtliche Windverhältnisse verantwortlich sind. Dieses kleinräumige Upwelling kann bewirken, dass das Phytoplankton wie ein Flickenteppich verteilt ist. Anders ausgedrückt: Aufgrund lokaler physikalischer Gegebenheiten, die an bestimmten Stellen Nährstoffe aus der Tiefe ins Oberflächenwasser gelangen lassen, ist das Phytoplankton horizontal nicht gleichmäßig im Meer verteilt: In manchen Fällen gibt es schon innerhalb weniger hundert Meter erhebliche Unterschiede. Wie oben dargelegt, ist das Phytoplankton auch vertikal nicht unbedingt gleichförmig im lichtdurchfluteten Teil der Wassersäule verteilt. Häufig findet man ganz oben eine ziemlich niedrige Konzentration. Der Grund kann sein, dass es hier an Nährstoffen mangelt oder das Licht beziehungsweise die Ultraviolettstrahlung so intensiv ist, dass die Phytoplanktonzellen geschädigt werden. Oft gibt es dann ein Stück weit darunter einen Bereich mit maximaler Phytoplanktonkonzentration. Nicht selten findet man solche Spitzenwerte dort, wo

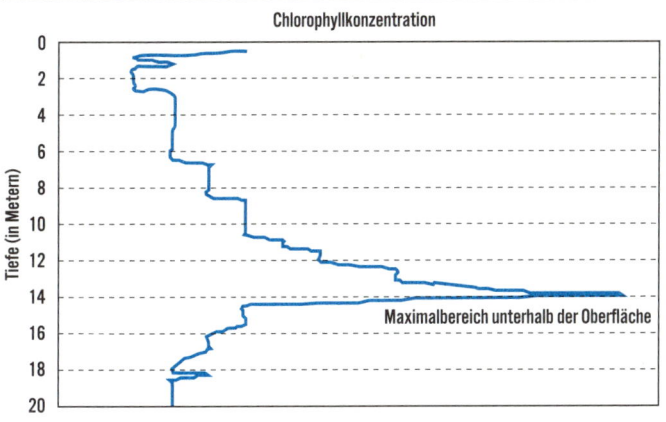

**Abb. 2.2** Die Verteilung des Chlorophylls (Phytoplanktons) in der Wassersäule belegt, dass das Pflanzenvorkommen im Meer nicht gleichförmig ist.

zwei Wassermassen aneinander grenzen; gelegentlich ist so ein Bereich sehr klein und misst in der Höhe nur einige Meter oder sogar weniger.

Kleinräumige Proben des Phytoplanktonvorkommens unterhalb der Oberfläche haben gezeigt, dass innerhalb dieser Maximalbereiche die jeweiligen Phytoplanktonarten spezifisch verteilt sein können. Bei manchen nimmt die Konzentration mit zunehmender Tiefe ab. Bei anderen steigt sie. Manche sind nur in einem schmalen Streifen zu finden, andere hingegen im gesamten Bereich. Einige Arten kommen nur zusammen mit anderen vor und manche nie gleichzeitig mit bestimmten Arten. Das alles zeigt uns – die wir nicht in der Lage sind, mit unseren Sinnen verschiedene Habitate in einer beispielsweise zwei Meter dicken Schicht der Wassersäule zu erkennen –, dass das Phytoplankton diese Habitate durchaus unterscheiden kann – und auch nutzt.

In der Ökologie geht man im Allgemeinen davon aus, dass die Anzahl der Arten in einem bestimmten Ökosystem von der Menge der vorhandenen »Nischen« (unterschiedlichen Habitate) abhängt. Deshalb war es den Ökologen lange ein Rätsel, wieso so viele verschiedene Phytoplanktonarten existieren können, wenn – mit unseren Augen betrachtet – so wenige verschiedene Nischen im Oberflächenwasser zu besetzen sind. Dass viele verschiedene Arten in einer scheinbar gleichförmigen Umgebung zu finden sind, bezeichnete die Planktonforscherin Evelyn Hutchinson 1961 als »Paradox des Planktons«. Heute wissen wir, dass die Welt des Phytoplanktons nicht annähernd so gleichförmig ist, wie uns das unsere Sinne glauben machen. Was uns einfach als kalt und nass erscheint, bietet dem Phytoplankton viele unterschiedliche Lebensbedingungen. Weil die Phytoplanktonorganismen mit bloßem Auge nicht zu erkennen sind, aber kleinräumige, für uns ebenfalls unsichtbare Unterschiede in den Meereshabitaten ausmachen und nutzen können, ist es extrem schwierig, die Vielfalt dieser Arten zu erforschen. Wir verfügen bis heute noch nicht über Untersuchungsmethoden, mit denen man die kleinräumige Vielfalt der Lebensbedingungen und die Verteilung der Meerespflanzen in vollem Umfang verstehen könnte.

## Die Evolution des Phytoplanktons

Es ist nicht nur schwierig, die kleinräumige Verteilung dieser winzigen Pflanzen zu erforschen, wir erkennen auch erst nach und nach, wie völlig verschieden sie sind. Genetisch betrach-

tet unterscheiden sich die Phytoplanktonarten stärker voneinander als die Landpflanzen.

Die in den letzten Jahren entwickelten molekularen Methoden erlauben uns, den evolutionären Wurzeln dieser Organismen nachzuspüren, und sie lassen darauf schließen, dass ein
faszinierender Mechanismus für die Evolution der verschiedenen Phytoplanktongruppen verantwortlich ist: Es sieht so
aus, als hätten ein oder mehrere frühe, keine Fotosynthese
kennende Organismen sich Zellen der primitiven fotosynthetischen Cyanobakterien »einverleibt«. Der Wirtsorganismus
und das Cyanobakterium gingen eine symbiotische Beziehung ein, von der beide wechselseitig profitierten. Vermutlich
nutzte das Cyanobakterium den Schutz und die Nährstoffe
der Wirtszelle, und diese wiederum bezog Energie aus der Fotosynthese des Cyanobakteriums. Schließlich wurde diese Beziehung permanent, und ein neuer Organismus entwickelte
sich. Dieser Prozess wiederholte sich viele Male mit unterschiedlichen Wirten und einverleibten Organismen und
führte letztendlich zu den vielen unterschiedlichen Gruppen
von Phytoplankton, die wir heute kennen.

Interessanterweise gibt es immer noch einige Organismen,
die wir bestimmten Phytoplanktongruppen zuordnen, obwohl
sie in Wirklichkeit keine echten Pflanzen sind, weil sie kein
Chlorophyll haben und keine Fotosynthese kennen. Sie wurden diesen Gruppen zugeschlagen, weil sie morphologische
Charakteristika mit ihnen teilen und daher ihren fotosynthetischen Verwandten in diesen Gruppen viel ähnlicher sind als
jeder anderen Gruppe von Organismen. Da sie keine Chloroplasten besitzen und somit keine Fotosynthese durchführen
können, müssen sie ihre Energie aus anderen Quellen bezie-
hen.

Es gibt mehrere Strategien zur Nahrungsaufnahme, die

solche nicht-fotosynthetischen Phytoplanktonarten entwickelt haben. Manche schlucken ihre Beute im Ganzen und verdauen sie dann. Eine spezielle Variante dieser Form der Nahrungsaufnahme wurde kürzlich bei einigen Arten entdeckt: Hier zerstört der fressende Organismus nicht die Chloroplasten der Phytoplanktonzelle, die er sich einverleibt hat. Der Rest der Zelle wird aufgebrochen und verdaut, aber die Chloroplasten bleiben intakt, und die Wirtszelle nutzt die Energie, die die Chloroplasten per Fotosynthese gewinnen, bis diese absterben.

Man ist versucht, darüber zu spekulieren, ob wir hier die Evolution am Werk sehen. Ist dies der Beginn einer Beziehung zwischen Fressfeind und Beute, die im Lauf der Zeit zu einer permanenteren werden könnte? Was signalisiert der Wirtszelle, dass sie die Chloroplasten der verzehrten fotosynthetischen Zellen nicht zerstören und verdauen soll? Woher »weiß« die Zelle, dass es von Vorteil sein kann, Chloroplasten zu behalten? Niemand weiß derzeit die Antworten auf solche Fragen. Doch wenn wir erst einmal die inter- und intrazellulären Kommunikationsmechanismen in solchen Organismen kennen, könnte das weitreichende Konsequenzen für unsere Gesellschaft haben – beispielsweise was die Behandlung von Krankheiten und die Entwicklung der Nanotechnologie angeht.

### Im Meer zu leben ist gefährlich

Die Pflanzenwelt der Ozeane weist eine phantastische Vielfalt von Formen und Lebensweisen auf. Doch allen diesen Organismen gemeinsam ist ein Unterschied zu den Landpflanzen, der eine nähere Betrachtung lohnt: Sie sind allesamt sehr klein, und die meisten bestehen nur aus einer einzigen Zelle. Das hat zur Folge, dass sie außerordentlich verwundbar sind: Ein Biss genügt, und die gesamte Pflanze existiert nicht mehr.

Viele Phytoplanktonarten haben Formen, die sich schwer mit den üblichen Funktionen einer Pflanze (Aufnahme von Nährstoffen und Licht, Fotosynthese) erklären lassen. Zu diesen morphologischen Eigenarten gehören stachelartige Ausstülpungen der Zellwand, Schutzpanzer aus Kieselsäure oder Calciumcarbonat und Kettenformen oder längliche Zellen, die es dem Fressenden schwermachen, die gesamte Zelle zu verschlingen.

Andere Phytoplanktonarten produzieren Giftstoffe, die die Gefahr des Gefressenwerdens gleichfalls zu verringern scheinen. Lange wurde kontrovers diskutiert, ob die Produktion von Toxinen bei Einzellern eine Strategie sein könnte oder nicht, das Risiko des Gefressenwerdens zu verringern. Das Gegenargument lautete, dass es für einen Einzeller, sobald er einmal verschlungen sei, herzlich wenig Unterschied mache, ob der Organismus, der ihn gefressen hat, krank beziehungsweise sterben würde oder nicht. Mittlerweile hat sich jedoch herausgestellt, dass die Giftstoffe, die manche Phytoplanktonzellen ins Wasser freisetzen, dazu führen, dass die winzigen Tiere, die dieses Phytoplankton fressen, ziellos und sogar rückwärts zu schwimmen beginnen! Offensichtlich bewirkt das Toxin, dass die potenziellen Fressfeinde des Phytoplanktons die Kontrolle über ihre Bewegungen verlieren. Das macht das Beutemachen naturgemäß schwierig, und auf diese Weise kann eine Giftstoffproduktion selbst einen Einzeller schützen.

Das Gefressenwerden zu verhindern ist die größte Herausforderung für die winzigen Meerespflanzen. Man geht überhaupt davon aus, dass das Gefressenwerden zu den Hauptkräften zählt, die Ökosysteme im Meer insgesamt strukturieren, denn nicht allein das Phytoplankton hat Mechanismen entwickelt, um nicht gefressen zu werden. Es ist schon bedenkenswert, wie viele der im Meer lebenden winzigen Tiere (Zooplankton) Garnelen ähnlich sehen, obwohl genetische Untersuchungen gezeigt haben, dass es keine nahe evolutionäre Verwandtschaft zwischen diesen Arten gibt.

Möglicherweise bekommt man eine Erklärung, wenn man das auffälligste und wichtigste Merkmal einer Garnele in Erwägung zieht: nämlich ihren Schwanz, der nichts anderes ist als ein Muskel, um durchs Wasser zu »springen«. Anders ausgedrückt: Eine Garnele (und alle anderen Organismen, die ihr ähneln) besteht fast zur Gänze aus einem hochentwickelten Fluchtmechanismus, der eingesetzt werden kann, wenn der Organismus einen möglichen Fressfeind ausmacht. Der Umstand, dass so viele Meeresbewohner einen derartigen Schwanz besitzen, deutet darauf hin, dass ein solcher Fluchtmechanismus im Meer einen Überlebensvorteil bieten muss.

Noch an einem anderen Beispiel kann man ablesen, wie groß die Gefahr des Gefressenwerdens im Ozean ist, nämlich an den Fortpflanzungstrategien der Meeresorganismen. Die für die Fortpflanzung nötige Energie klug einzusetzen, heißt immer einen Kompromiss einzugehen: Einerseits gilt es, sehr viele Nachkommen zu produzieren, um die Chancen zu vergrößern, dass einige lange genug überleben, um selbst Nachkommen zu haben; andererseits geht es darum, alle Nachkommen mit möglichst viel Energie auszustatten, damit sie größere Überlebenschancen haben. Mit Ausnahme der Säugetiere scheint die Evolution im Meer jene Tiere begünstigt zu haben, die ihre Fortpflanzungsenergie in die Produktion sehr vieler Eier oder Nachkommen investieren und nicht jene, die wenige, aber wohlgenährte Junge erzeugen.

Das Beispiel eines Kabeljauweibchens verdeutlicht dies: Um den Fortbestand der Population zu gewährleisten, müssen nur zwei der Nachkommen, die es im Lauf seines Lebens produziert, bis zum Erwachsenenalter überleben (de facto reichen sogar knapp zwei, weil Kabeljaumännchen sich mit mehreren Weibchen paaren). Wie viele Eier produziert ein Kabeljauweibchen im Verlauf seiner fruchtbaren Zeit? Wenn wir davon ausgehen, dass das Weibchen nicht gefangen wird, sondern die gesamte Lebensspanne im Meer verbringt, wird es so um die 10 Millionen Eier legen. Man stelle sich nur einmal vor, ein Tier von der Größe eines Kabeljaus müsste an Land so viele Junge produzieren, um den Bestand der Art zu sichern.

Ohne Frage ist das Überleben eine große Herausforderung für die kleinen Meeresorganismen, und einer der Hauptfaktoren dabei ist das Gefressenwerden. Ein anderer ist das Finden von Futter – was für die Beute wiederum eine Frage des Gefressenwerdens ist.

## Im Wasser gelten andere Regeln als an Land

Dass Gefressenwerden der Hauptfaktor für die Strukturierung der Meeresökosysteme sein dürfte, unterstreicht einen wesentlichen Unterschied zwischen der Natur im Ozean und der an Land. Für Landlebewesen ist anscheinend der Zugang zu Wasser das, was die meisten Lebensräume bestimmt. Für maritime Ökosysteme stellt dies kein Problem dar. Einfach ausgedrückt: Im Meer gelten andere Grundregeln als an Land.

Aus vielerlei Gründen können wir dankbar sein, dass dies so ist. Nehmen wir zum Beispiel den Umstand, dass an Land überall dort Pflanzen wachsen, wo es Licht und Wasser gibt. Wäre das auch im Meer der Fall, bestünde die unmittelbare

Oberfläche aus einem dicken, öligen Phytoplanktonschaum. Solch eine Schicht würde eine Art Deckel auf dem Ozean bilden, und die Verdunstung aus dem Meer wäre im Verhältnis zur tatsächlichen stark reduziert. Eine geringere Verdunstung würde weniger Regen und ein viel feindseligeres Klima bedeuten als das, das wir und andere die trockeneren Regionen der Erde bewohnende Organismen zum Gedeihen brauchen. Für sie und uns ist es also eindeutig von Vorteil, dass die Natur im Meer nicht auf dieselbe Weise funktioniert wie die an Land.

Dass die Natur im Ozean anderen Regeln folgt als an Land, macht es uns umso schwerer, sie zu begreifen und zu schützen. Bei unseren gesellschaftlichen Anstrengungen, menschliche Eingriffe in die maritime Natur zu regulieren, neigen wir zu der Annahme, man könne das über das Leben und den Naturschutz an Land Gelernte auch auf das Meer übertragen. Aber das muss nicht unbedingt so sein.

Der unmittelbarste und offensichtlichste menschliche Eingriff in die maritime Natur ist der Fischfang, der im Grunde nichts anderes ist als eine Form von Gefressenwerden. Wie gerade ausgeführt, ist Gefressenwerden ein Hauptfaktor für die Strukturierung der Meeresökosysteme. Eingedenk dessen lässt sich absehen, dass die Fischerei einen erheblichen Einfluss auf die Struktur dieser Ökosysteme haben dürfte – und wie wir im sechsten Kapitel sehen werden, fangen Wissenschaftler gerade an zu begreifen, dass dies in der Tat der Fall ist.

## Wechselwirkungen zwischen Lebewesen und Ozean:
## *Calanus finmarchicus*

Bislang standen die Vielfalt des Meereslebens und die Interaktionen zwischen den dort zu findenden Organismen im Mittelpunkt dieses Kapitels. Doch auch eine so kurze Einführung in die maritime Natur wie diese wäre unvollständig, wenn nicht auch auf die Bedeutung der Wechselwirkungen zwischen Meereslebewesen und dem Meer selbst eingegangen wird.

Nahezu jeder hat von den Wanderungen gehört, die beispielsweise Lachse unternehmen: Die geschlechtsreifen Tiere schwimmen zum Laichen hinauf in Süßwasserflüsse und -bäche; die jungen Lachse lassen sich ins offene Meer zurücktreiben, wo sie fressen und heranwachsen. Wenn dann die Zeit für die Paarung und Produktion von eigenen Nachkommen gekommen ist, finden sie den Weg zurück in genau den Fluss, in dem sie als Jungtiere ihren Lebenszyklus begannen. Auch dieses Beispiel unterstreicht, dass Meereslebewesen in viel größerem Ausmaß als wir in der Lage sind, zwischen unterschiedlichen Wassermassen zu differenzieren sowie in und zwischen ihnen ihren Weg zu finden.

Die Fähigkeit, zwischen Wassermassen zu unterscheiden und Strömungen zu nutzen, ist aber nicht nur auf große Meerestiere wie Fische beschränkt. Eine der faszinierendsten Geschichten, wie Meeresorganismen die Verhältnisse im Ozean für ihren Lebenszyklus nutzen, handelt von einem winzigen Copepoden oder Ruderfußkrebs: *Calanus finmarchicus* (siehe Abb. VI im Farbteil).

Dieses Tier, das etwa die Größe eines Nähnadelöhrs hat, ist mit die wichtigste Beute für Fischlarven im Nordatlantik. Es wurde nachgewiesen, dass beispielsweise das Überleben von

Kabeljaujungen (auch Dorsche genannt) in der Nordsee vom *Calanus*-Angebot abhängt. Mehr *Calanus* bedeutet mehr Nahrung für die Dorsche, und das führt dazu, das mehr von ihnen das Erwachsenenalter erreichen. Für *Calanus* ist dabei natürlich der Überlebensdruck enorm. Diese Art vermehrt sich durch Eier und ist davon abhängig, dass die erwachsenen Tiere große Mengen von Phytoplankton fressen können. Wenn im Sommer in der Nordsee massenhaft Phytoplankton vorhanden ist, kann sich die Art ohne Probleme fortpflanzen und sicherstellen, dass nicht zu viele Jungtiere hungrigen Fressfeinden zum Opfer fallen. Im Winter wird es enger. Dann ist die Wassersäule aufgrund der Winterstürme gut durchmischt, und das Phytoplankton wird ständig von der Oberfläche Richtung Grund transportiert. Hinzu kommt, dass die Tage kürzer sind und die Sonne weniger stark scheint. Die daraus resultierenden Lichtverhältnisse reichen für eine nennenswerte Fotosynthese und damit Phytoplanktonvermehrung nicht mehr aus. Und das bedeutet, dass für die Eierproduktion von *Calanus* nicht mehr genügend Nahrung zur Verfügung steht.

Doch die *Calanus*-Fressfeinde sind auch im Winter in der Nordsee, und sie sind hungrig! Blieben die Ruderfußkrebse während dieser Zeit in der Nordsee, bestünde die Gefahr, dass die Population komplett aufgefressen würde. Wahrscheinlich aus diesem Grund hat das Tier den Zyklus entwickelt, die Nordsee in den Wintermonaten zu verlassen. Die im Sommer in der Nordsee geschlüpften *Calanus*-Jungen haben »gelernt« (haben das genetische Programm), die Strömungen zu nutzen, die sie im Spätsommer beziehungsweise Herbst weg vom Kontinentalschelf in den offenen Nordatlantik tragen.

Ein bislang noch nicht identifiziertes Signal bringt die fast ausgewachsenen Tiere dazu, in der Wassersäule dann auf eine

Tiefe von etwa 1000 Metern hinunterzugehen, wo sie in die »Diapause« – eine Art von Winterschlaf – fallen. Wie sich herausgestellt hat, verteilen sich die Tiere im Winter nicht nach dem Zufallsprinzip in der Tiefe des Nordatlantiks, sondern sammeln sich in bestimmten Wassermassen. Die aus der Nordsee stammende *Calanus*-Population hält ihren Winterschlaf hauptsächlich in einer Wassermasse im Färöer-Shetland-Kanal, die besonders kalt ist (0° C oder weniger – bei Salzwasser liegt der Gefrierpunkt niedriger als bei Süßwasser). Die Überwinterung in sehr kaltem Wasser ist von Vorteil, denn dann ist die Stoffwechseltätigkeit reduziert. Aus demselben Grund hängt auch der Winterschlaf von Landtieren von der Temperatur ab.

Nach mehreren Monaten in der kalten, dunklen Tiefe des Nordatlantiks erwachen die Männchen aus ihrer Diapause und beginnen den Aufstieg Richtung Oberfläche. Nach ungefähr 40 Tagen machen sie aber in einer Tiefe von rund 300 Metern Halt und warten auf die Weibchen. Sich 700 Meter in der Wassersäule nach oben zu bewegen, mag nicht als große Entfernung erscheinen, aber man darf nicht vergessen, wie winzig diese Kreaturen sind. 700 Meter sind für diese Tiere das, was für uns 500 Kilometer sind. Und dann stellen Sie sich vor, Sie würden sich 500 Kilometer entfernt von Ihrem Partner hinsetzen und darauf warten, dass er oder sie Sie findet.

Das Treffen der Partner ist wahrlich eine große Herausforderung für diese Organismen, aber die Natur hat sie mit einem Mechanismus ausgestattet, der ihnen die Aufgabe erleichtert. Während es wartet, »tanzt« das Männchen im Wasser und hinterlässt dabei eine kräftige chemische Spur, die den aufsteigenden Weibchen das Auffinden der Partner erheblich einfacher macht. Nach der Paarung steigen Männchen und Weibchen zur Oberfläche empor.

Dort legen die Weibchen so viele Eier, wie das die in kleinen Fettkügelchen sorgfältig über den Winter geretteten Energiereserven erlauben. Deshalb war der Winterschlaf an einer sehr kalten Stelle so wichtig. Die niedrige Temperatur verlangsamte alle Körperfunktionen, die ihr Stück vom Energiekuchen haben wollten. Und dass der lange Schlaf an einem sehr dunklen Platz stattfand, war gleichfalls wichtig, denn für einen Ruderfußkrebs ist die Welt ein gefährlicher Ort, wo hinter jeder Ecke ein Feind wartet, der ihn fressen will. Der sicherste Platz für den Winterschlaf dieser Tiere ist also im Dunkeln, wo man sie nicht sehen kann. Zudem ist es hilfreich, wenn es zugleich eine Stelle ist, an der sich nicht viele hungrige Mäuler herumtreiben. Der Winterschlaf erfolgt also unter Bedingungen, die für das Überleben der Art ideal sind.

Wie viele Eier legt ein *Calanus*-Weibchen, wenn es die Oberfläche erreicht? Wahrscheinlich so viele, wie es angesichts der gehorteten Energie verkraften kann, aber sicher nicht mehr als etwa 100. Man könnte meinen, hier endete die Geschichte und die weiten Reisen dieses kleinen Organismus. Doch das Überleben der Art ist an diesem Punkt noch längst nicht gesichert. Denn die Eier wurden an einer Stelle gelegt, wo es keine Nahrung für die Nachkommen (Nauplius-Larven) gibt, die aus den Eiern schlüpfen werden. Irgendwie müssen die Eier in eine Gegend transportiert werden, wo es Nahrung geben wird, wenn sie ihre kostbare Fracht freisetzen. Warum wartet das *Calanus*-Weibchen nicht einfach mit dem Eierlegen, bis es selbst die Futterplätze erreicht hat? Die Antwort ist wohl wiederum in der Gefahr des Gefressenwerdens zu finden. Bedenkt man, wie gefährlich die Welt für einen Ruderfußkrebs ist, steigen die Chancen für die Gene eines bestimmten Weibchens, die Futterplätze zu erreichen (die noch

Hunderte von realen Kilometern entfernt sind), erheblich, wenn sie sich in 100 verschiedenen Päckchen (den Eiern) statt in einem (dem Weibchen) befinden.

Eier können natürlich nicht selbst schwimmen, aber die *Calanus*-Eltern haben so viel Zeit und Energie dafür aufgewendet, um hier ihren Nachwuchs zu produzieren, weil den Eiern, wenn sie zur richtigen Zeit an diesem Ort freigesetzt werden, eine bequeme Mitfahrtgelegenheit zu den reichhaltigen Futterplätzen in der Nordsee geboten wird. Die Strömungen verlaufen so, dass in genau diesem Gebiet gelegte Eier erst nach Norden und dann ins Schelfmeer transportiert werden, wo viel Phytoplankton wächst und es somit genügend Nahrung für den *Calanus*-Nachwuchs gibt.

Die Evolution war überaus erfolgreich darin, solche verwickelten Wechselwirkungen zwischen den physikalischen Umweltbedingungen (in diesem Fall dem Strömungssystem) und dem Lebenszyklus von *Calanus finmarchicus* zu perfektionieren.

Das Leben dieser Art ist faszinierend, aber nicht einzigartig. Meeresorganismen haben sich so entwickelt, dass sie die Umwelt, in der sie leben, nutzen können, und sie sind Teil eines komplizierten und trickreichen Systems, von dem wir Menschen nur ein wenig wissen und verstehen. Die Geschichte von *Calanus finmarchicus* ist auch interessant, weil sie verdeutlicht, wie hoffnungslos unzulänglich unsere Kenntnisse darüber sind, wie der Klimawandel sich auf Prozesse im Meer auswirken wird.

Die Strömungen, die die Ruderfußkrebse für den Weg zu und von ihren Überwinterungsplätzen nutzen, werden vom Nordatlantikstrom (siehe Kapitel 1) beeinflusst. Und das kalte Tiefenwasser, von dem der *Calanus*-Winterschlaf abhängt, stammt aus der Norwegischen See. Wie viel von diesem kalten Tiefenwasser den Färöer-Shetland-Kanal erreicht, hängt von ozeanischen Phänomenen ab, die vom Klimawandel beeinflusst werden können.

Seit den 1960er Jahren wird ein deutlicher Rückgang der *Calanus-finmarchicus*-Population in der Nordsee verzeichnet, der sich im Wesentlichen mit zwei unterschiedlichen Faktoren erklären lässt: Zum einen mit einer Richtungsänderung der vorherrschenden Winde gegen Ende des Winters und zu Frühlingsbeginn (wodurch sich die Wahrscheinlichkeit verringert, dass *Calanus* nach dem Aufsteigen aus dem Tiefenwasser im Färöer-Shetland-Kanal in die Nordsee transportiert wird) und zum anderen mit einer Abnahme der Tiefenwassermenge aus der Norwegischen See, die in den Färöer-Shetland-Kanal gelangt (was eine Verkleinerung des Überwinterungshabitats von *Calanus* bedeutet). Sowohl die Änderung der Windrichtung als auch die Menge des kalten Tiefenwassers im Färöer-Shetland-Kanal ist auf Klimaveränderungen in den letzten rund 50 Jahren zurückzuführen.

An dieser Stelle ist es nicht möglich, die Ursache dieser Veränderungen darzulegen, aber das Beispiel zeigt uns, dass ein Klimawandel Folgen für die Lebensgemeinschaften und die Funktionen des Ökosystems haben wird. Phänomene, zwischen denen scheinbar kein Zusammenhang besteht – etwa die Menge kalten Tiefenwassers aus der Norwegischen See im Färöer-Shetland-Kanal und die Menge an Kabeljau in der Nordsee – können durchaus miteinander zu tun haben.

## Das Meer ist ein System

Dieses Beispiel verdeutlicht eindringlich, dass der Ozean ein komplexes System ist, in dem die darin lebenden Organismen auf vielschichtige und verschlungene Weise voneinander und von ihrer Umwelt abhängen. Uns fehlt bislang noch das Verständnis für die Gesamtheit dieser Zusammenhänge.

Doch wir erkennen langsam, dass das ozeanische System auf eine Weise wechselseitig verknüpft ist, dass eine Veränderung in einem Teil des Systems unerwartete Folgen in einem anderen Teil nach sich ziehen kann. Wir beginnen auch zu begreifen, dass es zu abrupten Wechseln kommen kann, die das gesamte System verändern. Kurz gesagt, das Meeressystem lässt sich mit einem Kamel vergleichen: Das System ist sehr robust und kann ziemlich viel an Veränderungen und Druck aushalten – aber nur bis zu einem bestimmten Punkt. Wie der Rücken des Kamels bricht, wenn der letzte Strohhalm hinzugefügt wird, können auch die Teilkomponenten des Meeressystems kollabieren. Beispiele für solche Teilkomponenten sind bestimmte Fischfanggründe, Habitate in Buchten und an Flussmündungen oder Korallenriffe. Wenn der Kamelrücken nach dem Hinzufügen des letzten Strohhalms bricht, kann man das Tier nicht wieder aufrichten, indem man einfach diesen letzten Strohhalm entfernt. Es mag sein, dass man das Kamel wieder auf die Beine bringt, aber es wird sehr teuer, den Rücken zu heilen, und der Rücken wird nie wieder so stark wie zuvor sein. Wie beim Kamelrücken ist es ganz sicher im Sinn unserer Gesellschaft, menschliche Interaktionen mit dem Meer und dem darin enthaltenen Leben so zu gestalten, dass die Teilkomponenten des Systems nicht zusammenbrechen.

Menschen greifen tief in die Ozeane und das Leben darin ein, und sie tun das mit jedem Tag mehr. In den folgenden Kapiteln werden diese Interaktionen sowie ihre faktischen und potenziellen Auswirkungen auf verschiedene Teilkomponenten des maritimen Systems beschrieben. Denn nur wenn wir besser verstehen, zu welchen Wechselwirkungen es im Ozeansystem selbst kommt und wie sich menschliche Aktivitäten darauf auswirken, wird es möglich, kluge Handlungsrichtlinien für unseren Umgang mit dem Meer zu entwickeln.

## 3  Die globalen Stoffkreisläufe

In den letzten Absätzen des ersten Kapitels ging es um den
Gasaustausch zwischen der Atmosphäre und dem Meer.
Manchmal können unsere Sinne diesen Austausch wahrnehmen (aber nicht quantifizieren). Im Allgemeinen ist es unser
Geruchssinn, der uns mitteilt, dass ein Gasaustausch stattfindet. Das ist zum Beispiel der Fall, wenn bestimmte Phytoplanktonarten »blühen«, das heißt in hoher Konzentration
auftreten. Da diese Arten Schwefelverbindungen freisetzen,
weist die Luft in der Nähe der Phytoplanktonblüte einen cha-
rakteristischen Geruch auf – nicht unähnlich dem fauler Eier.
Wir können diese Blüte riechen, weil Gase aus dem Meer in
die Luft gelangen. Genauso können unsere Sinne eine Gas-
freisetzung aus dem Meer erkennen, wenn Phytoplankton
blüht, das bestimmte Toxine enthält.

An dieser Stelle ist ein Wort über die Giftproduktion von
Phytoplankton angebracht. Eine giftige Phytoplanktonblüte
wird oft zum Gegenstand der Schlagzeilen und als Indiz für
ein verschmutztes oder gar umkippendes Meer betrachtet.
Genau wie es an Land giftige Pflanzen gibt, enthalten auch
einige Phytoplanktonarten Toxine. Allerdings schätzt man,
dass nur etwa 1 % aller bekannten Phytoplanktonarten dieses
Merkmal haben, und es handelt sich dabei um mehrere unterschiedliche Gifttypen.

Eine Gruppe dieser Toxine, die unter dem Gattungsbegriff
»Brevetoxine« bekannt ist, kann aus dem Wasser in die Luft

gelangen und die menschlichen Atmungsorgane reizen. Unglücklicherweise ist das Phytoplankton, das diesen Toxintyp produziert, beispielsweise vor der Küste von Florida relativ häufig. Da dort viele ältere Menschen mit oft geschwächten Atmungsorganen leben, kann die Freisetzung von Brevetoxinen in die Luft zu einem ernst zu nehmenden Gesundheitsproblem werden.

Dass wir gelegentlich den Gasaustausch zwischen Meer und Atmosphäre wahrnehmen, ist eher die Ausnahme als die Regel; er findet ständig statt, auch wenn wir ihn nicht bemerken. Da 71 % der Erdoberfläche von Meeren bedeckt sind, wirkt sich dieser Prozess mengenmäßig erheblich auf die globalen Kreisläufe mehrerer Elemente aus. Dass der Austausch von Gasen zwischen Ozean und Atmosphäre nicht nur von akademischem Interesse ist, wurde bereits im zweiten Kapitel betont, wo es um den Anstieg des atmosphärischen Sauerstoffgehalts im Verlauf der Erdgeschichte ging: Letztlich entstammt ein Großteils dieses Sauerstoffs der Fotosynthese im Meer.

Doch es wird nicht nur Sauerstoff zwischen der Atmosphäre und dem Meer ausgetauscht. Die Überschreitung dieser Grenzfläche ist auch für die globale Zirkulation von Elementen wie Kohlenstoff (C), Stickstoff (N) und Schwefel (S) quantitativ bedeutsam. Im Hinblick auf die Zukunft der Meere und ihre Rolle beim globalen Klimawandel ist gerade der Austausch dieser drei genannten Elemente relevant. Besonders viel Aufmerksamkeit erlangte hier bislang der Kohlenstoff.

## Kohlenstoff

Abb. 3.1 zeigt eine schematische Darstellung des globalen Kohlenstoffkreislaufs, der gleich mehrere interessante Merkmale aufweist. Widmen wir uns zuerst der Frage, wie viel

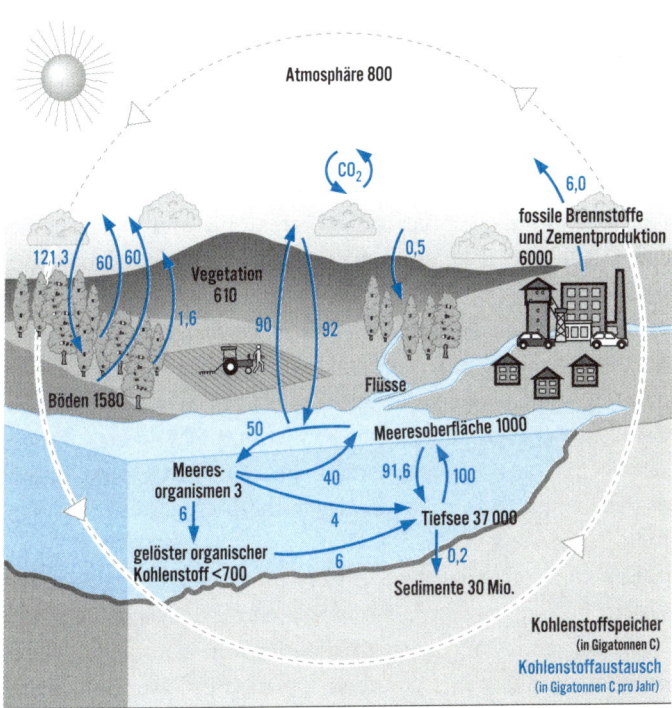

**Abb. 3.1** Schematische Darstellung des globalen $CO_2$-Kreislaufs. Mehrere Punkte sind bemerkenswert: 1. Die größten Kohlenstoffreservoire befinden sich im Sediment am Meeresboden. 2. Im Gegensatz zum Land nimmt der Ozean mehr $CO_2$ auf als er abgibt. 3. Im Meerwasser befindet sich fünfzigmal mehr Kohlenstoff als in der Atmosphäre.

Land und Meer jeweils zu diesem Zyklus insgesamt und speziell zur $CO_2$-Konzentration in der Atmosphäre beitragen. Am augenfälligsten ist, dass das Land mehr $CO_2$ abgibt als es aufnimmt, während der Ozean mehr $CO_2$ bindet als er in die Atmosphäre freisetzt. Daher bezeichnen wir das Meer als »Senke« für $CO_2$, während das Land eine »Quelle« darstellt. Nicht immer war das Land eine so starke $CO_2$-Quelle wie heute. Doch menschliche Aktivitäten – allen voran die Verfeuerung fossiler Brennstoffe und die Rodung der für die Fotosynthese relevanten Pflanzendecke in weiten Bereichen der Erde – haben das Verhältnis von Aufnahme und Freisetzung so verzerrt, dass erheblich mehr $CO_2$ in die Atmosphäre gelangt als gebunden wird. (Zum Thema Rodung sei festgehalten, dass die mittlerweile für Ackerbau genutzte Fläche etwa der von Südamerika entspricht und die des Weidelandes der von Afrika.)

Beim Meer ist die Situation anders, hier wird mehr $CO_2$ aus der Atmosphäre aufgenommen als abgegeben. Mengenmäßig nehmen die Ozeane wohl etwas mehr auf als das Land, aber das lässt sich, vor allem über dem Meer, nicht so genau messen. Wahrscheinlich kann man durchaus zutreffend sagen, dass Meer und Land insgesamt gleiche Mengen $CO_2$ aufnehmen.

Ein weiterer wichtiger Unterschied zwischen Land und Ozean besteht darin, dass in der Meeresfauna und -flora im Vergleich zum Land verhältnismäßig wenig Kohlenstoff gebunden ist. Das rührt vor allem aus dem (im zweiten Kapitel erläuterten) Größenunterschied zwischen Land- und Meerespflanzen sowie zwischen den pflanzenfressenden Lebewesen in den beiden Umwelten her. Bemerkenswert ist, dass trotz der kleineren Biomasse – absolut betrachtet – die Fotosynthese im Ozean nahezu dieselbe Größenordnung erreicht wie die an Land. Dies beweist, dass der »Umsatz« der winzigen Meerespflanzen – also ihre Aktivität im Verhältnis zur Biomasse – wesentlich schneller erfolgt als der der Landpflanzen. Letztere können wir sehen und ihre Rolle via Fotosynthese für den Kohlenstoffkreislauf einschätzen. Das ist einer der Gründe, warum Umweltschützer so besorgt über die Rodung der Regenwälder sind! Doch wenn wir Aktivität und Biomasse vergleichen, sind es die winzigen Meerespflanzen, die Kohlenstoff wirklich effizient umwälzen.

Wie im ersten Kapitel erwähnt, ist die absolute Menge des im Meerwasser (der »pelagischen Region«) vorhandenen Kohlenstoffs fünfzigmal größer als die in der Atmosphäre. Bedenkt man nun den ständigen $CO_2$-Austausch zwischen Ozeanen und Atmosphäre, wird deutlich, dass es für die Hochrechnung künftiger $CO_2$-Konzentrationen nicht nur wichtig ist zu wissen, wie viel $CO_2$ in die Atmosphäre freigesetzt wird, sondern auch, wie viel ins Meer gelangt – und wie viel dort verbleibt! Daher werden die Prozesse, die die Kohlenstoffaufnahme und -speicherung (»Sequestration«) im Meer bestimmen, derzeit intensiv erforscht.

Bevor wir uns einigen Prozessen zuwenden, die die maritime Nettoaufnahme von Kohlenstoff bestimmen, lohnt es sich, noch einen Blick auf die ungeheure Kohlenstoffmenge zu werfen, die sich auf dem Meeresboden befindet. Dieses Reservoir, das auf 30 Millionen Gigatonnen geschätzt wird, stellt die bei weitem größte Kohlenstoffanhäufung auf der Erde dar. Um die Vorgänge zu begreifen, die dazu beitragen, dass der Ozean Kohlenstoff sequestrieren kann, sollte man sich zunächst vergegenwärtigen, wie all dieser Kohlenstoff auf den Meeresboden gelangt ist und dort in das Sediment eingelagert wurde.

Das meiste davon stammt natürlich aus herabgesunkenem

organischen Material (größtenteils abgestorbene Pflanzen und Tiere). Auch wenn die meisten Meeresorganismen sehr klein sind, versteht es sich nahezu von selbst, dass der im Meeresboden gebundene Kohlenstoff zum Großteil von jenem winzigen Phytoplankton und Zooplankton herrührt, das im letzten Kapitel vorgestellt wurde. Doch diese Lebewesen tragen nicht alle in gleichem Maße zu der Kohlenstofflagerung im Meeresboden bei.

Wenden wir uns zuerst dem Phytoplankton zu, denn die Mehrheit dieser Organismen kann ihrer Umgebung Kohlenstoff entziehen. Dies geschieht auf dieselbe Weise wie bei allen anderen sogenannten echten Pflanzen – also jenen, die Chloroplasten haben und Fotosynthese betreiben. Bei der Fotosynthese wird $CO_2$ (unter Zuhilfenahme von Wasser und Sonnenlicht) in jene Zucker umgewandelt, die die Bausteine lebender Zellen sind. Bei diesem Prozess wird Sauerstoff ($O_2$) freigesetzt. Alle fotosynthetisierenden Pflanzen tragen zum globalen Kohlenstoffkreislauf bei (und auch zu den Stickstoff- und Sauerstoffzyklen), aber es ist nicht garantiert, dass der im Meer durch Fotosynthese in Partikel eingebundene Kohlenstoff auch auf den Meeresboden sinkt. Es ist sogar das Gegenteil der Fall, weil der meiste mittels Fotosynthese gebundene Kohlenstoff in der obersten Meeresschicht wieder abgebaut wird (siehe Abb. 3.2). Das Phytoplankton bricht die Zuckerverbindungen, in denen Kohlenstoff gebunden wurde, wieder auf, um Energie für das Wachstum und die Reproduktion zu gewinnen – in der Praxis dient der Zucker einfach als Zwischenspeicher für die durch die Fotosynthese gewonnene Sonnenenergie.

## Die biologische Pumpe

Beim Aufbrechen dieser Zucker wird $CO_2$ freigesetzt. Wenn nicht die Phytoplanktonarten selbst das $CO_2$ wieder respirieren (»ausatmen«), tun das diejenigen Organismen im Nahrungsnetz, die das Phytoplankton fressen, oder Bakterien, die totes organisches Material zersetzen und die bei der Fotosynthese gebundene $CO_2$-Menge wieder in das Oberflächenwasser freisetzen.

Dieses aber steht durchweg in Kontakt mit der Atmosphäre. Daher kann das darin enthaltene $CO_2$ rasch wieder an die Atmosphäre abgegeben werden. Dies bedeutet: Der Großteil des bei der Fotosynthese eingelagerten $CO_2$ stattet dem Meer nur einen kurzen Besuch ab und kann in die Oberflächenwasser und schließlich wieder in die Atmosphäre zurückkehren. Aufgrund des engen Zeitrahmens, in dem dies geschieht, ist die kurzfristige Kohlenstoffaufnahme für die Rolle des Meeres bei der Nettoaufnahme von $CO_2$ aus der Atmosphäre nicht von Belang. Viel bedeutsamer dafür ist die Menge an organischem Material (beziehungsweise Kohlenstoff), das bei der Photosynthese in den oberen Meeresschichten gebunden wird und dann in die Tiefen der Wassersäule transportiert wird. Dieser Kohlenstoff ist interessant, weil Oberflächen- und Tiefenschichten sich normalerweise nicht vermischen (siehe Kapitel 2). Das bedeutet, dass in den tiefsten Wasserschichten »gefangener« Kohlenstoff nicht in direkten Kontakt mit der Atmosphäre kommt. Ohne solchen Kontakt aber kann dieses $CO_2$ praktisch nicht mehr mit der Atmosphäre ausgetauscht werden. Es kann also in dem Zeitrahmen, der für die Vorhersage der künftigen atmosphärischen $CO_2$-Konzentration und somit des Klimas von Belang ist, vernachlässigt werden. Dieser Transport von organi-

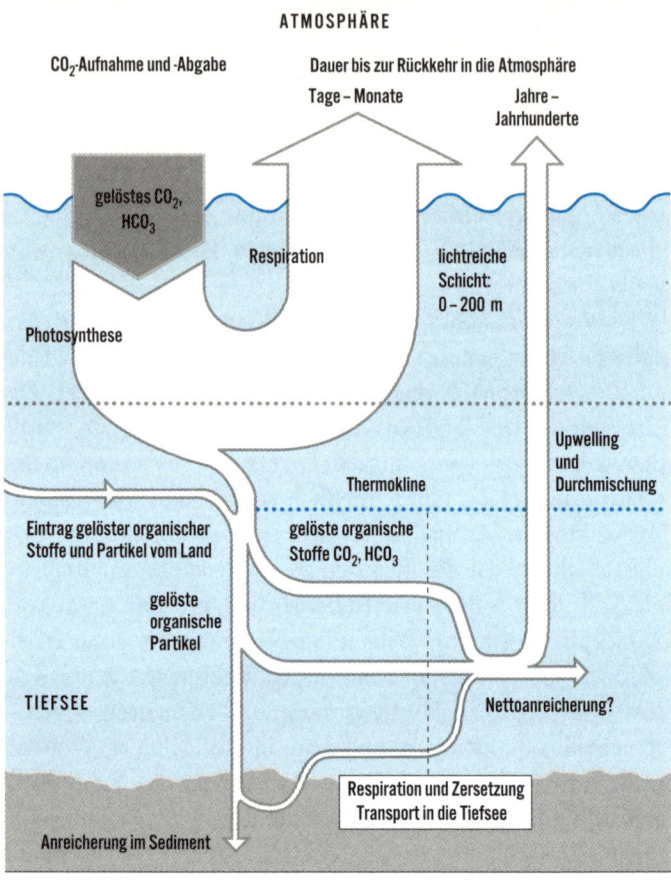

ATMOSPHÄRE

$CO_2$-Aufnahme und -Abgabe

Dauer bis zur Rückkehr in die Atmosphäre

Tage – Monate

Jahre – Jahrhunderte

gelöstes $CO_2$, $HCO_3$

Respiration

lichtreiche Schicht: 0 – 200 m

Photosynthese

Upwelling und Durchmischung

Thermokline

Eintrag gelöster organischer Stoffe und Partikel vom Land

gelöste organische Stoffe $CO_2$, $HCO_3$

gelöste organische Partikel

TIEFSEE

Nettoanreicherung?

Respiration und Zersetzung Transport in die Tiefsee

Anreicherung im Sediment

Abb. 3.2 Diagramm der biologischen Pumpe. Bei der Photosynthese gebundener Kohlenstoff sinkt mit abgestorbenen Zellen in die tiefen Meeresschichten, auf diese Weise wird organisches Material zum Grund »gepumpt«.

schem Material in tiefe Meeresschichten wird als »biologische Pumpe« bezeichnet, weil es sich (zusammen mit der Schwerkraft natürlich) um biologische Prozesse handelt, die $CO_2$ aus dem Oberflächenwasser in tiefe Schichten verlagern.

Die Größenordnung der biologischen Pumpe zu kennen und zu quantifizieren ist entscheidend, will man das Potenzial des Meeres einschätzen, $CO_2$ aus der Atmosphäre aufzunehmen und einzulagern. Doch diese Quantifizierung ist schwierig. Wir wissen, dass sie nur einen kleinen Bruchteil des gesamten mittels Photosynthese gebundenen Kohlenstoffs im jeweiligen Gebiet ausmacht, doch noch problematischer ist, dass die Leistungsfähigkeit dieser Pumpe nicht konstant ist, sondern von den jeweils vorhandenen Phytoplanktonarten und dem darauf aufbauenden Nahrungsnetz abhängt. Warum ist das so?

Wie im letzten Kapitel gesagt, sind die verschiedenen Phytoplanktongruppen genetisch weniger eng miteinander verwandt als die diversen Landpflanzengruppen. Den meisten Mitgliedern maritimer Gruppen ist gemeinsam, dass sie die Fähigkeit haben, $CO_2$ per Photosynthese zu binden, aber ansonsten können sich diese Gruppen stark unterscheiden.

Für die Gruppe der Kieselalgen (Diatomeen) ist charakteristisch, dass die Zellen in »Schalen« eingeschlossen sind, die Kieselsäure enthalten – in schachtelähnlichen Strukturen mit »Boden« und »Deckel«. Diese Hülle macht die Zellen im Verhältnis zu Wasser schwer. Daher sinkt diese Phytoplanktongruppe schneller als Zellen aus anderen Gruppen, die keine schwere Hülle haben. Zusätzlich sind viele Diatomeen im Vergleich zu den meisten Phytoplanktonarten groß. Große Zellen sinken schneller als kleine. Man kann davon ausgehen, dass in einem Gebiet mit relativ großen Phytoplanktonzellen die biologische Pumpe aktiver ist, also mehr Kohlenstoff zum Bodenwasser transportiert als in Bereichen, wo es mehr kleine Zellen gibt. Wenn es sich bei den großen Zellen um Diatomeen mit schweren Kieselschalen handelt, dann kann die biologische Pumpe am meisten leisten. Es gibt aber noch einen anderen Grund, warum die biologische Pumpe höchst aktiv sein müsste, wenn große Phytoplanktonzellen vorhanden sind, und das ist die Zusammensetzung der sogenannten Weidegemeinschaft.

Große Phytoplanktonzellen können von großen Zooplanktonarten gefressen werden, die wir aufgrund ihrer Ausmaße zusammengenommen als »Mesozooplankton« bezeichnen (siehe Abb. 2.1 in Kapitel 2). Ruderfußkrebse wie *Calanus finmarchicus* (siehe die Abb. VI im Farbteil) werden beispielsweise als Mesozooplankton eingestuft. Im Gegensatz zu den kleineren Zooplanktonarten (»Protozooplankton«), die entsprechend kleineres Phytoplankton fressen, produzieren Copepoden ziemlich kompakte Fäkalkügelchen, die in der Wassersäule relativ schnell nach unten sinken (besonders wenn ein Teil der Copepoden-Nahrung aus Diatomeen bestanden hat und die Fäkalien Teile der schweren Kieselschale enthalten). Das Vorhandensein oder Fehlen sinkender Fäkalkügelchen ist somit ein weiterer Mechanismus, der zu den regionalen Unterschieden bei der Größenordnung der biologischen Pumpe beitragen kann.

Dieses Beispiel macht deutlich, dass die Artenvielfalt der Phytoplankton- und Zooplanktongemeinschaften eine wichtige Rolle dabei spielt, wie viel durch Photosynthese gebundenes $CO_2$ das Meer zurückhalten kann. Es macht einen Unterschied, welche Arten vorhanden sind, aber wie wir in Kapitel 6 sehen werden, gibt es Grund zu der Annahme, dass der durch menschliche Aktivitäten hervorgerufene Wandel die Zusam-

mensetzung der Arten und damit die biologische Vielfalt im
Meer verändern kann – also auch die Biodiversität des winzigen Phyto- und Zooplanktons.


## Die Carbonatpumpe

Die biologische Pumpe ist keineswegs der einzige nichtphysi-
kalische Mechanismus, durch den Kohlenstoff von der Meeresoberfläche zu den Bodenschichten transportiert wird. Es
gibt eine weitere Möglichkeit, die sogenannte »Carbonatpumpe«. In diesem Fall wird der Kohlenstoff in die tieferen
Meeresschichten verbracht, indem die von vielerlei Organismen gebildeten Calciumcarbonat-Strukturen (Kalkschalen)
absinken.

Warum unterscheiden wir zwischen den beiden Mechanismen, wenn es doch Biologie ist, die letztlich sowohl für die
biologische Pumpe als auch größtenteils für die Carbonatpumpe verantwortlich ist? Dafür gibt es zwei Gründe: Erstens
transportiert die biologische Pumpe organisches (lebendes
oder abgestorbenes) Material in die unteren Wasserschichten,
während Calciumcarbonat kein organisches Material ist, auch
wenn es von Lebewesen erzeugt wird. Zweitens ist die Chemie des Calciumcarbonats – sowohl der Bildung als auch des
Verhaltens im Bodenwasser – völlig anders als bei organischem Material. Das bedeutet, dass das von beiden Pumpen
beförderte Material sich unter dem Strich auf unterschiedliche Art und Weise auf den Kohlenstoffhaushalt des Ozeans
auswirkt. In unserem Zusammenhang reicht es aber festzuhalten, dass die Carbonatpumpe gleichfalls ein Mechanismus
ist, mit dem Kohlenstoff aus den Oberflächenschichten zu denen am Meeresboden verbracht werden kann.

**Abb. 3.3** Elektronenmikroskop-Aufnahme des Coccolithophoriden *Emiliania huxleyi*. Die Plättchen (Coccolithen), die die Zelle bedecken, sind aus Calciumcarbonat. Diese Coccolithen sinken auf den Meeresboden und bilden letztendlich den Hauptbestandteil von Kreidefelsen wie beispielsweise jenen von Dover.

Auch an der Carbonatpumpe sind nur bestimmte Gruppen von Organismen beteiligt – nämlich die, die Calciumcarbonat erzeugen. Viele Meereslebewesen tun das, vom Phytoplankton aber sind die wichtigsten die Coccolithophoriden (Abb. 3.3). Beim Zooplankton sollte man die Foraminiferen (Kammerlinge) hervorheben. Um zu begreifen, wie wichtig diese beiden Gruppen von winzigen Organismen für den Transport von Kohlenstoff in die riesigen Reservoire der Mee-

ressedimente sind, muss man nur einmal an Kreidefelsen wie
die weißen Klippen von Dover denken. Solche Felsen wurden
von geologischen Prozessen geformt, die uralten Meeresboden an die Position der heutigen Klippen hoben; sie bestehen
fast vollständig aus den fossilen Überresten von Coccolithophoriden und Foraminiferen – winzigen Pflanzen und Tieren,
die beständig von der Oberfläche in die tieferen Bereiche des
Ozeans herabrieselten.

Der globale Kohlenstoffkreislauf und der Einfluss des Meeres darauf stehen im Zentrum des wissenschaftlichen Interesses, weil derzeit beim $CO_2$ in der Erdatmosphäre noch nie
dagewesene Zuwachsraten zu verzeichnen sind und der globale Klimawandel mit dieser steigenden $CO_2$-Konzentration
zusammenhängt. Genaue Vorhersagen des künftigen Klimas
erfordern ein grundlegendes Wissen über das Zusammenspiel
von Meer und Atmosphäre und den Austausch von $CO_2$ über
diese Schnittstelle. Ein Unsicherheitsfaktor bei der Vorhersage der Klimaentwicklung besteht darin, dass über das Potenzial des Meeres, $CO_2$ aufzunehmen und zu speichern, noch
sehr wenig bekannt ist.

Der bei weitem wichtigste Prozess für die Aufnahme von
atmosphärischem $CO_2$ ist der physikalisch-chemische Ausgleich von Druckunterschieden. Das $CO_2$ in den Medien Luft
und Wasser tendiert an der Grenzfläche von Atmosphäre und
Meer immer zu einem Gleichgewicht zwischen der Zahl von
$CO_2$-Molekülen, die aus dem Wasser in die Luft übergeht,
und der Zahl, die den entgegengesetzten Weg nimmt. Je mehr
$CO_2$ sich in der Atmosphäre befindet, umso mehr löst sich im
Meer und umgekehrt. Wenn es keine biologische Aktivität im
Ozean gäbe und wir seine Temperatur und Salinität, die Konzentration von $CO_2$ in der Atmosphäre sowie die Rate der Tiefenwasserbildung (siehe Kapitel 1) kennen würden, dann

wäre es (relativ!) leicht, die Rolle des Meeres bei der Aufnahme von atmosphärischen $CO_2$ zu berechnen. Was die Be-
rechnung so kompliziert macht, sind die oben beschriebenen
biologisch vermittelten Prozesse, die wir noch nicht völlig
verstanden haben. Dieser Umstand gemahnt daran, dass das
Leben im Meer (und an Land) nicht bloß ein passiver Passa-
gier des Systems Erde ist, der durch physikalische und chemische Prozesse bestimmt wird, sondern aktiv an der Schaffung
der vorherrschenden Lebensbedingungen beteiligt ist.

Im Zusammenhang mit dem globalen Kohlenstoffkreislauf
sollte abschließend noch das Methan erwähnt werden. Wenn
es um die Auswirkungen der Treibhausgase auf das Klima
geht, nehmen wir meistens $CO_2$ stellvertretend für alle diese
Gase. Doch es gibt eine Reihe von anderen, die hinsichtlich
der Wechselwirkungen von Atmosphäre und Klima mehr Beachtung verdienen, als ihnen heute zuteil wird. Eines davon
ist Methan.

Unser Wissen um die Methanerzeugung und -freisetzung
im und aus dem Meer ist immer noch gering. Es hat sich
herausgestellt, dass das mit Sauerstoff gesättigte Oberflächenwasser eine erstaunlich große Menge Methan enthält,
aber die Gründe dafür sind nicht klar. Es ist auch bekannt,
dass die stärkste Methanfreisetzung aus dem Meer an die Atmosphäre in den Küstenbereichen erfolgt. Wie bereits gesagt, ist diese Zone im Verhältnis zum übrigen Meer un-
gleich stärker menschlichen Aktivitäten ausgesetzt, und wir
werden in den späteren Kapiteln sehen, dass sich hier die
chemischen Bedingungen aufgrund dieser Einflussnahme
ändern. Einige dieser Veränderungen könnten zumindest
theoretisch zu einer stärkeren Methanfreisetzung führen als
das heute der Fall ist. Da man die Methandynamik im Ozean
besser verstehen muss, wenn man die Zukunft des Meeres

und seine Rolle für das kommende Klima vorhersagen will, rückt dieses Thema zunehmend ins Blickfeld der Forschung (siehe Kapitel 4).

## Stickstoff

Ein anderer globaler Kreislauf, bei dem das Meer und die Meeresbiologie eine wesentliche Rolle spielen, ist der des Stickstoffs (Abb. 3.4). Stickstoff (N) ist eine Grundvoraussetzung für Leben, weil er ein Baustein der Proteine ist. 78 % der Luft, die wir atmen, bestehen aus Stickstoff – es gibt also eine ganze Menge davon. In gasförmigem Zustand kann Stickstoff allerdings von den meisten Lebewesen nicht direkt verwertet werden. Um in biologischen Prozessen genutzt werden zu können, muss er erst an Wasserstoff gebunden sein. Daher setzt Stickstoff, obwohl in unserer Atmosphäre im Überfluss vorhanden, der Produktion in biologischen Systemen oft Grenzen. An Land wie im Meer gibt es einige (Mikro-)Organismen, die Stickstoff aus der Luft aufnehmen und für andere Lebewesen verfügbar machen können. An dieser Stelle sollte angemerkt werden, dass zwar oft von Pflanzen die Rede ist, die Stickstoff fixieren, diese scheinbar Stickstoff bindenden Pflanzen in Wahrheit aber in Symbiose mit Mikroorganismen (Bakterien) leben, deren Enzyme $N_2$ aus der Atmosphäre aufnehmen und in eine Form umwandeln, die die Pflanze nutzen kann.

Einmal mehr sehen wir hier, dass die Artenvielfalt der Mikroorganismen für das Funktionieren des Systems Erde entscheidend ist. Es gibt nur ganz wenige Mikroorganismen, die Stickstoff sammeln und für den Rest der biologischen Gemeinschaft verfügbar machen können. Im Meer sind es wohl

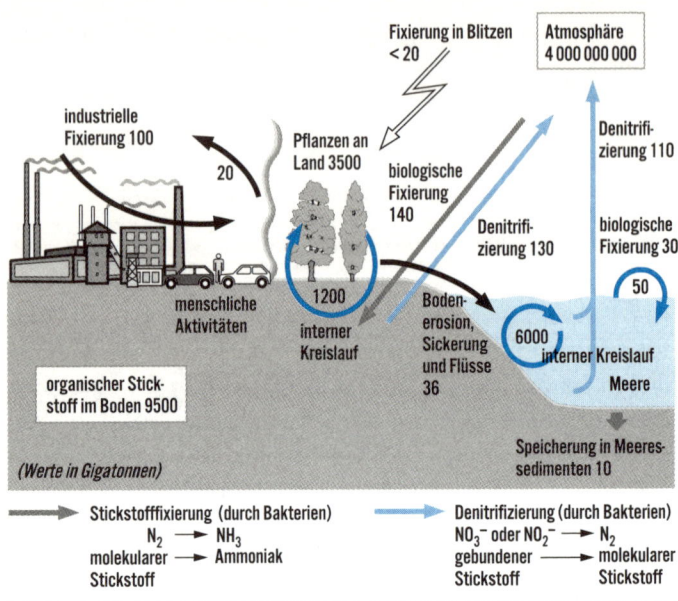

**Abb. 3.4** Schematische Darstellung des globalen Stickstoffkreislaufs. Bemerkenswert ist die quantitative Bedeutung industrieller (menschlicher) Aktivitäten beim Transfer von gasförmigem Stickstoff aus der Atmosphäre in den irdischen Produktionszyklus.

nur die Cyanobakterien, die Stickstoff direkt aufnehmen. Bis vor kurzem glaubte man, die Stickstofffixierung im Meer erfolge nur in eng begrenzten geographischen Bereichen und durch wenige Arten. Doch dank der Entwicklung molekularer Methoden war es möglich herauszufinden, welche Gene für die Codierung bestimmter Proteine verantwortlich sind, und Wissenschaftler haben kürzlich festgestellt, dass die Gene, die mit der Fixierung von Stickstoff zu tun haben, im Meer weiter verbreitet sind als die Organismen, die als Stickstoffsammler bekannt sind. Das Vorhandensein dieser Gene bedeutet nicht unbedingt, dass sie aktiv sind und tatsächlich eine Stickstofffixierung erfolgt. Trotzdem legt diese Entdeckung nahe, dass die Stickstoffsammlung im Meer häufiger vorkommt als man bislang angenommen hat. Die Größenordnung der Stickstofffixierung im Meer ist immer noch Gegenstand vieler Diskussionen und erheblicher Forschungsarbeit.

Die Stickstofffixierung bedeutet den Übergang von Stickstoff aus der Atmosphäre in das Meer, aber es gibt auch den umgekehrten Weg vom Meer in die Atmosphäre. Gasförmiger Stickstoff, $N_2$, wird nicht nur von Meeresorganismen aufgenommen, sondern auch von sogenannten denitrifizierenden Bakterien abgegeben. Es gibt also Meeresorganismen, die $N_2$ sammeln, und solche, die es freisetzen (wiederum ist die Biodiversität entscheidend!). Zudem werden gasförmige Stickstoffverbindungen, etwa Distickstoffmonoxid ($N_2O$), zwischen Ozean und Atmosphäre ausgetauscht. Wiederum sind aber die Nettomengen des Austausches dieser Gase über die Grenzfläche zwischen Meer und Atmosphäre nicht genau bekannt.

Auch wenn der globale Stickstoffkreislauf in der breiten Öffentlichkeit weniger Beachtung findet, verändert er sich – genau wie der globale Kohlenstoffzyklus – aufgrund menschlicher Aktivitäten in erheblichem Ausmaß. Wie oben erwähnt, sind es im ungestörten System hauptsächlich die Enzyme einer kleinen Gruppe von Mikroorganismen, die Stickstoff für die biologische Produktion verfügbar machen. Mit der Erfindung von Kunstdüngern hat sich die Menschheit in die Lage versetzt, den Prozess, der natürlicherweise von Stickstoff sammelnden Mikroben durchgeführt wird, chemisch nachzuahmen. Heute wird mehr Stickstoff aus der

Atmosphäre von Menschen fixiert als durch die gesamte biologische Aktivität aller Mikroorganismen an Land. Das bedeutet, dass seit der verbreiteten Nutzung von Kunstdüngern
viel mehr Stickstoff in den Kreislauf der biologischen Produktion eingebracht wird und dort aktiv ist. Das hat Rück-
wirkungen auf den globalen Stickstoffkreislauf insgesamt,
aber auch, wie wir in Kapitel 5 sehen werden, auf die Artenvielfalt des Meeres sowie seine Funktion und Rolle beim
Stickstoffzyklus.

## Das Meer und der Schwefel

Alle Lebewesen brauchen Schwefel, und dieses Element
kommt im Meer viel häufiger vor als an Land. Landorganis-
men kommen an den lebensnotwendigen Schwefel (S) unter
anderem durch die Freisetzung von schwefelhaltigen Verbindungen aus dem Meer in die Atmosphäre (von diesen ist Dimethylsulfid, DMS, die wichtigste). Bei einer Reihe von Prozessen, mit denen der Ozean zum globalen Schwefelkreislauf beiträgt, sind Phytoplanktonarten entscheidend. Erstens
entnehmen sie dem Meerwasser Sulfat. Zweitens produzieren mehrere Arten (aber nicht alle – auch hier ist wieder
die Vielfalt der Mikroorganismen wichtig!) Dimethylsulfo-
niumpropionat (DMSP), einen Ausgangsstoff von DMS. Die
Phytoplanktonarten nutzen DMSP für eine Reihe von Stoff-
wechselprozessen und sogar als chemisches »Kommunika-
tionsmittel« bei Interaktionen mit anderen Organismen.
Wenn die Phytoplanktonzelle stirbt, wird DMSP freigesetzt
und gelangt ins Wasser. Dort kann es von Bakterien (und sogar
einigen anderen Phytoplanktonarten) in andere Schwefelverbindungen umgewandelt werden, die dann im Stoffwechsel

genutzt werden können. Und einige Bakterien brechen DMSP zu DMS auf, das dann in die Atmosphäre freigesetzt wird.

Sobald DMS in die Atmosphäre gelangt ist, reagiert es mit Sauerstoff. Es bilden sich kleine Partikel, an denen sich Wasser anlagern kann. Sie werden als »Kondensationskerne« für die Wolkenbildung bezeichnet, denn wenn sie in ausreichender Menge vorhanden sind, können diese winzigen, Wasser tragenden Partikel Wolken produzieren. Es scheint unglaublich, aber winziges Phytoplankton kann in ausreichenden Mengen durch Wolkenbildung über dem Meer (Abb. 3.5) tatsächlich das Klima beeinflussen. Und diese Wolken verändern dann den Wärmefluss in der Atmosphäre – so komplettiert sich der Zusammenhang dieser Kleinstorganismen mit dem Klima.

Ende der 1980er Jahre wurde die Hypothese einer Rückkopplung zwischen Phytoplankton, DMS und Klima aufgestellt. Sie besagte, ein aufgrund der globalen Temperatursteigerungen wärmerer und stärker geschichteter Ozean könne eine Vermehrung der DMSP produzierenden Phytoplanktonarten bewirken und damit die der DMS-Produktion steigern. Das vermehrte DMS könnte dann die Wolkenbildung stimulieren und so dazu beitragen, die Erde zu kühlen. Diese »CLAW-Hypothese« (wobei CLAW aus den Anfangsbuchstaben der vier Verfasser Charlson, Lovelock, Andreae und Warren gebildet wurde) erregte einiges Aufsehen, und DMS und seine mögliche Rolle beim Klimawandel waren in den letzten beiden Jahrzehnten ein Forschungsschwerpunkt. Trotz dieses massiven wissenschaftlichen Interesses lässt sich noch nicht klar einschätzen, wie wichtig die durch Phytoplankton bewirkte DMS-Produktion für die Klimaentwicklung sein könnte. Die Hinweise nehmen jedoch zu, dass Klimaschwankungen (zum Beispiel El Niño und La Niña) anscheinend die

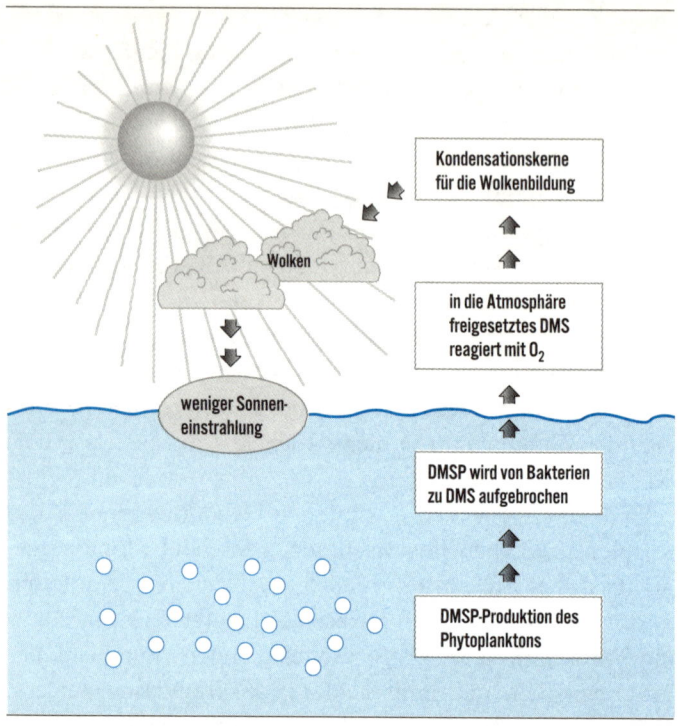

**Abb. 3.5** Diagramm der DMS-Produktion. Durch die Freisetzung dieser schwefelhaltigen Verbindung kann das Phytoplankton die Wolkenbildung und damit das Klima direkt beeinflussen.

Biodiversität des Phytoplanktons dahingehend beeinflussen, dass es unter wärmeren, stärker geschichteten Bedingungen mehr Arten gibt, die DMSP produzieren, und somit größere Mengen von DMS an die Atmosphäre abgegeben werden. Daher, so die Schlussfolgerung aus der CLAW-Hypothese, führt die globale Erwärmung zu einer Zunahme des aus dem Meer freigesetzten DMS. Es ist klar, dass dieser Rückkopplungseffekt bislang die globale Erwärmung nicht verhindert hat (siehe Kapitel 4), aber vielleicht hat er einen Einfluss auf das regionale Klima.

Das letzte Wort hinsichtlich einer möglichen Rückkopplung zwischen Phytoplankton, DMS und Klima ist also noch nicht gesprochen. Doch dass so viele unterschiedliche Prozesse zusammenhängen könnten – vom Phytoplanktonstoffwechsel über die Wolkenbildung bis hin zu Änderungen der Sonneneinstrahlung auf die Erde –, unterstreicht mehrere wichtige Punkte:

- Die Erde funktioniert als System, bei dem die Prozesse in den einzelnen Komponenten (also Meer, Atmosphäre, Land) miteinander in Zusammenhang stehen.
- Eine Veränderung in einer Komponente des Systems (beispielsweise die Zusammensetzung der Phytoplanktongemeinschaft) kann in seinen anderen Teilen unerwartete Auswirkungen haben.
- Das Meer gibt uns viel mehr als nur Fisch. Es ist auch ein bedeutender Vermittler der globalen Stoffkreisläufe.
- Die Mikroben im Meer sind für die globale Zirkulation von Elementen entscheidend.
- Der Artenvielfalt von Mikroben kommt größte Bedeutung zu!

Die meisten Meeresorganismen sind sehr klein – so winzig, dass wir sie mit bloßem Auge nicht sehen können. Folglich können wir Unterschiede zwischen ihnen nicht direkt erkennen. Trotzdem sind diese Unterschiede für das Funktionieren des Ozeans und des Systems Erde von entscheidender Bedeutung.

Befragt man den Mann auf der Straße, was er über die Biodiversität im Meer weiß und welche Arten seiner Meinung nach besonders schützens- und erhaltenswert sind, wird er aller Wahrscheinlichkeit nach die großen Tierarten ganz oben auf seine Prioritätenliste setzen. Wale, andere Meeressäuger und Fische und vielleicht ein paar der Bodenbewohner wie Korallen oder Seesterne werden die Arten sein, deren Vielfalt er bewahren will. Doch für das Meer und den Elementekreislauf im System Erde sind diese großen Tiere überhaupt nicht wichtig.

Wenn es um den Zyklus der Elemente geht, liegt die wahre Größe bei den Winzlingen. Und auch wenn vielleicht nicht alle Arten erhalten bleiben müssen, kommt es doch darauf an, Funktionen oder Funktionsgruppen der Mikroben zu bewahren, damit das System Erde seine Aufgaben erfüllen kann. Wie wir im 5. Kapitel sehen werden, gibt es globale Vorgänge, die die relative Verteilung der verschiedenen Mikroben und ihrer Funktionen im Meer zu verändern drohen. Sollte das geschehen, könnte sich die Rolle des Ozeans im globalen Elementekreislauf entscheidend wandeln.

## 4 Die Meere im Klimawandel

Seit Beginn der Industrialisierung im 19. Jahrhundert wirken sich menschliche Aktivitäten immer stärker auf das Weltklima aus. Wir befinden uns mitten in einem Klimawandel, der auch auf die Weltmeere vielfältige Auswirkungen hat. In diesem Kapitel behandeln wir zunächst die physikalischen Veränderungen wie den Anstieg der Wassertemperaturen und des Meeresspiegels. Die Kapitel 5 und 6 werden sich mit den chemischen und biologischen Veränderungen in den Meeren befassen, die teils mit dem Klimawandel zusammenhängen, teils aber auch durch andere menschliche Aktivitäten verursacht sind.

### Treibhauseffekt und globale Erwärmung

Die Kohlendioxidkonzentration in der Erdatmosphäre ist in den vergangenen 150 Jahren um ein Drittel gestiegen, von 280 ppm (*parts per million* = Teile pro Million Teile) auf inzwischen 380 ppm im Jahr 2006. Damit hat die $CO_2$-Konzentration den höchsten Wert seit mindestens 650 000 Jahren erreicht (so weit gehen die genauen $CO_2$-Daten aus Eisbohrkernen zurück), wahrscheinlich aber sogar seit Millionen von Jahren. Dieser Anstieg ist vollständig vom Menschen verursacht worden: Die zusätzlichen 100 ppm in der Atmosphäre entsprechen sogar nur etwa der Hälfte der Menge, die wir emittiert haben. Hätten die Ozeane und die Wälder nicht einen Teil unserer Emissionen aus der Atmosphäre aufgenommen, dann hätten wir also bereits nahezu den doppelten Anstieg der atmosphärischen Konzentration verursacht. (Später werden wir diskutieren, ob Ozean und Landbiosphäre uns auch weiterhin einen ähnlichen Anteil unserer Emission abnehmen können oder ob dieser Anteil sich verringern und damit das Klimaproblem noch verschärft werden könnte.)

Auch die Menge einer Reihe anderer Gase in der Atmosphäre ist durch den Menschen stark verändert worden. Die Konzentration von Methan hat sich mehr als verdoppelt, während die Stickoxidkonzentration um ein Fünftel gestiegen ist. Andere Gase kommen von Natur aus gar nicht in der Atmosphäre vor und sind überhaupt erst durch den Menschen dorthin gelangt: die Fluorchlorkohlenwasserstoffe (FCKW). Wegen ihrer zerstörenden Wirkung auf die Ozonschicht der Stratosphäre ist die Herstellung von FCKW zwar inzwischen durch das Montreal-Protokoll international verboten; dennoch werden sie noch Jahrzehnte in der Atmosphäre verweilen und sowohl die Ozonschicht schädigen als auch das Klima beeinflussen.

All diese Gase haben eines gemeinsam: Sie wirken als Treibhausgase, das heißt, sie verändern den Strahlungshaushalt unserer Erde. Sie absorbieren einen Teil der von der Erdoberfläche und unteren Atmosphäre abgestrahlten Wärme und behindern damit die Abgabe von Wärme an das Weltall. Dieser sogenannte »Treibhauseffekt« ist ein seit dem 19. Jahrhundert bekanntes physikalisches Phänomen.

Ein Klimagleichgewicht stellt sich dann ein, wenn die abgestrahlte Wärmemenge von der Erde genau der Menge an eingestrahlter Sonnenwärme entspricht. Wird die Abstrahlung behindert, dann gerät das Klima aus der Balance: Mehr

Wärme wird aufgenommen als abgegeben, und deshalb wird es wärmer. Die Erwärmung führt dann zu einer verstärkten Wärmeabstrahlung – so kann es bei einer höheren Treibhausgaskonzentration später wieder zu einem neuen Gleichgewicht auf einem höheren Temperaturniveau kommen. Wie in Kapitel 1 besprochen, stellt ein neues Gleichgewicht sich allerdings erst mit einer gewissen Verzögerung ein, weil die Ozeane viel Zeit brauchen, um sich auf ein neues Temperaturniveau aufzuheizen.

Die Klimawirkung der einzelnen Treibhausgase misst man daran, wie stark sie den Strahlungshaushalt verändern – und zwar in Watt, also wie bei einer Glühlampe oder einem Heizöfchen, allerdings auf den Quadratmeter Erdoberfläche bezogen. So entfaltet die bisherige Erhöhung der $CO_2$-Konzentration eine Heizwirkung (der Fachausdruck ist »Strahlungsantrieb«) von 1,7 $W/m^2$ (Watt pro Quadratmeter). Der Anstieg der Methankonzentration verursacht weitere 0,5 $W/m^2$, der FCKW-Anstieg gut 0,3 $W/m^2$, die Erhöhung der Ozonkonzentration in Bodennähe (nicht zu verwechseln mit dem Ozonschwund in der Stratosphäre) weitere 0,3 $W/m^2$ und der Stickoxidanstieg knapp 0,2 $W/m^2$. Insgesamt verursachen diese Treibhausgase also einen zusätzlichen Treibhauseffekt von 3 $W/m^2$. (»Zusätzlich« deshalb, weil auch die von Natur aus vorhandenen Mengen an Treibhausgasen ja einen Treibhauseffekt haben, ohne den die Erde komplett gefroren und lebensfeindlich wäre.)

Neben den Treibhausgasen gibt es noch einen weiteren wichtigen Einfluss des Menschen auf das Klima zu berücksichtigen: Die Verschmutzung der Atmosphäre mit Partikeln (Staub, Ruß, Schwefelteilchen und so weiter), den sogenannten Aerosolen, die der Volksmund auch Smog nennt. Diese Teilchen reflektieren Sonnenlicht und haben dadurch eine abkühlende Wirkung auf das Klima. Sie lässt sich deutlich weniger leicht bestimmen als die Wirkung der Treibhausgase – die Zahl ist daher unsicherer, doch liegt sie nach den besten Abschätzungen bei etwa 1,2 W / m$^2$. Dadurch wird also etwa ein Drittel der Treibhauswirkung kompensiert – allerdings nur, wenn man globale Mittelwerte betrachtet, denn im Unterschied zu den langlebigen und deshalb in der ganzen Atmosphäre gut durchmischten Treibhausgasen ist das Vorkommen von Smog regional sehr unterschiedlich – und damit auch seine Strahlungswirkung auf das Klima.

Ein dritter menschlicher Einfluss ist die Veränderung der Helligkeit der Landfläche (der sogenannten Albedo) durch Landnutzungsänderungen wie der Umwandlung von Wald in Ackerland. Dies hat einen abkühlenden Effekt von rund 0,2 W / m$^2$ zur Folge. Alles in allem hat der Mensch die Strahlungsbilanz also um 1,6 W / m$^2$ erhöht.

Wie wirkt sich diese Veränderung des Strahlungshaushaltes nun konkret aus? Wie oben gesagt, führt das entstandene Ungleichgewicht zwangsläufig zu einer Erwärmung des globalen Klimas. Aber um wie viel? Das genaue Ausmaß der Erwärmung ist nicht einfach zu berechnen, da es von mehreren Rückkopplungseffekten abhängt, die es verstärken oder abschwächen können. Zu diesen zählen Veränderungen der Wasserdampfkonzentration in der Atmosphäre, denn Wasserdampf ist das wichtigste Treibhausgas, und seine Konzentration steigt bei wärmeren Temperaturen – jede Erwärmung (oder auch Abkühlung) des Klimas wird dadurch also verstärkt. Dazu zählen auch Veränderungen der Bewölkung – Wolken in unterschiedlicher Höhe und unterschiedlichen Typs können die Erwärmung sowohl abschwächen als auch verstärken. Und dazu zählen schließlich Veränderungen in der Schnee- und Eisbedeckung unseres Planeten. Da helle Eisflächen viel Sonnenstrahlung reflektieren, führt eine Abnahme der Eisbedeckung zur Aufnahme von mehr Sonnenwärme und verstärkt damit die Erwärmung, insbesondere natürlich in hohen Breitengraden. Wir erinnern uns aus Kapitel 1, dass die Weltmeere bei allen drei dieser Rückkopplungen eine entscheidende Rolle spielen, weil unter anderem die Verdunstung von den riesigen offenen Wasserflächen die Hauptquelle des atmosphärischen Wasserdampfs und des Wolkenwassers sowie von Schnee und Eis ist. Ein »trockener« Planet ohne große Meere würde vollkommen anders auf eine Erhöhung der $CO_2$-Konzentration reagieren als unser Ozeanplanet.

In der Summe wirken sich die Rückkopplungen verstärkend auf den Klimawandel aus. Dies sagen einerseits alle Modellrechnungen. Vor allem wird dies aber auch durch die Klimageschichte belegt, in der es immer wieder drastische Klimaveränderungen gab (zum Beispiel die bekannten Eiszeiten). Wirkten die Rückkopplungen im Klimasystem insgesamt abschwächend und nicht verstärkend, dann wären auch diese natürlichen Klimaveränderungen in der Vergangenheit wesentlich schwächer und unspektakulärer ausgefallen.

Als Maß für die Empfindlichkeit des Klimasystems gegenüber Störungen benutzen Klimatologen die sogenannte »Klimasensitivität«. Sie besagt, wie stark sich die Gleichgewichtstemperatur der Erde (gemeint ist immer die global gemittelte Lufttemperatur nahe der Oberfläche) verändert, wenn eine bestimmte Störung des Strahlungshaushaltes eintritt. Man gibt sie daher in Grad Celsius pro Watt pro Quadratmeter an, und man kann folglich damit ausrechnen, um wie viel Grad sich das Klima zum Beispiel infolge der obengenannten Störung um 1,6 $W/m^2$ durch den Menschen aufheizen wird. Noch einfacher und verbreiteter ist die Angabe der Klimasensitivität als die erwartete Erwärmung im Falle einer Verdop-

pelung der $CO_2$-Konzentration (was einer Störung des Strahlungshaushalts um 3,7 W/m$^2$ entspricht). Nach heutigem
Kenntnisstand beträgt diese Klimasensitivität etwa 3 °C, mit
einer Unsicherheit von rund ±1 °C. Die Unsicherheit kommt
daher, dass man die Stärke der oben beschriebenen Rückkopplungen nur innerhalb bestimmter Fehlergrenzen bestimmen
kann; in der seriösen Wissenschaft gehört eine Angabe von
Fehlergrenzen stets dazu. 3 °C bei $CO_2$-Verdoppelung – also
bei 3,7 W/m$^2$ – entspricht 0,8 °C pro W/m$^2$ Störung des
Strahlungshaushalts.

In Medienberichten wird die Klimasensitivität immer wieder mit der Erwärmung bis zum Jahr 2100 verwechselt, wohl
weil die Zahlenwerte bei Szenarien ohne Klimaschutzanstren-
gungen ähnlich sind. Denn einerseits könnte sich die
$CO_2$-Konzentration bis 2100 bereits mehr als verdoppelt,
wenn nicht sogar verdreifacht haben; andererseits hinkt das
Klimasystem wegen der schon erwähnten Trägheit der
Ozeane in seiner Reaktion hinterher, sodass die Erwärmung
zunächst geringer ausfällt als der Gleichgewichtswert. So
könnte man im Jahr 2100 eine Erwärmung erreichen, die annähernd so groß ist wie die Klimasensitivität. Es gibt aber
einen ganz entscheidenden Unterschied: Die Erwärmung im
Jahr 2100 hängt von uns ab, nämlich von unseren Emissionen.
Handeln wir beim Klimaschutz entschlossen und erfolgreich,
könnte die Erwärmung im Jahr 2100 deutlich weniger als 2 °C
betragen. Blasen wir aber sehr viel $CO_2$ in die Luft, könnte
sich das Klima um 6 °C oder sogar noch mehr aufheizen. Auf
die Klimasensitivität haben wir dagegen keinerlei Einfluss –
sie ist ja gerade deswegen eine so nützliche Kennzahl für die
Klimaforschung, weil sie eine rein physikalische Eigenschaft
des Klimasystems ist, unabhängig vom Handeln des Menschen.

Die tatsächliche Erwärmung zu einem gegebenen Zeitpunkt ergibt sich also aus der Störung des Strahlungshaushalts multipliziert mit der Klimasensitivität, korrigiert mit einem prozentualen Faktor, der die thermische Trägheit, also das »Hinterherhinken« des Klimasystems ausdrückt. Wie groß sollte die Erwärmung durch den Menschen demnach sein? Wie oben besprochen, beträgt die Störung des Strahlungshaushalts durch den Menschen bislang ungefähr $1,6 \ W/m^2$ – nämlich $3 \ W/m^2$ durch die Treibhausgase abzüglich circa $1,4 \ W/m^2$ durch die Aerosolverschmutzung und Änderung der Helligkeit der Landfläche. Bei der oben genannten mittleren Klimasensitivität von $0,8 \ °C$ pro $W/m^2$ ergibt sich daher eine Erwärmung im Gleichgewicht um $0,8 \times 1,6 = 1,3 \ °C$. Wegen der thermischen Trägheit sollte allerdings erst die Hälfte bis zwei Drittel dieser Erwärmung eingetreten sein. Dies ergibt also eine theoretisch erwartete globale Erwärmung durch den Menschen um $0,7$ bis $0,9 \ °C$. Messdaten zeigen eine globale Erwärmung um $0,8 \ °C$ seit Beginn der Industrialisierung.

Messungen zeigen übrigens auch, dass natürliche Veränderungen im Strahlungshaushalt, die in der Klimageschichte immer wieder zu Klimawandel geführt haben, in diesem Fall auszuschließen sind. So hat etwa die Sonnenaktivität in den letzten 60 Jahren nicht zugenommen, und auch die Erdbahnparameter (die Auslöser der Eiszeiten) können gegenwärtig keine Erwärmung erklären.

Aus dem bislang Gesagten ergibt sich, dass ein weiterer Anstieg der Treibhausgaskonzentration auch die globalen Temperaturen weiter in die Höhe treiben wird. Wie stark diese Erwärmung ausfallen wird, hängt vor allem von uns ab: nämlich davon, wie viel Kohlendioxid und andere Treibhausgase wir Menschen in den nächsten Jahrzehnten in die Atmo-

sphäre blasen werden. Klimaforscher können dies nicht vor-
aussehen – wir können lediglich ausrechnen, wie viel Erwärmung bei einer bestimmten emittierten Treibhausgasmenge
(einem »Emissionsszenario«) zu erwarten ist. Derartige Szenarien werden vom Intergovernmental Panel on Climate
Change (IPCC) in regelmäßigen Abständen veröffentlicht.
Aufgabe des IPCC ist es, den in Tausenden von Fachpublika-
tionen dokumentierten Wissensstand zum Klimawandel zu-
sammenzufassen. Hunderte von Klimatologen erarbeiten in
intensiven Diskussionen und mit einem breiten, dreistufigen
Begutachtungsprozess die IPCC-Berichte. Nach dem jüngsten, 2007 publizierten Bericht ist bis zum Jahr 2100 je nach
Emissionsszenario eine weitere Erwärmung im Bereich von 1
bis 6 °C im globalen Mittel zu erwarten. In den nächsten Jahrzehnten wird die Erwärmung unabhängig vom Szenario
wahrscheinlich nahe 0,2 °C pro Jahrzehnt liegen, was ungefähr der Anstiegsrate der letzten drei Jahrzehnte entspricht.
Weil die Emissionen sich nicht plötzlich ändern werden, $CO_2$
in der Atmosphäre kumulativ wirkt und das Klimasystem die
bereits geschilderte Trägheit aufweist (siehe Kapitel 1), unterscheidet sich der Temperaturverlauf in den verschiedenen
Szenarien erst später, deutlich etwa ab Mitte des Jahrhunderts.

## Die Erwärmung der Meere

Im November 2006 vermeldeten die Zeitungen Rekordtempe-
raturen in der Nordsee. Die mittlere Wassertemperatur war
im Oktober wärmer gewesen denn je zuvor im selben Monat,
zumindest seit Beginn der Messungen. Mit 14,2 °C lag sie um
2,4 °C über dem langjährigen Mittelwert von 1968 bis 1993.

Das Bundesamt für Seeschifffahrt und Hydrographie wertete dies als ein »untrügliches Zeichen für den beginnenden Klimawandel in der Nordsee«.

Diese Momentaufnahme aus unserem »Hausmeer« vom Oktober 2006 ist lediglich ein Mosaiksteinchen eines viel umfassenderen Bilds: dem langjährigen, globalen Anstieg der Wassertemperaturen in den Ozeanen. Abb. 4.1 zeigt die Temperaturentwicklung für den Zeitraum von 1860 bis 2000. In diesem Zeitraum haben sich die Oberflächentemperaturen im Durchschnitt um 0,6 °C erwärmt – also etwas weniger als die global gemittelte Lufttemperatur. Der Zeitverlauf ähnelt dem der Lufttemperatur: eine erste Anstiegsphase zu Beginn des 20. Jahrhunderts, dann eine Stagnation von etwa 1940 bis 1980 und seither eine weitere Erwärmungsphase. Dieser Zeitverlauf ist damit zu erklären, dass in der ersten Erwärmungsphase (bis 1940) eine zunehmende Sonnenaktivität und die steigende Treibhausgaskonzentration gemeinsam das Klima aufheizten. Von 1940 an wurde die weiterhin anschwellende Treibhausgaskonzentration durch die zunehmende, abkühlend wirkende Aerosolverschmutzung (Smog) bei annähernd konstanter Sonnenaktivität ausgeglichen. In den siebziger Jahren wurde dann die weitere Aerosolverschmutzung wegen ihrer Gesundheitsschädlichkeit gestoppt, während die Sonnenaktivität weiterhin fast keinen (beziehungsweise einen leicht fallenden) Trend aufweist, sodass die immer rascher wachsende Treibhausgaskonzentration seither der dominante Einfluss auf das Klima geworden ist.

Der Blick auf globale Mittelwerte täuscht allerdings darüber hinweg, dass die Temperaturentwicklung in den Meeren regional durchaus sehr unterschiedlich ausfallen kann. Dies hat zwei Ursachen: Einerseits überlagern sich dem langfristigen, globalen Trend immer auch natürliche Schwankungen

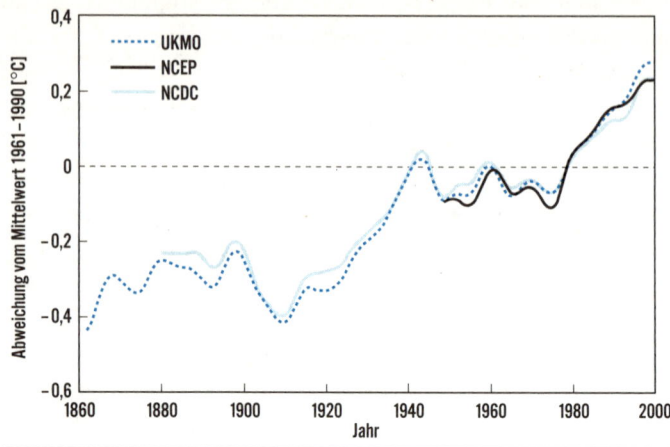

Abb. 4.1 Anstieg der Oberflächentemperatur der Meere (im globalen Mittel) nach drei verschiedenen Datenzentren.

mit vielfältigen Ursachen, wie sie im Klimasystem seit jeher auftreten. Im globalen Mittel und über mehrere Jahre geglättet sind diese recht gering, wie man in Abb. 4.1 erkennen kann, doch sie können umso größer sein, je kleiner die betrachtete Region und Zeitspanne ist. Andererseits kann auch die vom Menschen verursachte Klimaveränderung durchaus regional unterschiedlich ausfallen. So sollte die Erhöhung der Wassertemperaturen dort besonders stark ausfallen, wo es durch die globale Erwärmung zu einem Rückgang der Eisbedeckung des Ozeans und damit zu einer Verstärkung der Erwärmung durch die Eis-Albedo-Rückkopplung kommt. Tatsächlich beobachtet man in Teilen des Polarmeeres in den letzten Jahrzehnten eine Erwärmung von über 3 °C, also ein Mehrfaches des globalen Trends. Gleichzeitig schrumpft die

Fläche des Eises auf dem Eismeer immer mehr – bislang um
20 % seit Beginn der Satellitenbeobachtungen im Jahr 1979.
Eine neue, 2006 veröffentlichte Studie kommt zum Ergebnis,
dass bereits im Jahr 2040 das Polarmeer im Sommer weitgehend eisfrei sein könnte. Frühere Modellrechnungen sagten
dies erst für das letzte Viertel des Jahrhunderts voraus.

Andererseits kann es durch Änderungen von Strömungen
oder Winden in einigen Regionen sogar zu einer Abkühlung
kommen – die paradoxerweise durch die globale Erwärmung
verursacht wird. Eine Meeresgegend südlich von Grönland
beispielsweise weist über die letzten hundert Jahre eine auf-
fallende Abkühlung auf – entgegen dem sonst fast überall
vorherrschenden Erwärmungstrend. Eine Abkühlung in dieser Region findet sich auch in vielen Modellsimulationen, und
zwar infolge einer Abschwächung des Nordatlantikstromes
(siehe Abschnitt »Veränderungen der Meeresströme?« weiter unten). Es bedarf im Einzelfall sorgfältiger Analysen
mit einer Kombination von Simulationsmodellen und Messdaten, um zu klären, ob der erste Fall (überlagerte natürliche
Schwankungen) vorliegt oder der zweite (ein regionaler menschengemachter Effekt).

Bislang haben wir nur über die Temperaturveränderungen
nahe der Meeresoberfläche gesprochen. Diese Wasserschicht
steht in direktem Kontakt mit der Atmosphäre und ist von
Veränderungen des Strahlungshaushalts unmittelbar betroffen. Wie in Kapitel 1 gesagt, ist diese oberste, gutdurch-
mischte Schicht des Ozeans je nach Breitengrad ungefähr 50
bis 200 Meter dick. Doch wie sieht es darunter aus?

Auf Dauer muss man erwarten, dass die anfänglich nur die
Oberfläche betreffende Erwärmung allmählich nach unten in
tiefere Meeresschichten vordringt – erstens durch langsame
Vermischung, besonders rasch aber dort, wo Wassermassen

von der Oberfläche nach unten sinken. Dieses Eindringen ist aber nicht leicht im Voraus zu berechnen, denn es hängt von den regionalen Temperaturveränderungen – insbesondere in den Tiefenwasserbildungsgebieten – ab und auch von möglichen Veränderungen in der Tiefenwasserbildung selbst.

Die allmähliche Erwärmung der tieferen Wasserschichten kann man messen – auch wenn die Datenabdeckung noch zu wünschen übrig lässt, da die Temperaturen in der Tiefe bislang fast nur von Forschungsschiffen aus erfasst wurden. Erst seit einigen Jahren gibt es dazu zahlreiche autonome Sonden, die sogenannten Argo-Treibsonden. Diese mit Messinstrumenten bestückten, etwa zwei Meter hohen Zylinder treiben in 2000 Metern Tiefe im Meer und steigen alle zehn Tage an die Oberfläche, um unterwegs ein Temperaturprofil zu messen und die Daten anschließend an Satelliten zu funken. Rund 3000 dieser Sonden (Stückpreis etwa 25 000 Euro) sind derzeit in den Weltmeeren unterwegs und bilden ein Netz mit einer zuvor unerreichten Datendichte.

Die vorhandenen Daten zeigen, dass eine Erwärmung um 0,1 °C oder mehr über die letzten fünfzig Jahre im größten Teil der Ozeane noch auf die oberen 500 Meter beschränkt ist. Nur in einigen Gebieten – vor allem im nördlichen Atlantik zwischen 20 und 40 Grad nördlicher Breite – ist die Erwärmung bereits hinunter in Tiefen über 1000 Meter vorgedrungen. Noch weiter nördlich im Atlantik, zwischen 50 und 60 Grad nördlicher Breite, misst man dagegen eine Abkühlung bis in große Tiefen – vermutlich eine Folge der bereits erwähnten Abkühlung an der Oberfläche in dieser Region, die sich durch das Absinken schweren Wassers bis in die Tiefe ausgewirkt hat.

Besonders interessant ist die Gesamtmenge an Wärme, die der Ozean aufnimmt (siehe Abb. 4.2). Aus den globalen Mee-

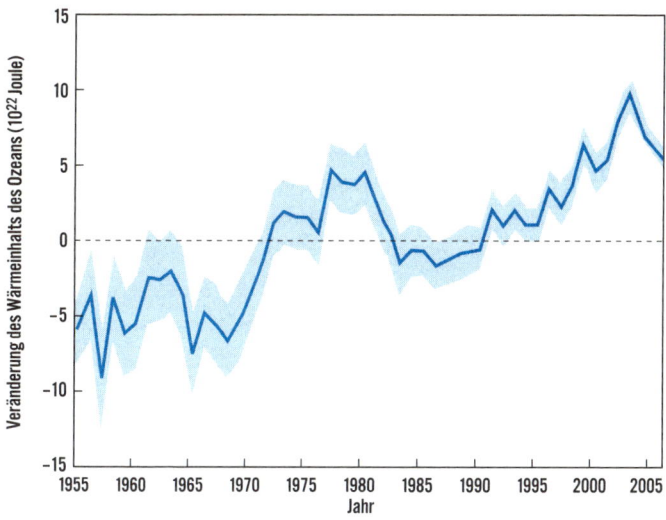

**Abb. 4.2** Veränderung des Wärmeinhalts der Weltmeere (bis 700 Meter Tiefe) seit 1955. Deutlich erkennbar ist der langfristige Trend zur Zunahme, auch wenn ihm kurzfristige Schwankungen überlagert sind.

restemperaturen kann man Veränderungen des Wärmeinhalts der Weltmeere berechnen. In den letzten 40 Jahren (genau genommen von 1961 bis 2003) hat der Ozean $1,4 \times 10^{23}$ Joule an Wärme gewonnen. Das entspricht dem Vierhundertfachen der derzeitigen jährlichen Weltenergieproduktion – und hat dennoch die Meerestemperaturen im Mittel um weniger als 0,04 °C erhöht (bezogen auf das Gesamtvolumen des Meerwassers).

Übrigens hat der Ozean in den beiden Jahren nach 2003 kurzzeitig wieder etwas an Wärme verloren – was manche Zeitungen dazu verleitete, die globale Erwärmung gleich ins-

gesamt infrage zu stellen. *Die Welt* etwa nannte dies »Klima-
erkältung statt Klimaerwärmung« und schrieb dazu (»Es
stürmt nur der Alarmismus«, Ulli Kulke, 25. 9. 2006): »In
unseren Zeiten ist dies doch eine ungeheure Information,
eine echte Neuigkeit in der Klima-Einheitsdebatte. Dennoch
taucht sie nicht in unseren Zeitungen auf, nicht in den Fern-
sehnachrichten. Sie passt nicht in die Zeit ... Der Zeitgeist ist
auf Katastrophe eingestellt. Doch die Fakten spielen da nicht
immer mit.« Das Beispiel ist nur eines von vielen Artikeln mit
ähnlichem Tenor und zeigt, wie wenig Journalisten oft Wis-
senschaftsmeldungen einzuordnen wissen. Die kleine Abkühlung ist ein ganz normaler »Zacken« in einer zackeligen
Kurve, wie er auch schon früher immer wieder aufgetreten
ist. Am langfristigen Trend ändert dies gar nichts – es zeigt lediglich, dass die langfristigen Klimatrends im Ozean (wie in
der Atmosphäre) auch stets von natürlichen Schwankungen
überlagert sind. Inzwischen nimmt der Wärmeinhalt der
Ozeane bereits wieder zu.

Rechnet man die Wärmeaufnahme des Ozeans in Watt pro
Quadratmeter Erdoberfläche um, kann man sie direkt mit der
oben erläuterten Heizleistung durch die Treibhausgase vergleichen – wir erinnern uns, dass diese derzeit (abzüglich der
Abkühlung durch Smog) rund 1,6 $W/m^2$ beträgt. Über den
Zeitraum von 1961 bis 2003 betrug die Wärmeaufnahme der
Ozeane im Mittel etwa 0,2 $W/m^2$, im Zeitraum von 1993 bis
2003 sogar 0,6 $W/m^2$. Wir sehen daran, dass ein beträcht-
licher Anteil der vom Menschen durch seine Treibhausgase
verursachten zusätzlichen Strahlungswärme im Ozean »verschwindet« – darin besteht ja gerade die Pufferwirkung der
Ozeane auf das Weltklima, also die bereits geschilderte thermische Trägheit.

Die Meere sind übrigens der einzige Faktor, der eine derart

merkliche Pufferwirkung entfaltet. Die Wärmespeicherung in der Atmosphäre und den Landmassen beträgt zusammen nur etwa 10 % der der Ozeane. Und die Gesamtenergie, die weltweit zum Schmelzen von Eis verbraucht wird (Gletscherschwund sowie schrumpfende polare Meereisdecke und Eisschilde), ist dagegen vernachlässigbar. Das mag manchen überraschen, hängt aber einfach mit der schlechten Wärmeleitfähigkeit von Eis zusammen. Es zeigt aber auch, dass es energetisch kein Problem wäre, die globalen Eismassen um ein Vielfaches schneller schmelzen zu lassen, wenn sie nur in besseren Kontakt mit der Wärme kämen. Dies ist kein ganz abwegiger Gedanke, da diese Eismassen zunehmend »nass« werden – Schmelzwasser dringt in Gletscherspalten und Risse ein, Eisströme fließen immer schneller in Richtung Meer, wo sie in Kontakt mit wärmerem Wasser kommen. Wer einmal ein Gefrierfach abgetaut hat, wird wissen, dass das Eis sehr langsam schmilzt, selbst bei warmen Sommertemperaturen – dass es aber viel schneller schwindet, wenn man es in eine Wanne Wasser wirft.

## Der Anstieg des Meeresspiegels

Die vorigen Absätze haben uns bereits zum Thema steigender Meeresspiegel hingeführt, denn die beiden Hauptursachen wurden schon genannt: Schmelzendes Landeis fügt dem Meer zusätzliches Wasser hinzu, und steigende Wassertemperaturen führen zu einer Ausdehnung des Meerwassers. Die Satelliten Topex / Poseidon und Jason vermessen seit 1993 ständig und weltweit die Höhe der Meeresoberfläche mit großer Präzision. Sie zeigen einen Anstieg des globalen Meeresspiegels um 3,3 mm pro Jahr. Doch wann hat dieser Anstieg begonnen, und um wie viel ist der Meeresspiegel etwa im vergangenen Jahrhundert insgesamt gestiegen?

Für den Zeitraum vor Beginn der Satellitenmessungen kann man die Pegelmessungen an zahlreichen Küstenorten der Welt zurate ziehen. Sie haben allerdings drei Nachteile: Sie liefern keine Daten abseits der Küsten, die Genauigkeit und Homogenität der Datensätze ist oft fraglich und die Pegel an Küsten können durch Hebung oder Senkung der Landmasse beeinflusst sein, was sorgfältig herauskorrigiert werden muss.

Die derzeit beste Meeresspiegelkurve für den Zeitraum seit 1880 kombiniert daher die Messungen von besonders zuverlässigen Pegeln an den Küsten mit den Satellitendaten, die für den Zeitraum, über den sich beide Datenreihen überlappen, zur Eichung der Pegel verwendet werden. Diese Kurve zeigt einen Anstieg des Meeresspiegels um 18 cm seit 1880, wie Abb. 4.3 zeigt. Das ist etwas Neues: In den vergangenen Jahrtausenden hat es keinen auch nur annähernd vergleichbaren Anstieg gegeben. Dies weiß man unter anderem aus Analysen der Lage von Bauten aus der Römerzeit, die in einer bestimmten Beziehung zum Meeresspiegel stehen. Zudem hätte bei einer Anstiegsrate von 18 cm pro Jahrhundert ja schon im Mittelalter der Meeresspiegel um zwei Meter niedriger liegen müssen, aber dies war eindeutig nicht der Fall. Da der aktuelle Meeresspiegelanstieg also praktisch ein vollständig modernes Phänomen ist, muss man davon ausgehen, dass er durch die jüngste globale Erwärmung ausgelöst wurde.

Grundsätzlich können drei Faktoren den globalen Meeresspiegel verändern: erstens zusätzliches Wasser, zweitens eine Dichteveränderung des Wassers (thermische Expansion) und drittens eine geologische Veränderung des Volumens der

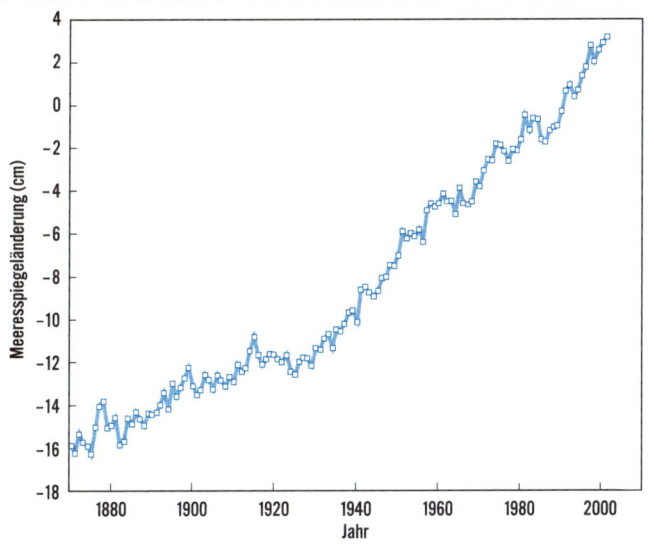

**Abb. 4.3** Anstieg des globalen Meeresspiegels auf der Grundlage von Pegelmessungen an zahlreichen Küsten. Die Daten zeigen echte Veränderungen des Wasservolumens der Meere, das heißt, der Effekt nacheiszeitlicher Landhebungen und -senkungen (der global zu einem Absinken des Meeresspiegels um 0,3 mm pro Jahr führt) ist bereits herauskorrigiert.

Ozeanbecken. Letzteres ist über Hunderte von Jahrmillionen wichtig, spielt aber aktuell nur eine untergeordnete Rolle: Als Spätfolge der letzten Eiszeit und des Verschwindens der riesigen Kontinentaleismassen an ihrem Ende vor rund 10 000 Jahren werden die Ozeanbecken etwas größer, was für sich genommen ein Absinken des Meeresspiegels um 0,3 mm pro Jahr zufolge hätte – dieser Effekt verringert also etwas den oben genannten gemessenen Anstieg.

Die thermische Expansion wiederum ist eine einfache physikalische Folge der Erwärmung – warmes Wasser nimmt mehr Volumen ein. Der dadurch verursachte Meeresspiegelanstieg ist grob betrachtet proportional zum wachsenden Wärmeinhalt der Meere, den wir oben diskutiert haben. Genauer besehen, ist er es aber doch nicht, denn die thermische Expansion variiert stark mit der Temperatur und dem Salzgehalt. Es kommt also nicht nur auf die gesamte Wärmemenge an, die der Ozean aufnimmt, sondern auch darauf, *wo* diese Wärme aufgenommen wird. Erwärmt man Meerwasser von 20 °C um ein Grad auf 21 °C, dann nimmt das Volumen mehr als viermal so viel zu wie beim Erwärmen von 0 °C auf 1 °C. Es kommt also für den Meeresspiegel stark darauf an, ob die tropischen oder polaren Meere sich stärker erwärmen.

Die bereits beschriebene Erwärmung des Meerwassers hat für den Analysezeitraum 1961 bis 2003 zu einem Meeresspiegelanstieg durch thermische Ausdehnung um 0,4 mm pro Jahr geführt – dies kann man auf der Basis der Temperaturmessungen berechnen. Hinzu kommt ein geschätzter Anteil von 0,5 mm pro Jahr von den schwindenden Gebirgsgletschern sowie 0,2 mm pro Jahr durch Abschmelzen der großen Kontinentaleismassen in Grönland und der Antarktis. Diese Beiträge ergeben zusammen also 1,1 mm pro Jahr. Tatsächlich gemessen wird aber ein Anstieg von 1,8 mm pro Jahr. Die Diskrepanz liegt wahrscheinlich nicht an einem »vergessenen« wesentlichen Beitrag zum Meeresspiegel, sondern daran, dass alle genannten Zahlen noch mit erheblichen Schätzfehlern verbunden sind – die Differenz liegt gerade noch im Rahmen dieser Fehler. Für das letzte analysierte Jahrzehnt (1993 bis 2003) sind die Zahlen zuverlässiger und liegen näher zusammen: Die Einzelkomponenten ergeben in der Summe 2,8 mm pro Jahr, der gemessene Meeresspiegelanstieg 3,1 mm pro Jahr. In diesem Jahrzehnt tragen die Kontinentaleismassen (Grönland und Antarktis zu gleichen Teilen) 0,4, die Gebirgsgletscher 0,8 und die thermische Ausdehnung 1,6 mm pro Jahr bei. Diese jüngeren Messdaten ergeben also ein in sich stimmiges Bild, wenn auch noch nicht mit der wünschenswerten Genauigkeit.

Etwas problematischer sieht es mit den Modellrechnungen aus, die für Zukunftsprojektionen verwendet werden. Diese Modelle werden in der Regel im 18. Jahrhundert gestartet – also vor Beginn einer spürbaren menschlichen Klimabeeinflussung – und berechnen dann auf der Basis der wachsenden Treibhausgaskonzentration und anderer Antriebsfaktoren (Aerosole, Sonnenaktivität, Vulkanausbrüche) und den Gesetzen der Physik den weltweiten Klimaverlauf. Die von den Modellen berechnete Temperaturentwicklung stimmt für die Vergangenheit gut mit den Messdaten überein, sodass auch die Zukunftsprojektionen für die Temperatur als recht verlässlich gelten. Der bisherige Meeresspiegelanstieg wird von diesen Modellen allerdings unterschätzt. Für den Zeitraum 1961 bis 2003 ergeben sie im Mittel nur 5 cm Anstieg, gemessen werden 7,5 cm, also 50 % mehr. Zudem sind die Beiträge der Kontinentaleismassen hier aus den Messdaten hinzugenommen, da diese Klimamodelle bislang keine Veränderungen im Kontinentaleis berechnen können. Diese Tatsachen – insbesondere unsere gegenwärtige Unfähigkeit, belastbare Aussagen über die Geschwindigkeit zu machen, mit der die Kontinentaleismassen schrumpfen – bedeuten, dass Vorhersagen der künftigen Meeresspiegelentwicklung erheblich unsicherer sind als jene der Temperatur.

Die genannten Modellprojektionen ergeben bis zum Jahr 2100 je nach Szenario und Modell einen künftigen Meeresspiegelanstieg um 18 bis 59 cm. Wegen der genannten Unsicherheiten könnte der Anstieg jedoch auch deutlich höher ausfallen. Anhand der Messdaten des 20. Jahrhunderts zeigt sich: Je wärmer es wird, desto schneller steigt der Meeresspiegel. Es gibt eine hochsignifikante Korrelation zwischen der Rate des Meeresspiegelanstiegs und der Erwärmung; demnach steigt der Meeresspiegel pro Grad Erwärmung um circa 3,4 mm pro Jahr (das heißt, bei 0,5 °C Erwärmung um 1,7 mm pro Jahr und so weiter). Nimmt man an, dass dieser Zusammenhang auch in Zukunft bestehen bliebe, dann ergäbe sich daraus ein wesentlich stärkerer Meeresspiegelanstieg – möglicherweise sogar um mehr als einen Meter bis zum Jahr 2100 im Falle einer starken globalen Erwärmung um mehr als 4 °C. Ob dies tatsächlich eintritt, kann derzeit niemand sagen – das Ergebnis illustriert jedoch die große Unsicherheit bei den Vorhersagen für den Meeresspiegel. Selbst wenn die Rate des Meeresspiegelanstiegs ab jetzt nicht weiter zunähme, sondern – trotz steigender Temperaturen – bei den aktuell gemessenen 3,1 mm pro Jahr bliebe, würde der Meeresspiegel in hundert Jahren um 31 cm steigen.

Ein entscheidender Punkt ist, dass der Meeresspiegelanstieg nicht im Jahr 2100 aufhören wird, auch wenn wir den die globale Temperaturerhöhung bis dahin gestoppt haben (was wir hoffen). Der Meeresspiegel reagiert nur langsam und zeitverzögert. Es braucht viele Jahrhunderte, bis die Erwärmung von der Meeresoberfläche in die Tiefsee vordringt; ebenso braucht es viele Jahrhunderte oder sogar Jahrtausende, bis große Kontinentaleismassen schmelzen. Die bislang genannten Zahlen bis zum Jahr 2100 – ob nun nur 30 cm oder mehr als ein Meter – sind daher nur der Anfang eines andauernden, wesentlich größeren Anstiegs in den folgenden Jahrhunderten.

Die Klimageschichte gibt Anhaltspunkte und eine deutliche Warnung, wie groß auf Dauer der Meeresspiegelanstieg sein dürfte. Denn auch in der Erdgeschichte waren globale Klimaveränderungen stets mit großen Meeresspiegelveränderungen verbunden. Zum Beispiel in der letzten Eiszeit: Bei einem im globalen Mittel nur rund 5 °C kälteren Klima lag der Meeresspiegel 120 Meter niedriger, und die heutigen britischen Inseln waren Teil des europäischen Kontinents. Zum Beispiel im Pliozän: Als es vor rund drei Millionen Jahren das letzte Mal deutlich wärmer war als heute (2 bis 3 °C im globalen

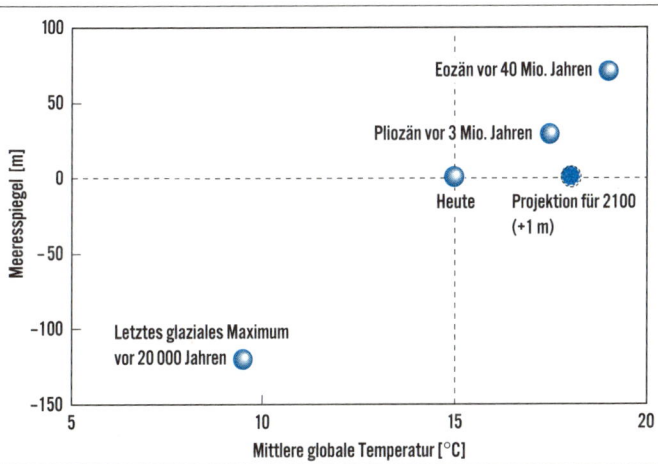

**Abb. 4.4** Zusammenhang zwischen Temperatur und Meeresspiegel in der jüngeren Erdgeschichte. Gezeigt sind die Meeresspiegelveränderungen (im Vergleich zu heute) zu verschiedenen Klimaepochen mit kälterem und wärmerem Klima. Der Meeresspiegelanstieg bis zum Jahr 2100 fällt im Vergleich zu den erdgeschichtlichen Beispielen sehr gering aus, da bis dahin nur der Beginn eines viel stärkeren, langfristigen Anstiegs zu erwarten ist.

Mittel), lag der Meeresspiegel 25 bis 35 Meter höher als derzeit (siehe Abb. 4.4). Grund sind die großen Veränderungen
der kontinentalen Eismassen. Auch heute noch gibt es auf der
Erde genug Kontinentaleis, um den Meeresspiegel weltweit
um rund 70 Meter anzuheben. Der amerikanische Klimato-
loge James Hansen, Leiter des Klimainstituts der NASA, hat
die Eismassen daher kürzlich eine »tickende Zeitbombe« genannt.

Tatsache ist, dass beide Eismassen – die Grönlands und die
der Antarktis – in den letzten Jahren an den Rändern zunehmende Zerfallserscheinungen zeigen. Die vom Satelliten aus
sichtbare Abschmelzfläche auf Grönland hat sich zwischen
1979 und 2005 um rund 25 % vergrößert, teilweise haben
sich große Schmelzwasserströme gebildet. Das Eis Grönlands
strömt zur Hälfte durch ein Dutzend großer Auslassgletscher
in Richtung Meer; viele dieser Gletscher (unter anderem der
Jakobshavn Isbrae) haben ihre Fließgeschwindigkeit inzwischen verdoppelt. Auf der Antarktischen Halbinsel zerbre-
chen nach und nach die Eisschelfe (das sind auf das Meer hin-
ausgeströmte Gletscherzungen). Besonders spektakulär war
der Zusammenbruch des Jahrtausende alten Larsen B Eis-
schelfs im Februar 2002. Das Verschwinden des Schelfeises
hat zwar keinen direkten Einfluss auf den Meeresspiegel, da
dieses Eis bereits auf dem Meer schwimmt. Doch zeigen
neuere Daten, dass nach dem Kollaps des Schelfeises die da-
hinter liegenden Gletscher schneller abfließen – und damit
gelangt neues Eis ins Meer, das den Meeresspiegel anhebt. Die
Massenbilanz der kontinentalen Eisschilde ist schwer zu messen, daher sind die Unsicherheiten in den Zahlen noch groß.
Dennoch zeigen unterschiedliche Messungen, dass in den
letzten zehn Jahren beide Eisschilde an Masse verloren haben.
Die noch im 3. IPCC-Bericht von 2001 formulierte Hoffnung,

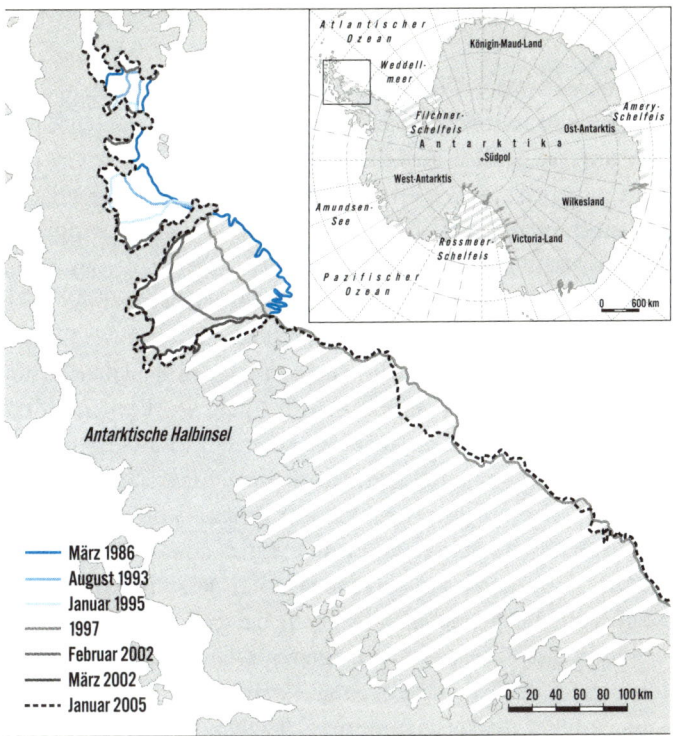

**Abb. 4.5** Schwinden der Eisschelfe der Antarktischen Halbinsel seit 1986. Die Linien zeigen die Eisgrenze in verschiedenen Jahren.

die Eismasse der Antarktis könne durch zusätzliche Schneefälle aufgrund der Klimaerwärmung anwachsen und damit den Meeresspiegelanstieg bremsen, scheint sich bislang leider nicht zu erfüllen.

## Regional unterschiedliche Folgen

Was wird der Meeresspiegelanstieg für Konsequenzen haben?
Zunächst muss man wissen, dass der Anstieg regional deutlich unterschiedlich ausfallen kann – bislang haben wir nur
vom globalen Mittelwert gesprochen. Die Meeresoberfläche
ist jedoch nicht flach, sondern hat Berge und Täler. Aufgrund
der Erdrotation ist die Meeresoberfläche quer zu Strömungen
geneigt – beispielsweise steht das Wasser auf der rechten Seite
des Golfstroms rund einen Meter höher als auf der linken.
Jede Veränderung der Meeresströmungen führt daher zu regionalen Veränderungen des Meeresspiegels, die sich global
auf Null summieren, da das Wasser dabei nur umverteilt wird.
Auch die von den Satelliten gemessenen Meeresspiegelände-
rungen zeigen daher Gebiete mit einem weit überdurch-
schnittlichen Anstieg (zum Beispiel um Indonesien oder Neuseeland) und Regionen, in denen in den letzten zehn Jahren
der Meeresspiegel gefallen ist (zum Beispiel in großen Teilen
des Indischen Ozeans). Derartige regionale Variabilität ist allerdings in der Regel auf wenige Dezimeter beschränkt (eine
Ausnahme wäre das weiter unten abgehandelte Versiegen des
Nordatlantikstroms). Das bedeutet, dass der globale Anstieg
sich auf Dauer überall durchsetzen und regionale Schwankungen im Meeresspiegel überwiegen werden. Allerdings
können schon 10 bis 15 zusätzliche Zentimeter, wie sie nach
den Simulationsrechnungen des neuesten UN-Klimaberichts
in unserer Region bis 2100 erwartet werden, die Meeresspie-
gelprobleme deutlich verschärfen.

Darüber hinaus verändert sich auch die Höhe der Landmas-
sen aufgrund von geologischen Prozessen, besonders in jenen
Breitengraden, die während der letzten Eiszeit von großen
Kontinentaleismassen belastet waren. So wurde etwa Schott-

land durch die Eismassen hinuntergedrückt und die britische Landmasse dadurch etwas gekippt – seit Ende dieser Belastung vor rund zehntausend Jahren steigt Schottland wieder auf, dafür sinkt der Süden Englands – einschließlich London – ab. Im nördlichsten Zipfel der Ostsee, dem Zentrum der fennoskandischen Eismasse, steigt das Land noch heute um bis zu 9 mm pro Jahr – also dreimal schneller als der globale Meeresspiegel. Weiter südlich, an der deutschen Ostseeküste, sinkt das Land dagegen um circa 1 mm pro Jahr und verschärft damit das Meeresspiegelproblem.

An der deutschen Nordseeküste betrug der relative Meeresspiegelanstieg vor allem durch die nacheiszeitliche Landabsenkung in den letzten Jahrtausenden im Mittel circa 2 mm pro Jahr. Obwohl dies ein langsamer, stetiger Prozess ist, offenbart sich das Problem episodenhaft während dramatischer Sturmfluten. Als Beispiele genannt seien die Julianenflut 1164, die Marcellusflut 1219 (rund 10 000 Tote), die Luciaflut 1287 (circa 50 000 Tote) und die »grote Manndränke« am 16. Januar 1362 (ungefähr 100 000 Tote), bei der die sagenumwobene Stadt Rungholt in den Fluten versank. Diese und weitere Sturmfluten verursachten die Einbrüche von Dollart und Jadebusen und die Entstehung der Halligen als Überreste einer großen nordfriesischen Landfläche. Dieser Bedrohung für Land und Leben trat die Bevölkerung mit immer mehr Erfolg durch Deichsysteme entgegen, die mit technologischem Fortschritt und einem hohen gesellschaftlichen Organisationsgrad einhergingen. Bei der Gemeinschaftsaufgabe Deichbau galt die Devise »Wer nicht will diken, der muss wiken« – das bedeutete, Trittbrettfahrer wurden enteignet. Zu den letzten schweren Sturmflutkatastrophen kam es 1953 (Hollandflut, rund 1300 Tote) und 1962 (Hamburgflut, circa 300 Tote); dabei gab es keine nennenswerten Landverluste mehr.

Nimmt man die an den deutschen Küsten durch Strömungsveränderungen erwarteten 10 bis 15 cm und die durch Landabsenkung erwarteten 10 bis 20 cm bis zum Jahr 2100 zusammen, dann ist bei uns relativ zur Küste ein Meeresspiegelanstieg von 20 bis 35 cm über dem mittleren globalen Anstieg zu erwarten; beträgt der globale Anstieg also zum Beispiel 50 cm, könnte dies bei uns 70 bis 85 cm bedeuten.

Zu den Landsenkungen und -hebungen natürlichen Ursprungs kommt noch ein weiteres Problem: lokale Landabsenkung durch menschliche Eingriffe. Viele große Städte sind in Flussmündungen entstanden, auf relativ weichem Untergrund. Durch die Last der Gebäude und die Grundwasserentnahme sinken viele dieser Städte ab, darunter unter anderem Tianjin, Shanghai, Osaka, Tokio, Bangkok, Manila, Jakarta und Teile von Los Angeles. Auch New Orleans wurde im Jahr 2005 durch die Überflutung infolge des Hurrikans Katrina nur deshalb so stark zerstört, weil einige Stadtteile auf bis zu drei Meter unter dem Meeresspiegel abgesunken und durch Deiche nur unzureichend geschützt waren. Ein weiteres bekanntes Beispiel ist Venedig, wo aufgrund von Absenkung kombiniert mit dem modernen Meeresspiegelanstieg die berühmte Piazza San Marco immer häufiger unter Wasser steht (bereits bis zu hundertmal pro Jahr). Der damalige Staatschef Berlusconi gab 2003 den Startschuss für aufwendige Sturmflutsperren mit dem biblischen Namen MOSE (*Modulo Sperimentale Elettromeccanico*), die bei hohen Fluten die gesamte Lagune von Venedig abriegeln.

Aus den genannten Gründen werden die Folgen des künftigen Meeresspiegelanstiegs regional sehr unterschiedlich ausfallen. Sie werden dort zuerst spürbar, wo Küstenstädte ohnehin durch Landabsenkung gefährdet sind und der Meeresspiegelanstieg nun verschärfend hinzutritt – wie in Lon-

**Abb. 4.6** Die deutsche Nordseeküste mit der Insel Alt-Nordstrand auf einer Karte von Johannes Blaeu, 1662. Von dem einstigen Landgebiet sind heute nur die Halligen verblieben.

don, wo die Sturmflutsperre in der Themse inzwischen mehr als zehnmal jährlich geschlossen werden muss, während dies in den 1980er Jahren nur etwa einmal pro Jahr der Fall war. In einigen anderen Gegenden hingegen wird die tektonische Hebung im Nachhall der letzten Eiszeit noch über mindestens hundert Jahre jeglichen Meeresspiegelanstieg kompensieren.

Die genannten Beispiele deuten bereits an, dass das Problem des Meeresspiegelanstiegs sich vor allem bei Sturmfluten bemerkbar macht. An einem ruhigen Tag wäre an den meisten Küsten der Welt auch ein um einen Meter höherer Meeresspiegel kaum ein ernstes Problem. Doch die über viele Jahrzehnte sich schleichend anbahnende Katastrophe nimmt dann eines Tages innerhalb von Stunden ihren Lauf. 15 der derzeit 20 Megastädte der Erde (über 10 Millionen Einwohner) liegen am Meer; hinzu kommt auch sensible Infrastruktur wie zum Beispiel Kernkraftwerke, die Meerwasser zur Kühlung benutzen. Für New York gibt es beispielsweise Untersuchungen des dort im Herzen Manhattans angesiedelten Klimaforschungsinstituts der NASA. Sie kommen zu einem beunruhigenden Schluss: Eine Sturmflut von rund drei Meter über normal, die heute ein Jahrhundertereignis ist (also statistisch alle 100 Jahre einmal auftritt), wäre bei einem ein Meter höheren Meeresspiegel bereits alle drei bis vier Jahre zu erwarten. Schon eine weniger schwere Sturmflut im Dezember 1992 (circa 2,5 Meter über normal) hat massive Schäden angerichtet; sie legte das U-Bahn-System lahm, flutete den Battery Park Tunnel und führte zur Schließung des Flughafens La Guardia sowie zahlreicher wichtiger Straßenverbindungen. Je weiter der Meeresspiegel steigt, desto schwächere Stürme führen zu ähnlichen Überschwemmungen: Eine derartige Flut würde bei einem Meter Meeresspiegel mehr bereits nahezu jährlich auftreten. Auch in New York denkt man des-

halb bereits über ein System aus drei beweglichen Sturmflut-
sperrwerken nach, die zumindest Manhattan schützen und
damit die Schäden begrenzen könnten.

Die Folgen des Meeresspiegelanstiegs beschränken sich allerdings nicht auf die genannten prominenten Küstenstädte,
und an vielen Orten sind aufwendige Küstenschutzbauten
entweder nicht finanzierbar oder gar nicht machbar. Wir hatten bereits im ersten Kapitel erwähnt, dass die globale Küstenlinie rund eine Million Kilometer lang ist. Nur ein verschwin-
dend geringer Anteil davon wird sich schützen lassen, und
auch der nur bis zu einer bestimmten Pegelhöhe. Steigt der
Meeresspiegel noch weiter – um drei, vier oder gar fünf Meter
in den kommenden Jahrhunderten – werden auch die teuers-
ten Sperrwerke und Deiche wirkungslos, und Städte müssen
aufgegeben werden. Ob dies geplant und geordnet vor einer
Sturmflutkatastrophe geschähe und nicht erst im Nachhinein,
ist zumindest fraglich.

Besonders gefährdet sind tiefliegende Atolle wie zum Beispiel die Malediven und die Marshallinseln, wie Kiribati, Tuvalu oder Tokelau. Diese Inselstaaten bieten zusammen über
500 000 Menschen ein Zuhause, liegen aber durchschnittlich
nur zwei Meter über dem Meer und könnten durch den Klimawandel unbewohnbar werden oder völlig verschwinden.

Auf dem Korallenatoll Vanuatu musste die Ortschaft Lateu
bereits auf höheres Gebiet umgesiedelt werden. Im Inselstaat
Tuvalu steht inzwischen bei Springtide regelmäßig das Wasser knietief auf den Dorfplätzen. Viele Einwohner wandern
bereits nach Neuseeland ab. Neben den zahlreichen, immer
noch nicht nach New Orleans zurückgekehrten Obdachlosen
des Hurrikans Katrina gehören sie mit zu den ersten »Meeres-
flüchtlingen« des 21. Jahrhunderts. Die Regierung Neusee-
lands hat bereits mit mehreren Inselstaaten Abkommen zur

Aufnahme solcher Meeresflüchtlinge geschlossen. Der Untergang einiger kleiner Inselstaaten noch in diesem Jahrhundert ist absehbar.

Gefährdet sind auch tiefliegende Flussdeltagebiete, die wegen der fruchtbaren Böden oft dicht besiedelt sind. Ein Beispiel ist das riesige Ganges-Brahmaputra-Meghna-Delta am Golf von Bengalen, das von Indien über Bangladesh und Nepal bis nach China und Bhutan reicht. Dort ist es bereits in der Vergangenheit zu Sturmflutkatastrophen mit Hunderttausenden von Todesopfern gekommen. Das Risiko steigt ständig mit dem Meeresspiegel; es kann und sollte durch weitere örtliche Vorsorgemaßnahmen zumindest reduziert werden. Im Dezember 2006 berichteten indische Zeitungen vom Verschwinden zweier Inseln in den Sundarbans, einem Mangrovengebiet im Gangesdelta, wo noch Tiger durch die Wälder streifen. Die Überflutung der Inseln Suparibhanga und Lohacharra habe 10 000 Menschen obdachlos gemacht; weitere 100 000 müssten in den kommenden Jahrzehnten evakuiert werden.

Ein steigender Meeresspiegel führt auch zu vermehrter Küstenerosion und zum Verlust von Sandstränden, wo der Nachschub an Sediment nicht mit dem Anstieg Schritt halten kann. Auf der Insel Sylt wird der Verlust von Sandstrand bereits mit künstlichen Sandvorspülungen bekämpft; aufgrund der hohen Einkünfte aus dem Tourismus lohnt sich dort diese Maßnahme wirtschaftlich. Auch in spanischen Urlaubsgebieten ist diese Praxis weit verbreitet: An 400 Orten wird dort regelmäßig der Strand erneuert. An vielen anderen Küsten werden Strände dagegen durch den Meeresspiegelanstieg schmaler oder verschwinden ganz.

Eine weitere Folge des Meeresspiegelanstiegs ist das Eindringen von Salz ins Grundwasser, was sich mancherorts bis

zu 50 Kilometer ins Land hinein auswirken kann, die Landwirtschaft schädigt und die Trinkwasserversorgung gefährdet.

Die Ökosysteme der Küsten sind oft besonders wertvoll
und artenreich; sie werden auch von Menschen sehr geliebt
und gerne aufgesucht. Wer von uns würde nicht gerne am
Strand entlangschlendern und Muscheln suchen, den Blick
über das Wasser schweifen lassen und den Möwen und See-
schwalben zusehen? Die Glücklicheren unter uns haben vielleicht schon einmal Seehunde, Wale oder Delfine vor der
Küste gesehen, sind zwischen bunten Fischen an einem Korallenriff entlanggeschnorchelt oder haben in einer Tropennacht
erlebt, wie eine große alte Seeschildkröte den Strand hoch-
robbt, oberhalb der Hochwassermarke ein Nest ausgräbt und
ihre Eier ablegt.

Doch gerade diese Ökosysteme sind besonderen Gefähr-
dungen ausgesetzt (wie in späteren Kapiteln erläutert wird),
die durch den Meeresspiegelanstieg verschärft werden. Dazu
gehören zum Beispiel Feuchtgebiete und Salzwiesen, Korallenriffe und Mangrovenwälder. Die heutigen Korallenriffe
haben sich in den vergangenen Jahrtausenden etabliert, als
das Abschmelzen der riesigen Eispanzer der Eiszeit beendet
war und der Meeresspiegel sich auf einem annähernd kon-
stanten Niveau stabilisiert hatte. Tropische Korallenriffe gelten als das artenreichste marine Ökosystem; man schätzt, dass
0,5 bis 2 Millionen Spezies auf, um und von diesen Riffen leben. Für rund 100 Millionen Menschen stellen sie eine Ein-
nahmequelle in Form von Tourismus und Fischerei dar, und
sie schützen zudem die Küste vor Erosion und Tsunamis. Untersuchungen infolge des schweren Tsunamis an Weihnach-
ten 2004 haben gezeigt, dass die tödlichen Flutwellen dort
deutlich weniger weit ins Land hinein vordringen konnten,

wo die Küste durch intakte Korallenriffe oder Mangrovenwälder geschützt war.

Warmwasserkorallen gedeihen im flachen Wasser knapp unterhalb der Oberfläche, da zum Gedeihen des Ökosystems Sonnenenergie notwendig ist. An einen Anstieg des Meeresspiegels passen Korallenriffe sich an, indem sie in die Höhe wachsen. Allerdings leitet man aus historischen Daten ab, dass auch unter günstigen Bedingungen (also ohne die weiter unten behandelten Stressfaktoren wie Erwärmung und Versauerung) Korallen höchstens mit einem Meeresspiegelanstieg von 10 mm pro Jahr mithalten können. Es ist daher fraglich, ob sie mit der erwarteten Beschleunigung des Anstiegs in diesem Jahrhundert noch zurechtkommen können.

Auch Mangrovenwälder (siehe Abb. VII im Farbteil), die heute noch 8 % der globalen Küstenlinie säumen, können sich anpassen, aber nur in gewissen Grenzen. Eine detaillierte Szenariorechnung für diese Wälder hat ergeben, dass schon bei einem Anstieg des Meeresspiegels um 50 cm bis zum Jahr 2100 etwa ein Viertel der Mangroven zugrunde gehen dürfte.

Ist ein weiterer Meeresspiegelanstieg unvermeidlich oder können wir ihn noch aufhalten? Diese Frage ist falsch gestellt, denn es gibt kein Entweder – Oder. Richtig sollte sie lauten: Wie viel davon ist bereits unausweichlich?

Rein physikalisch betrachtet, ist ein geringer weiterer Anstieg der Meere unvermeidbar, wahrscheinlich im Bereich von wenigen zehn Zentimetern, vielleicht sogar unter zehn. Wenn wir von morgen an alle Emissionen von Kohlendioxid und anderen Treibhausgasen einstellen würden, dann könnte die $CO_2$-Konzentration sofort wieder zu sinken beginnen. Etwas verzögert würde auch die globale Temperatur allmählich wieder abnehmen und bis zum Jahr 2100 etwa auf das Niveau von 1950 zurückgehen. Der Meeresspiegel würde seinen Anstieg stark verlangsamen, vom nächsten oder übernächsten Jahrhundert an würde auch er wieder sinken.

Politisch und wirtschaftlich ist ein solch drastisches Szenario natürlich nicht denkbar. Doch auch realistischere effektive Klimaschutzszenarien, zum Beispiel ein vom schwedischen Energieprofessor Christian Azar vorgeschlagenes Modell, würden den weiteren globalen Temperaturanstieg in diesem Jahrhundert auf weniger als 1 °C begrenzen und später die Temperaturen wieder sinken lassen, was voraussichtlich einen weiteren Meeresspiegelanstieg um einige Dezimeter über mehrere Jahrhunderte bedeuten würde. Bei geeigneten Anpassungsmaßnahmen wäre ein solcher Anstieg zu verkraften.

Unternehmen wir dagegen nichts und lassen die Emissionen ungebremst weiter zunehmen, dann würde der Meeresspiegel über die kommenden Jahrhunderte hinweg wahrscheinlich um mehrere Meter steigen.

Dies ist also unser Handlungsspielraum: einige Dezimeter oder einige Meter Meeresspiegelanstieg. Dies zu entscheiden ist die historische Verantwortung unserer Generation. Die wesentlichen Weichenstellungen werden in den kommenden ein oder zwei Jahrzehnten erfolgen, denn dann entscheidet sich, welche Energieinfrastruktur für die kommenden 50 Jahre aufgebaut wird. Die Zukunft der Meere liegt in unserer Hand.

Der wissenschaftliche Beirat der Bundesregierung für globale Umweltveränderungen (WBGU) hat 2006 ein Meeresgutachten vorgelegt, in dem »Leitplanken« für den Meeresspiegel vorgeschlagen werden, die nicht überschritten werden sollten. Demnach müsste ein Anstieg um mehr als einen Meter über das vorindustrielle Niveau auch auf Dauer (also über viele Jahrhunderte) vermieden werden, und die Rate des Meeresspiegelanstiegs sollte unterhalb von 5 cm pro Jahrzehnt gehalten werden. Der WBGU will damit eine breite Diskussion über sinnvolle Grenzen unserer Beeinflussung des Meeresspiegels anstoßen. Man mag die vorgeschlagenen Zahlen für zu niedrig oder zu hoch halten – auf jeden Fall wäre es unverantwortlich, vor dem Anstieg des Meeresspiegels einfach den Kopf in den Sand zu stecken. Wir müssen den Konsequenzen unseres Handelns ins Auge blicken und eine verantwortungsbewusste Entscheidung fällen, welches Ausmaß an Meeresspiegelanstieg wir noch für vertretbar halten und wie viel $CO_2$-Emissionen uns dies noch erlaubt.

### Tropische Wirbelstürme

Die Tropensturm-Rekordsaison 2005 mit dem verheerenden Hurrikan Katrina (mindestens 1836 Todesopfer) hat viele Menschen aufgeschreckt. Die Entwicklung solcher Tropenstürme ist so untrennbar mit dem Ozean verbunden, dass wir in einem Buch über die Meere um dieses spezielle Thema nicht herumkommen. Tropische Wirbelstürme entstehen aus einer Störung – meist einfach einem Gewitter – über den tropischen Meeren. Feuchtwarme Luft steigt auf. Dabei kühlt sie ab, und der Wasserdampf kondensiert. Die dabei frei werdende Kondensationswärme sorgt dafür, dass die Luft weiter rasch nach oben zieht – wie in einem Kamin –, denn durch diese »eingebaute Heizung« bleibt sie immer wärmer als die sie umgebende Luft. Der »Brennstoff« für diesen Kamin – also die Energiequelle – ist letztlich das warme Meerwasser. Nahe der Oberfläche strömt von allen Seiten Luft ins Zentrum der Störung, wo sie die aufsteigende Luft ersetzt. Die Erdrotation (beziehungsweise die Corioliskraft) sorgt dafür, dass diese Luft abgelenkt wird und das System zu rotieren be-

ginnt. So entsteht ein organisiertes Zirkulationssystem, das
viele Tage bestehen bleiben kann, bis der Brennstoff ausgeht
(wenn der Tropensturm auf kaltes Wasser oder Land trifft)
oder bis es durch ungünstige Scherwinde zerrissen wird.

In unmittelbarer Nähe des Äquators verschwindet die Corioliskraft, daher können dort keine Wirbelstürme auftreten.
Doch abseits des Äquators können überall dort, wo die Wassertemperaturen 26,5 °C übersteigen, tropische Wirbelstürme
entstehen. Im Atlantik und Nordostpazifik werden tropische
Wirbelstürme ab einer gewissen Stärke (Windgeschwindig-
keit 118 km / h) traditionell Hurrikane genannt, im Nordwestpazifik Taifune und andernorts einfach Zyklone. Jedes Jahr
ziehen im Durchschnitt 80 Tropenstürme über die Weltmeere, davon 11 % im Nordatlantik und etwas über die Hälfte
in Hurrikanstärke. Zum Glück treffen nur die wenigsten auf
eine Küste – wo und wann dies geschieht, ist weitgehend vom
Zufall bestimmt.

Bereits die Tropensturm-Saison 2004 machte Schlagzeilen:
Erstmals trat ein Hurrikan im Südatlantik auf, erstmals wurde
Florida in einem Jahr von gleich vier Hurrikanen getroffen und
erstmals suchten in einer einzigen Saison zehn Taifune Japan
heim. Doch dann brach das Jahr 2005 alle Rekorde im Atlantik:
Noch nie seit Beginn der Aufzeichnungen im Jahr 1851 gab es
dort so viele tropische Wirbelstürme (28, bisheriger Rekord
21), nie wuchsen so viele zur vollen Hurrikanstärke heran (15,
bisheriger Rekord 11) und niemals gab es gleich drei Hurrikane
der schlimmsten Kategorie 5. Nie zuvor wurde ein derart in-
tensiver Hurrikan gemessen wie Wilma – mit nur 882 mb
(Millibar) Zentraldruck am 19. Oktober. Und mit Vince ent-
stand erstmals ein Tropensturm nahe an Europa. Er entwickelte sich bei Madeira am 9. Oktober zum Hurrikan und traf,
zum Glück in abgeschwächter Form, in Spanien auf Land.

Dagegen verlief 2006 wieder vergleichsweise ruhig. Im Atlantik gab es neun Tropenstürme, davon fünf in Hurrikanstärke, was ziemlich genau dem langjährigen Durchschnitt entspricht. Im westlichen Pazifik lag die Zahl der Tropenstürme dagegen mit 15 Taifunen über dem Durchschnitt, darunter waren sieben besonders schwere »Supertaifune«. Der Taifun Saomai kostete im August auf den Philippinen und in China 458 Menschen das Leben.

Was können wir aus dieser Entwicklung schließen? Sind die Rekorde aus dem Jahr 2005 ein Beleg für den Klimawandel? Oder ist das vergleichsweise »normale« Jahr 2006 ein Beweis dafür, dass es doch keinen Trend zu stärkeren Tropenstürmen gibt? Das eine wie das andere wäre natürlich falsch (auch wenn man beides in den Zeitungen lesen konnte). Aus einzelnen Jahren oder gar einem einzigen Sturm wie Katrina kann man wissenschaftlich gar nichts über die längerfristige Entwicklung schließen, obwohl derartige Einzelereignisse naturgemäß immer eine starke Wirkung auf die Öffentlichkeit haben. Genau wie bei den Meerestemperaturen oder beim Meeresspiegel gilt auch hier: Jedem längerfristigen Klimatrend sind auch kurzfristige Schwankungen überlagert, die gerade bei der Hurrikanaktivität von Jahr zu Jahr sehr groß sein können.

Will man etwas über die Klimatrends und damit über mögliche Beiträge des Menschen lernen, muss man nicht einzelne Jahre, sondern möglichst lange Datenreihen betrachten. Es ist, als wolle man herausfinden, ob jemand einem heimlich einen manipulierten Würfel untergeschoben hat, der doppelt so oft Sechsen zeigt. Wenn ich dreimal hintereinander eine Sechs würfele, ist das noch lange kein Beleg dafür, dass mit dem Würfel etwas nicht stimmt. Die Tatsache, dass auch andere Würfel gelegentlich drei Sechsen hintereinander bringen, ist umgekehrt auch kein Argument dafür, dass mein Würfel *nicht* manipuliert ist. Und auch ein derart auf Sechsen getrimmter Würfel wird ab und zu eine Eins würfeln. Beim Beispiel mit dem Würfel ist dies jedem schnell klar; dennoch hört oder liest man in Bezug auf Tropenstürme in den Medien häufig genau diese Art von Argumenten, etwa wenn gesagt wird, schon früher habe es schlimmere Hurrikane als Katrina gegeben. Stimmt – es sagt aber wenig darüber aus, ob solche Stürme nun häufiger werden oder nicht.

Wie sehen also die Langzeittrends bei den tropischen Wirbelstürmen aus? In der Gesamtzahl dieser Stürme weltweit lässt sich bislang keine eindeutige Entwicklung erkennen, auch wenn ihre Häufigkeit im Atlantik in den letzten zehn Jahren deutlich über dem Durchschnitt lag. Auswertungen von Satellitendaten und Flugzeugmessungen zeigen jedoch eine deutliche Zunahme der *Stärke* von tropischen Wirbelstürmen seit 1970 (siehe Abb. 4.7).

Eine amerikanische Forschergruppe um Peter Webster fand, dass die Zahl der Tropenstürme der beiden stärksten Kategorien (4 und 5) sich nahezu verdoppelt hat, von 10 pro Jahr in den 1970er Jahren auf 18 pro Jahr im vergangenen Jahrzehnt. Die Anzahl der schwächsten Hurrikane (Kategorie 1) hat dagegen deutlich abgenommen. Dies sind noch neue Ergebnisse, und wie in der Wissenschaft üblich, gibt es noch eine intensive Diskussion über die Datenqualität, vor allem außerhalb des Atlantiks; weitere Analysen werden derzeit gemacht, und unter den Hurrikanexperten hat sich noch kein Konsens herausgebildet.

Nehmen wir jedoch an, dass diese Datenanalysen im Wesentlichen zutreffen und die Tropenstürme tatsächlich stärker geworden sind, dann stellt sich die Frage: Was verursacht diesen Trend? Alles deutet darauf hin, dass es die stets wärmer

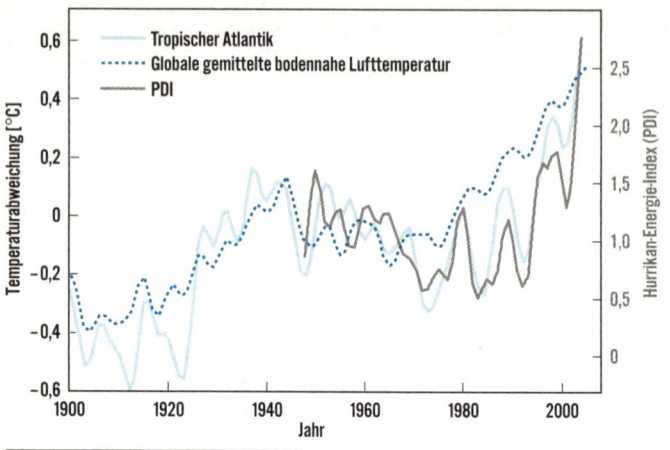

**Abb. 4.7** Veränderung der Energie von Hurrikanen im Atlantik (grau) im Vergleich zu den Wassertemperaturen im tropischen Atlantik (hellblau) und der globalen Mitteltemperatur (gepunktet).

werdenden Temperaturen in den tropischen Ozeanen sind, die in den letzten 30 Jahren um 0,5° C gestiegen sind. Dass wärmeres Wasser stärkere Tropenstürme begünstigt, ist unumstritten. Zwar gibt es neben den Wassertemperaturen noch weitere Faktoren, die Tropenstürme beeinflussen, vor allem einige Aspekte der atmosphärischen Zirkulation wie die Scherwinde. Diese Faktoren schwanken von Jahr zu Jahr – so hat das Entstehen eines El-Niño-Ereignisses im Pazifik 2006 die atlantischen Hurrikane durch ungünstige Windverhältnisse ausgebremst. Doch genau hier muss man wieder zwischen den Langzeittrends und kurzfristigen Schwankungen unterscheiden: Von allen Faktoren, die Hurrikane beeinflussen, weist lediglich die Meerestemperatur einen Langzeit-

trend auf, die anderen Faktoren schwanken nur mehr oder
weniger zufällig. Daher sieht man bei über mehrere Jahre gemittelten Daten (wie in Abb. 4.7) eine deutliche Korrelation
zwischen der Hurrikanstärke und der Temperatur.

Die letzte Frage ist nun, ob der Anstieg der tropischen Meerestemperaturen über die letzten Jahrzehnte hinweg überwiegend vom Menschen verursacht worden ist. Aus klimatologi-
scher Sicht spricht alles dafür. Die tropischen Meere sind im
gleichen Ausmaß und mit ähnlichem Zeitverlauf wärmer geworden wie die globalen Durchschnittstemperaturen. Es gibt
auch keinen physikalischen Grund dafür, weshalb sie von der
Wirkung der gestiegenen $CO_2$-Konzentration ausgespart sein
sollten. Auch in den Computersimulationen des menschlichen Einflusses auf das Klima erwärmen sich die tropischen
Gewässer in dem Ausmaß, das tatsächlich beobachtet wird.
Für einen von manchen Hurrikanforschern postulierten »natürlichen Zyklus« bei den Atlantiktemperaturen gibt es dagegen nur schwache Belege – neuere Analysen der US-Forscher
Mike Mann und Kevin Trenberth kamen zum Schluss, dass
der angebliche Zyklus bei den in Abb. 4.7 gezeigten Temperaturen wahrscheinlich einfach durch die vorübergehende Abkühlung aufgrund der Aerosolverschmutzung von 1940 bis
1970 vorgetäuscht wurde.

Zusammenfassend kann man also sagen: Wahrscheinlich
hat die Stärke der Tropenstürme in den letzten 30 Jahren zugenommen und sehr wahrscheinlich ist dies eine Folge der
gestiegenen Meerestemperaturen. Die Meere wiederum hei-
zen sich vor allem durch den menschengemachten Treibhauseffekt weiter auf.

Klärungsbedarf besteht noch bei der Datenqualität – es ist
zwar sehr unwahrscheinlich, dass die Stärke der Tropenstürme nicht zugenommen hat, aber am Ausmaß des beob-

achteten Trends könnte es im Licht weiterer Datenanalysen noch Korrekturen geben. Unklar ist das Ausmaß dieser Zunahme auch aus theoretischer Sicht, denn die beobachtete Zunahme der Hurrikanstärke ist deutlich größer als es die Theorie vorhersagt. Wenn wir Glück haben, deutet diese Diskrepanz auf Probleme mit den Daten hin, und diejenigen Rechenmodelle sind richtig, die nur eine geringe künftige Zunahme der Wirbelsturmaktivität vorhersagen. Wenn wir Pech haben, ist der Zusammenhang tatsächlich so stark wie in Abb. 4.7 gezeigt und setzt sich auch in Zukunft fort. Dann würde der erwartete weitere Anstieg der Meerestemperaturen die Hurrikangefahren dramatisch verschärfen.

Darüber hinaus ist selbst bei unveränderter Stärke der tropischen Wirbelstürme mit einer deutlichen Zunahme der Schäden zu rechnen. Zum einen zieht es immer mehr Menschen an die Küsten in gefährdete Gebiete. Zweitens steigt, wie bereits ausführlich dargelegt, der Meeresspiegel und erhöht damit auch die Gefährdung der Küsten durch Hurrikane. Und drittens werden in einem wärmeren Klima die Niederschlagsmengen zunehmen, die mit Hurrikanen verbunden sind, weil wärmere Luft mehr Wasser enthalten kann. Hurrikanschäden entstehen zu einem großen Teil nicht durch Wind, sondern durch Überschwemmungen infolge von Starkregen. Letztlich könnte sich durch die Erwärmung der Meere auch die Region ausweiten, die von Tropenstürmen betroffen ist – man denke an den ersten südatlantischen Hurrikan im Jahr 2004 und an Hurrikan Vince 2005. Leider ist aus all diesen Gründen zu erwarten, dass auch künftig tropische Wirbelstürme zunehmend Schlagzeilen machen werden.

Wir haben uns hier auf tropische Wirbelstürme beschränkt, weil diese ein stark ozeanisch verursachtes Phänomen sind und daher in ein Buch über die Meere passen. Den

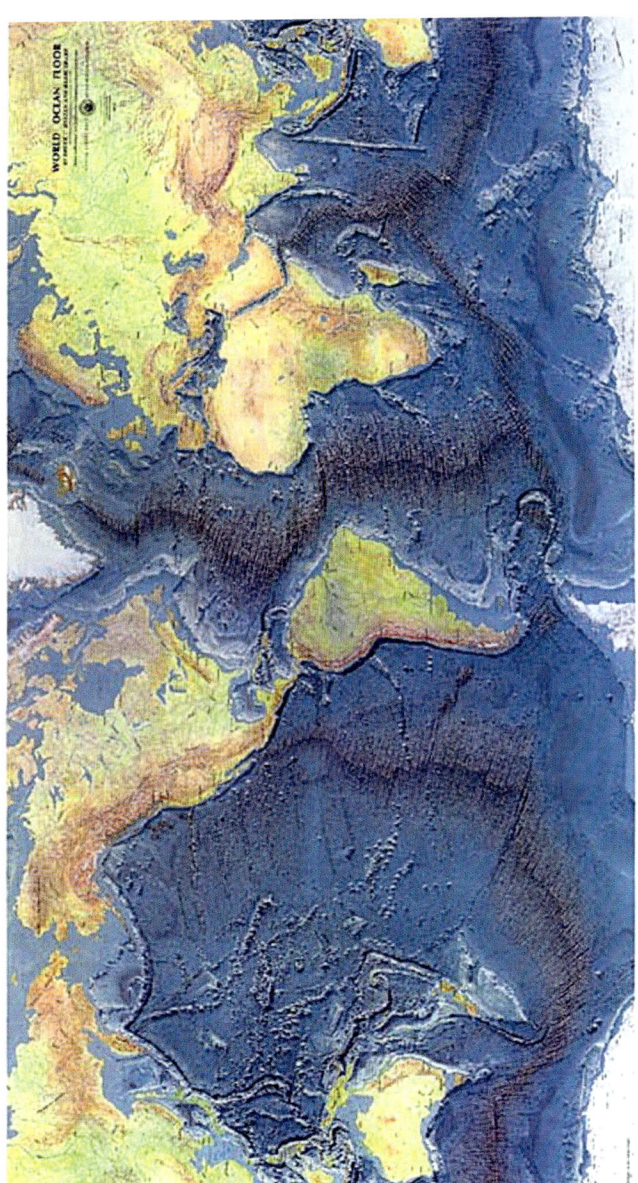

**Abb. 1** Topographische Karte der Weltmeere.

**Abb. II** Der Ozean steht in ständigem Austausch mit der Atmosphäre. Er ist die Wasserquelle für die meisten Wolken und Niederschläge auf der Welt.

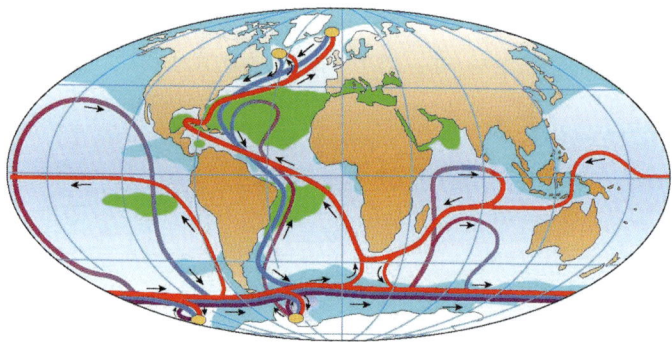

**Abb. III** Die thermohaline Zirkulation der Weltmeere (schematisch vereinfacht). Oberflächenströmungen sind in Rot, Tiefenströmungen in Blau und Bodenströmungen in Violett dargestellt. Gelbe Punkte markieren die Gebiete, in denen sich Tiefenwasser bildet.

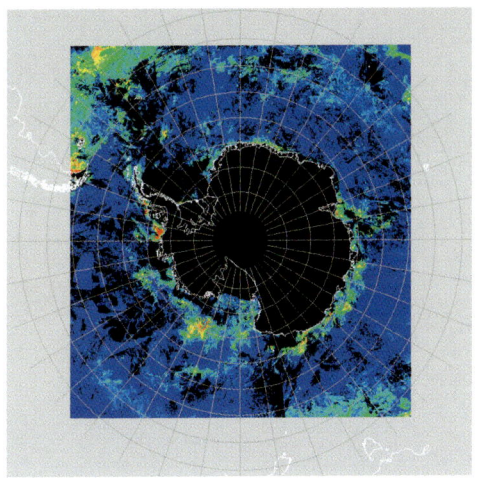

**Abb. IV** Satellitenaufnahme der Chlorophyllverteilung an der Wasseroberfläche.

**Abb. V** Das mikroskopisch kleine Phytoplankton im Meer. Das Foto zeigt Phytoplankton, das im Frühjahr mit einem Netz in der Nordsee gefangen wurde.

**Abb. VI**  Der Ruderfußkrebs *Calanus finmarchicus* wird höchstens gut 5 mm groß.

**Abb. VII**  Mangrovenwälder säumen noch viele Küsten wie hier auf der Karibikinsel Hispanola; sie sind aber durch Rodung und den Meeresspiegelanstieg gefährdet.

Leser wird jedoch an dieser Stelle vielleicht auch die Frage interessieren, wie es mit den außertropischen Stürmen aussieht. Über deren künftige Entwicklung kann die Klimaforschung bislang leider keine einfachen Aussagen machen. Auf Stürme in mittleren Breiten wirken widerstreitende Trends ein. So vermindert die besonders starke Erwärmung der Pole das Temperaturgefälle zwischen Äquator und hohen Breiten, was die der Sturmstärke verringern sollte. Andererseits kühlt sich die Stratosphäre ab, was den vertikalen Temperaturgradienten erhöht und die Stürme verstärken könnte. Dies sind nur zwei von mehreren Faktoren. Klimamodelle und selbst die höher auflösenden Wettervorhersagemodelle geben gerade die Windgeschwindigkeiten der stärksten Stürme bislang nur mangelhaft wieder. Ob außertropische Stürme weltweit eher zu- oder abnehmen werden, ist daher bislang unklar. Schaut man eine bestimmte Region an, kommt es darüber hinaus weniger auf eine mögliche globale Zu- oder Abnahme an, sondern darauf, wie sich die Zugbahnen von Stürmen verlagern. Für Europa ist damit zu rechnen, dass die Wege der atlantischen Tiefdruckgebiete sich eher nach Norden verlagern, sodass in Nordeuropa mehr, in Südeuropa dagegen eher weniger Stürme auftreten.

### Veränderungen der Meeresströme?

Ein in den Medien immer wieder dramatisch aufbereitetes Szenario ist die Gefahr eines »Versiegen des Golfstroms«, was nach manchen Berichten gar eine »neue Eiszeit« auslösen könnte. In dem Hollywoodfilm *The Day after Tomorrow* von Roland Emmerich wurde dieses Szenario zur Grundlage einer Science-Fiction-Story, bei der New York im Schneesturm versinkt und nebenbei von einem Tsunami geflutet wird, während die US-Regierung nach Mexiko flieht. Diesen spannenden Hollywoodthriller konnte sicher niemand mit einem Dokumentarfilm verwechseln, aber bei manchen Medienberichten ist es schon schwieriger, die seriösen wissenschaftlichen Grundlagen von Fiktion und Übertreibung zu trennen.

Die wesentlichen Grundlagen zum Golfstrom und zur thermohalinen Zirkulation des Ozeans wurden bereits in Kapitel 1 eingeführt. Wir haben dort gesehen, dass der Golfstrom überwiegend vom Wind angetrieben und ein Teil der großen Subtropenwirbel ist. Er kann daher niemals versiegen, solange die Winde weiter wehen (was außer Frage steht). Die Medienberichte über sein Versiegen sind einfach auf eine begriffliche Unschärfe zurückzuführen. Ozeanographen unterscheiden zwischen dem Golfstrom im westlichen Atlantik und seinem verlängerten Arm, dem Nordatlantikstrom, der im Nordostatlantik bis an die europäischen Küsten strömt. Der Nordatlantikstrom könnte tatsächlich versiegen; im Volksmund und manchen Schulatlanten werden beide zusammen jedoch häufig einfach als Golfstrom bezeichnet, daher schreiben Journalisten oft vereinfachend, der Golfstrom könne versiegen. Dies ist natürlich nicht korrekt, denn auch in dieser volkstümlichen Nomenklatur würde dann ja nur ein Teil des Golfstroms versiegen. Wir haben über die Jahre immer wieder versucht, Journalisten davon zu überzeugen, statt Golfstrom den Begriff Nordatlantikstrom zu verwenden, aber sie ziehen meist den bekannteren Begriff vor und meinen, ihre Leser sonst zu überfordern. (Ein neues Argument scheint aber – Hollywood sei Dank – mehr Erfolg zu haben: Wir können nun darauf verweisen, dass selbst im oben genannten Emmerich-Film konsequent nur vom Nordatlantikstrom gesprochen wird.)

Was hat es also mit dem möglichen Versiegen des Nordatlantikstroms auf sich? Bereits in den 1960er Jahren fand einer der Väter der modernen Ozeanographie, der Amerikaner Henry Stommel, aufgrund einfacher theoretischer Erwägungen heraus, dass die thermohaline Zirkulation des Atlantiks einen kritischen Punkt haben sollte (im modernen Jargon der nichtlinearen Dynamik handelt es sich um eine »Bifurkation«), wo sie von einem Zustand in einen anderen umkippen könnte. Ursache ist eine Rückkopplung mit dem Salzgehalt: Die thermohaline Zirkulation (zu der an der Oberfläche auch der Nordatlantikstrom gehört) funktioniert so, dass schweres, salzreiches Wasser im Norden absinkt. Dort ist das Wasser aber nur deshalb ausreichend salzig, weil diese Strömung Salz aus den Subtropen mit sich bringt. Salz ermöglicht Strömung, Strömung bringt Salz – ein sich selbst in Gang erhaltendes System. Wird es stark genug gestört – etwa durch Süßwassereintrag –, kann es unterbrochen werden. Die Strömung stockt, der Salznachschub erlahmt, eine Süßwasserdecke breitet sich über den nördlichen Atlantik aus und unterbindet das Absinken und die Bildung von Tiefenwasser.

Ein solches Umkippen der Strömung – zunächst nicht viel mehr als eine theoretische Spekulation – wurde dann in den 1980er Jahren vom amerikanischen Meeresforscher Wally Broecker zur Erklärung abrupter Klimawechsel der Erdgeschichte herangezogen. Wie in Kapitel 1 erläutert, ist seither unter anderem durch Sedimentdaten gut bestätigt worden, dass es zumindest während der letzten Eiszeit tatsächlich immer wieder zu solchen abrupten Strömungsveränderungen gekommen ist. Schon Broecker stellte die Frage: Unter welchen Bedingungen könnte es künftig wieder dazu kommen, möglicherweise ausgelöst durch den wachsenden menschlichen Eingriff in das Klimasystem?

Die globale Erwärmung könnte das Absinken von Tiefenwasser und damit das ganze thermohaline Zirkulationssystem auf zwei Arten stören. Erstens erschwert die Erwärmung des Oberflächenwassers ein Absinken, weil wärmeres Wasser leichter ist als kaltes. Zweitens bringt die Erwärmung mehr Niederschläge in die hohen Breiten, der Abfluss von Flüssen verstärkt sich (ein bereits gemessener Trend), und durch Abschmelzen von Eis gelangt zusätzliches Süßwasser ins Meer. Dadurch nimmt im nördlichen Atlantik der Salzgehalt ab – auch dies ist ein seit Jahrzehnten anhaltender, beobachteter Trend. Allerdings ist diese Salzgehaltsabnahme bislang nach Simulationsrechnungen noch zu gering, um einen spürbaren Einfluss auf die Strömung zu haben.

Die entscheidenden Fragen sind: Wie viel Süßwassereintrag ist erforderlich, um die Strömung zum Erliegen zu bringen? Und wie viel Süßwassereintrag können wir – bei ungebremster globaler Erwärmung – künftig erwarten? Leider sind beide Fragen nur sehr unsicher zu beantworten. Modelle und Daten aus der Klimageschichte deuten darauf hin, dass ein Süßwassereintrag von circa 100 000 Kubikmetern pro Sekunde wohl eine kritische Menge darstellt – aber dies ist nur eine grobe Größenordnung. Und der künftig zu erwartende Süßwassereintrag hängt vor allem vom Schmelzen des Grönlandeises ab, über dessen Zukunft man (wie bereits erläutert) keine gesicherten Aussagen machen kann. Ein Abschmelzen über 1000 Jahre hinweg wäre gerade mit einem mittleren Abfluss von Schmelzwasser von 100 000 Kubikmetern pro Sekunde verbunden. In den heutigen Klimamodellen ist dies in der Regel gar nicht enthalten, sodass diese Modelle kaum für Prognosen über das Verhalten der Strömung geeignet sind. Angesichts dieser Unsicherheiten muss man von einem derzeit nur schwer kalkulierbaren Risiko sprechen.

Welche Folgen hätte ein Versiegen des Nordatlantikstroms?

Die in den Medien oft zitierte »Eiszeit« gehört sicher nicht dazu. Wir haben bereits Mitte der 1990er Jahre in Publikationen darauf hingewiesen, dass die globale Erwärmung (die ja Voraussetzung dieser Szenarien ist) eine Abkühlung durch die ausbleibende Strömungswärme wahrscheinlich mehr als kompensieren würde. Nur unter ganz bestimmten Voraussetzungen könnte es in Teilen Europas kälter werden als heute: Zum einen, wenn die Strömung sich wider Erwarten rasch verändert, etwa um die Mitte des 21. Jahrhunderts – wie in einer holländischen Modellsimulation, bei der es dadurch zu einer deutlichen Abkühlung über Skandinavien kam –, oder wenn die Atlantikströmung dauerhaft versiegt, die Treibhausgase in der Atmosphäre aber in den kommenden Jahrhunderten wieder abnehmen (ein durchaus realistisches Szenario). So könnte nach Abklingen des Treibhauszeitalters Europa besonders im Nordwesten um mehrere Grad kälter zurückbleiben als zuvor.

Die wichtigeren und unmittelbareren Folgen eines Versiegens – oder in geringerem Maß auch einer Abschwächung – des Nordatlantikstroms wären aber gar nicht Temperaturveränderungen. Am direktesten betroffen wäre das Meeresleben. Der Nordatlantik ist gerade wegen seiner thermohalinen Zirkulation eines der fruchtbarsten und fischreichsten Hochseegebiete der Erde. Eine Schwächung dieser Zirkulation würde nach ersten Modellrechnungen die atlantischen Ökosysteme wahrscheinlich massiv beeinträchtigen. Auch der regionale Meeresspiegel ändert sich durch Strömungsveränderungen, wie bereits oben erwähnt. Simulationsrechnungen zeigen, dass ein Versiegen der thermohalinen Zirkulation zu einem Anstieg des Meeresspiegels im nördlichen Atlantik um bis zu einem Meter führen würde – und zwar zusätzlich zum ohnehin stattfindenden globalen Meeresspiegelanstieg. Diese dy-

namische Veränderung geschieht zudem rasch, sie folgt ohne
Verzögerung der Strömungsänderung. Auf der Südhalbkugel
würde der Meeresspiegel dagegen leicht fallen (beziehungsweise der globale Anstieg verringert), da diese dynamische
Umverteilung von Meerwasser in der globalen Summe null
ergibt.

Eine weitere wichtige Folge eines Versiegens der thermohalinen Zirkulation wäre wahrscheinlich eine Verlagerung der
tropischen Niederschlagsgürtel (der »intertropischen Konvergenzzone«), die sich normalerweise am sogenannten thermischen Äquator befindet. Die Nordhalbkugel ist in der Regel
etwas wärmer als die Südhalbkugel, weil die thermohaline
Zirkulation riesige Wärmemengen über den Äquator nach
Norden schafft – der thermische Äquator liegt daher etwas
nördlich des geographischen Äquators. Sollte die Strömung
ausfallen, würde er sich nach Süden verlagern. Dies hätte
wahrscheinlich starke Niederschlagsveränderungen zum Beispiel im südlichen China zur Folge – wie die Daten aus der Klimageschichte es für die eiszeitlichen Klimasprünge belegen.

Gibt es bereits Anzeichen für Veränderungen der nordatlantischen Strömung? Britische Forscher um Harry Bryden
machten 2005 Schlagzeilen, als sie aus Messdaten eine Abnahme der atlantischen Umwälzbewegung um 30 % in den
vergangenen 50 Jahren zu erkennen glaubten. Von Fachkolle-
gen wurde diese Folgerung eher skeptisch aufgenommen, und
inzwischen haben die britischen Wissenschaftler sie abge-
schwächt – sie halten aber daran fest, dass es eine – wenn auch
deutlich geringere – Abnahme gegeben hat. Grund für derartige Diskussionen ist, dass es an verlässlichen Langzeitdaten
vor allem aus den tieferen Ozeanschichten mangelt. Deswegen wurde versucht, aus der Differenz der Oberflächentemperaturen zwischen Süd- und Nordatlantik indirekt auf die

Stärke der Strömung zu schließen. Daraus wurde eine Abnahme zwischen den 1940er und 1970er Jahren und eine anschließende Erholung der Strömung abgeleitet. Die Grundidee ist plausibel, weil gerade durch diese Strömung der Nordatlantik wärmer ist als der Südatlantik. Doch auch andere Faktoren beeinflussen diese Temperaturdifferenz, vor allem die bereits geschilderte kühlende Aerosolverschmutzung der Atmosphäre, die vor allem in der Nordhemisphäre just zwischen den 1940er und 1970er Jahren stark zu- und seither wieder abnahm. So müssen wir zu dem unbefriedigenden Schluss kommen, dass die vergangene zeitliche Entwicklung unserer großen atlantischen Umwälzpumpe, der thermohalinen Zirkulation, weitgehend im Dunkeln liegt. In den letzten Jahren angelaufene internationale Messprogramme lassen hoffen, dass wir zumindest über künftige Veränderungen besser informiert sein werden – wenn diese Messprogramme nicht aus Kostengründen nach einigen Jahren wieder beendet werden.

## Methanfreisetzung vom Meeresgrund?

Eine letzte mögliche Gefahr durch die Klimaänderung im Meer soll in diesem Kapitel noch angesprochen werden: die der Freisetzung von Methan vom Meeresboden. Im Meeresgrund lagern riesige Kohlenstoffmengen in Form von Methanhydrat – der Größenordnung nach sind sie den weltweiten Kohlevorräten vergleichbar. Methanhydrat sieht aus wie Schneematsch, ist aber brennbar. Es handelt sich um eine Mischung aus Methan und Wasser, die nur unter hohem Druck und bei niedrigen Temperaturen ein Kristallgitter bilden kann und dann fest ist. Die Bedingungen, unter denen Methanhydrat stabil ist, herrschen in der Regel am Meeresboden ab 500

Meter Tiefe, in arktischen Gewässern auch schon näher an der Oberfläche.

Das meiste diesen Methans hat sich über Jahrmillionen am Meeresgrund angesammelt und ist ein Abfallprodukt des Lebens im Ozean: Es handelt sich um abgestorbene Biomasse, die sedimentiert und von Bakterien zersetzt wurde. An einigen Stellen, zum Beispiel im Golf von Mexiko, findet man auch Methan aus Erdgasvorkommen unter dem Meer, das im Sediment mit Wasser Hydrat gebildet hat.

Das Problem besteht nun darin, dass in Folge des Klimawandels auch das Meerwasser wärmer wird – mit einer Zeitverzögerung von Jahrhunderten letztlich auch in der Tiefe, wo die Methanhydrate vorkommen. Schließlich erwärmt sich auch die Sedimentschicht mit den Hydraten. Dadurch geht ein Teil des Methans in einen gasförmigen Zustand über, da die Zone im Sediment, in der Hydrat stabil ist, durch die Erwärmung schrumpft.

Nun gibt es zwei Szenarien. Das Erste ist eine plötzliche, episodenhafte Methanfreisetzung. Dies könnte passieren, wenn es am Meeresgrund durch die Destabilisierung des Methans zu Hangrutschungen kommt. Dieses Szenario ist keine reine Phantasie: Man findet noch heute die Spuren derartiger Hangrutschungen aus der Erdgeschichte. Ein berühmtes Beispiel ist die Storegga-Rutschung vor Norwegen, die sich vor circa 8000 Jahren ereignete und damals zu einem massiven Tsunami geführt hat, der mit mindestens 25 Metern Höhe auf die Shetland-Inseln rollte und auch an der britischen Küste noch fünf Meter erreichte. Die Menge des damals freigesetzten Methans war mit rund einer Gigatonne zwar riesig, aber dennoch nicht groß genug, um einen nennenswerten Einfluss auf das Klima zu haben, obwohl Methan ein potentes Treibhausgas ist. Das Beispiel illustriert, dass solche Rutschungen zwar unter Umständen eine desaströse Flutwelle auslösen können, auf das Klima aber selbst in einem extremen Fall kaum eine Wirkung haben.

Ganz anders sieht es beim zweiten Szenario aus: der schleichenden Freisetzung. Diese muss man sich so vorstellen, dass durch die Erwärmung der Weltmeere ganz allmählich immer mehr Methan in kleinen Bläschen aus dem Meeresgrund blubbert. Das Methan löst sich zunächst großenteils im Meerwasser. Ein Teil entweicht in die Atmosphäre und oxidiert dort zu $CO_2$. Der im Wasser verbleibende Teil oxidiert dort ebenfalls zu $CO_2$. Die Folgen wären zweierlei: erstens eine Versauerung des Meerwassers (siehe Kapitel 5), zweitens eine andauernde Quelle von $CO_2$ für die Atmosphäre über viele Jahrtausende, die den Treibhauseffekt verstärkt. Modellrechnungen des amerikanischen Ozeanologen David Archer veranschaulichen die mögliche Größenordnung dieses Problems. Und zwar könnten durch diesen Mechanismus die Auswirkungen unseres fossilen Brennstoffzeitalters auf die atmosphärische $CO_2$-Konzentration auf Jahrtausende hinweg in etwa verdoppelt werden. Es handelt sich also hier nicht um ein akutes Problem, das uns noch in diesem Jahrhundert beschäftigen wird, sondern um eine schleichende Langzeitfolge für das Klima. Das Problem macht deutlich, das unser Handeln in diesem Jahrhundert in den Weltmeeren Prozesse in Gang setzen kann, die noch über viele Jahrtausende nachwirken und unseren Planeten nachhaltig verändern können.

## 5 Der Wandel der Stoffkreisläufe

Der Ozean und seine Biologie sind von diversen Stoffkreisläufen geprägt, auf die sie ihrerseits wieder einwirken. Drei
dieser Zyklen wurden im dritten Kapitel vorgestellt. Sie stehen in diesem Buch im Vordergrund, weil die Menschheit sie
drastisch beeinflusst. Im Fall von Kohlen- und Stickstoff wirkt
sich deren globale Verteilung und Umwälzung erheblich auf
das Funktionieren und die Zukunft des Ozeans aus. Und der
Schwefelzyklus wird hier behandelt, weil die Meere eine
wichtige Quelle dieses Elementes darstellen und es auch hier
zu Veränderungen kommt, da der Wandel der Kohlenstoff-
und Stickstoffzyklen auf den Schwefelkreislauf zurückwirkt.

### Phosphor und Silizium

Zunächst sind aber ein paar Bemerkungen über zwei andere
Elemente angebracht, deren Zyklen für die Leistungsfähigkeit
des Meeres wichtig sind, nämlich Phosphor und Silizium.
Phosphor ist ein wichtiger Nährstoff und für eine Reihe von
Zellprozessen unabdingbar. Wenn wir über Nährstoffe reden,
die das Phytoplankton zum Wachsen und für die Photosyn-
these braucht, dann meinen wir oft die Kombination von
Stickstoff und Phosphor.

In Süßwassersystemen ist Phosphor in der Regel der Faktor, der dem Pflanzenwachstum Grenzen setzt. In den meisten

ozeanischen Systemen jedoch, so glaubt man, ist Stickstoff das Element, das das Wachstum von Phytoplankton steuert. Das ist mit ein Grund, warum wir uns hier stärker auf Stickstoff als auf Phosphor konzentrieren. Zudem wirken sich Veränderungen des ozeanischen Phosphorzyklus anscheinend weit weniger drastisch aus als die des Kohlen- und Stickstoffkreislaufs. Es ist zwar richtig, dass infolge des Bevölkerungswachstums und menschlicher Aktivitäten in der jüngeren Geschichte der jährliche Phosphorzustrom sich weltweit mehr als verdoppelt hat. Jedoch scheint sich diese Steigerung auf die Vorgänge in den Weltmeeren weniger stark auszuwirken als die menschengemachte Kohlen- und Stickstoffanreicherung.

Mit Abwässern gelangt zwar eine Menge aus menschlichen Aktivitäten herrührender Phosphor in küstennahe Meere, aber an dieser Front gibt es ein paar gute Nachrichten: Kläranlagen können Phosphor wirkungsvoll entfernen. In den meisten Industrienationen hat die Phosphorbelastung der Meeresumwelt durch Abwässer in den letzten Jahrzehnten dank der Wasserklärung abgenommen. Allerdings gibt es trotzdem in vielen küstennahen Gewässern noch immer eine Phosphoranreicherung – selbst in Regionen mit funktionierenden Kläranlagen –, und sie kann zu einem wichtigen Faktor werden, da sie sich auf die lokalen biologischen Verhältnisse auswirkt. Darüber hinaus scheint die zur Verfügung stehende Phosphormenge eine Rolle bei der Bindung von Stickstoff im offenen Meer zu spielen.

Auch der Siliziumkreislauf ist für die Leistungsfähigkeit des Ozeans von Bedeutung. Wie beim Phosphor wird jedoch die Rolle der Meere im Zyklus dieses Elementes nicht so drastisch von menschlichen Aktivitäten beeinflusst wie beim Kohlenstoff-, Stickstoff- und möglicherweise Schwefelkreislauf.

Silizium (Si) ist Bestandteil von Kieselalgenschalen. Also brauchen Kieselalgen (und einige Meerestiere) dieses Element. Sie spielen auch beim Transport des Siliziums vom Oberflächenwasser in die Meeressedimente eine wichtige Rolle. Eine Veränderung der Si-Verfügbarkeit kann also möglicherweise zu einem Rückgang der in den Meeren lebenden Kieselalgen führen. Da sie von besonderer Bedeutung für die biologische Pumpe sind, die organischen Kohlenstoff von der Oberfläche in die Bodenwasserschichten des Ozeans befördert (siehe Kapitel 3), kann eine Veränderung ihrer Häufigkeit die Kreisläufe anderer Elemente beeinflussen. Tatsächlich sieht es so aus, als sei aufgrund menschlicher Aktivitäten der Si-Anteil im Meer zurückgegangen.

Das meiste Silizium gelangt über Flüsse und Bäche in den Ozean, und mit dem Bau von immer mehr Staudämmen verweilt das Wassers länger in diesen Systemen. Dadurch haben die dort lebenden Kieselalgen mehr Zeit, Silizium aufzunehmen. Statt ins Meer transportiert zu werden, wird folglich ein größerer Si-Anteil biologisch in den Flüssen gebunden und sinkt auf deren Grund. Theoretisch könnte sich dieser Wandel des Si-Transports in die Ozeane dort auf die Häufigkeit von Kieselalgen ausgewirkt haben. Ob dies der Fall ist, kann man noch nicht entscheiden, da dazu weder die verfügbaren Daten noch unser Wissen über die Faktoren ausreichen, die die Verteilung verschiedener Phytoplanktongruppen bestimmen.

Phosphor und Silizium sind also für das Phytoplankton wichtig, und der Kreislauf dieser beiden Elemente wurde von menschlichen Aktivitäten verändert. Es ist aber noch nicht klar, ob die Folgen für diese Zyklen so schwerwiegend sind, dass wir wirklich von globalen Auswirkungen auf den Ozean sprechen können. In diesen beiden Fällen liegen die Dinge also ganz anders als beim Kohlen- und Stickstoffzyklus.

## Kohlenstoff

Schauen wir uns jetzt den Kohlenstoff näher an. Die auffälligste Veränderung ist eine Umverteilung dieses Elements
zwischen den einzelnen Reservoiren des Kreislaufs: Wie in
Kapitel 4 bereits gesagt, sammelt sich immer mehr $CO_2$ in der
Atmosphäre an. Anhand der $CO_2$-Konzentrationen in Luft-
blasen, die in der antarktischen Eisdecke eingeschlossen waren, konnten Wissenschaftler den Kohlendioxidgehalt der
Atmosphäre während der letzten rund 650 000 Jahre nachvollziehen (siehe Abb. 5.1).

Über die gesamte Zeitspanne hinweg schwankte die Konzentration. Die Veränderungen vollzogen sich jedoch relativ
langsam, und die $CO_2$-Konzentration blieb innerhalb einer
Bandbreite von rund 180 bis 280 ppm – mit Ausnahme des
letzten Jahrhunderts. Gegenwärtig liegt die atmosphärische
$CO_2$-Konzentration etwas über 380 ppm, und das Intergovernmental Panel on Climate Change (IPCC) und andere sagen voraus, dass bis zum Jahr 2100 der Wert von 700 ppm
überschritten sein wird, wenn die Menschheit weiterhin im
gegenwärtigen Umfang $CO_2$ in die Atmosphäre freisetzt.
Diese Hochrechnung bedeutet, dass der Kohlendioxidgehalt
sich zu Beginn des kommenden Jahrhunderts im Lauf von
rund 200 Jahren fast verdreifacht haben wird. Ein derart rascher Anstieg ist in den geologischen Daten aus der Klimageschichte nirgends belegt, möglicherweise ist er in der gesamten Erdgeschichte einzigartig.

Wo hat all dieses zusätzliche $CO_2$ seinen Ursprung? Es
rührt nicht daher, dass mehr Kohlenstoff in den globalen Zyklus an sich eingebracht worden ist; Ursache ist vielmehr eine
Umverteilung von Kohlenstoff zwischen den verschiedenen
in Abb. 3.1 (im 3. Kap.) dargestellten Reservoiren. Eine große

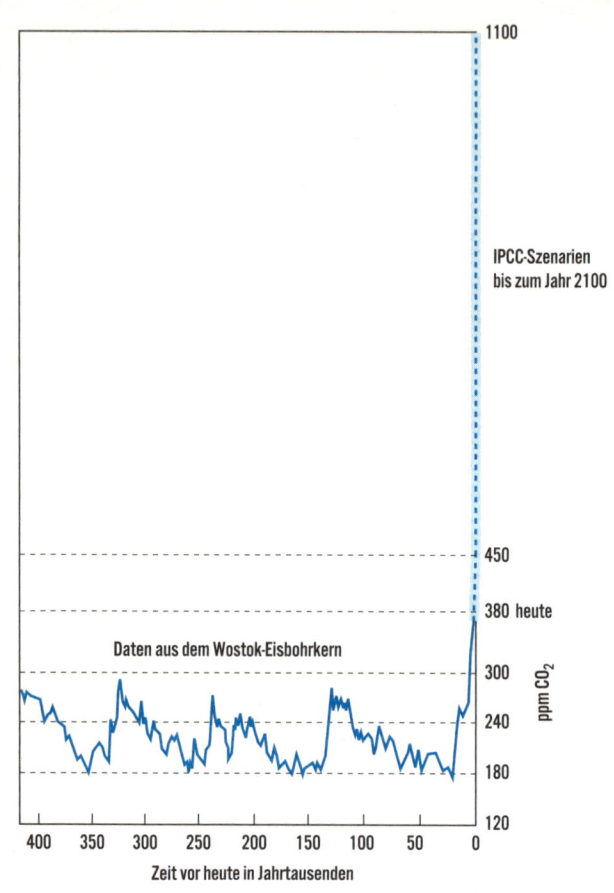

**Abb. 5.1** Die CO$_2$-Konzentrationen in der Atmosphäre während der letzten rund 450 000 Jahre. Die früheren Werte basieren auf den Gaskonzentrationen in den Bläschen von Eisbohrkernen, die aus der Antarktis stammen. Direkte Messungen gibt es seit Mitte des letzten Jahrhunderts. An die Kurve dieser Messungen schließt sich die IPCC-Projektion für den Zeitraum bis 2100 an.

Menge stammt aus dem Abbau von Kohlenstoff aus den riesigen fossilen Lagerstätten in den Sedimenten unter heutigen und prähistorischen Ozeanen. Ohne menschliche Eingriffe sind diese Lager relativ stabil, und es wird daraus nur wenig Kohlenstoff in die Atmosphäre eingebracht. Durch die Verbrennung fossiler Energieträger (Öl, Gas, Kohle) setzen die Menschen jedoch Kohlenstoff aus diesen stabilen Vorräten frei und verlagern ihn in Form von CO$_2$ (das bei der Verbrennung entsteht) in die Atmosphäre. Die Nutzung fossiler Brennstoffe ist zwar der Hauptgrund für den menschengemachten CO$_2$-Anstieg, aber nicht der einzige. Eingriffe in die Vegetationsdecke wie das Roden und Verbrennen von Wäldern tragen auch zu diesem Anstieg bei.

## Die Folgen der erhöhten CO$_2$-Konzentration

Die Kohlenstoffumverteilung zwischen den verschiedenen Bereichen hat eine Reihe von Konsequenzen für das System Erde insgesamt. Am unmittelbarsten betrifft die meisten Menschen die Treibhauswirkung des CO$_2$ (siehe Kapitel 4). Unsere Welt wird von der Sonne erwärmt. Verfügte die Erde über keine Mechanismen, diese Wärme wieder loszuwerden, würde sie einfach immer heißer. Doch sie hat dazu eine Möglichkeit, nämlich die Wärmeabgabe mittels Infrarotstrahlung. CO$_2$ gehört aber zu den Gasen, die die Atmosphäre undurchlässiger für Infrarotstrahlung machen. Je mehr Kohlendioxid also die Luft enthält, desto mehr wird von der Wärme, die die Erdoberfläche abgibt, absorbiert und zurückgehalten – dadurch heizt sich das Klima auf.

Diese globale Erwärmung wird den Vorhersagen zufolge die Funktion des Ozeans im globalen Kohlenstoffkreislauf

verändern, da es zu weniger Phytoplankton-Fotosynthese
kommt und so die Menge desjenigen Kohlendioxids abnimmt,
das biologisch in organisches Material umgewandelt wird.
Um zu verstehen, wie die globale Erwärmung die Phytoplankton-Aktivität voraussichtlich zurückfahren wird, muss man
auf ein paar der in Kapitel 2 dargestellten Sachverhalte zu-
rückkommen.

Der Ozean ist zum größten Teil stabil geschichtet. Das
heißt, es gibt relativ warme Oberflächenschichten über einer
oder mehreren kälteren Schichten weiter unten in der Wassersäule. Nährstoffe sinken in Form biologischer Partikel von
der Oberfläche ins Bodenwasser, und damit in dem lichtdurchfluteten Wasser oben Pflanzen wachsen können, müssen die Stoffe vom Grund wieder an die Oberfläche zurück-
gebracht werden. Für diesen Nährstofftransport muss dem
System zusätzliche Energie zugeführt werden, die die Schichtung der Wassersäule aufbricht und das nährstoffreiche Tiefenwasser mit dem Oberflächenwasser mischt.

Wenn die Luft wärmer wird, erwärmt sich auch das Oberflächenwasser des Ozeans. Das heißt, der Temperaturunterschied zwischen oberen und unteren Schichten wird größer.
Folglich ist die Wassersäule stärker geschichtet, und es ist
mehr Energie nötig, um das nährstoffreiche Bodenwasser mit
dem oberen Ende der Wassersäule zu durchmischen, wo das
Licht für die Fotosynthese ausreicht (in der sogenannten eu-
photischen Zone). Da auf einer sich erwärmenden Erde mehr
Energie für die Durchmischung gebraucht wird, heißt das,
dass das Wasser wahrscheinlich weniger gut durchmischt
wird.

Vorhergesagt wird also, dass der Transport von Nährstoffen
vom Grund an die Oberfläche des Ozeans abnimmt. Das Phytoplankton braucht aber diese Stoffe für die Fotosynthese.

Weniger Nährstoffe in den oberen Schichten bedeuten folglich weniger Fotosynthese und damit weniger Einbau von
$CO_2$ in biologisches (organisches) Material. Eine weitere
Folge ist, dass weniger in organischen Stoffen gebundener
Kohlenstoff auch weniger Nahrung für die Meereslebewesen
bedeutet, die keine Fotosynthese betreiben. Genauso wird es
weniger Material für die biologische Pumpe und die Carbonatpumpe geben, die den Kohlenstoff aus dem Oberflächenwasser in die Tiefe des Ozeans bringen. Eine bloße Tempera-
turverschiebung reicht also, um den Kohlenstoffzyklus im
Ozean zu beeinträchtigen. Damit wird der gesamte globale
Zyklus verändert, da die Ozeane eine wichtige Rolle im globalen Kohlenstoffkreislauf spielen.

## Die Versauerung des Oberflächenwassers

Die gesteigerte $CO_2$-Konzentration in der Atmosphäre bringt
noch eine weitere, sehr wichtige Veränderung mit sich, die
sich auf das Leben im Meer und die Rolle des Ozeans im Kohlenstoffkreislauf auswirken wird. Wie in Kapitel 3 beschrieben, stehen auf annähernd 70 % der Erde ozeanisches Oberflächenwasser und Atmosphäre miteinander in Kontakt, und
in beiden gibt es gasförmiges Kohlendioxid. Wenn zwei Medien (in diesem Fall Luft und Wasser) miteinander in Berührung kommen, versuchen die Gase zu beiden Seiten der
Grenzfläche ständig, ein Gleichgewicht herzustellen. Nimmt
also die $CO_2$-Konzentration in der Atmosphäre zu, steigt auch
der Kohlendioxidgehalt des Oberflächenwassers.

Infolge dieser Tendenz zum Gasgleichgewicht in Luft und
Wasser haben die Weltmeere faktisch bereits rund 30 bis
50 % des »zusätzlichen«, menschengemachten $CO_2$ aufge-

nommen. Das bedeutet natürlich, dass die heute gemessenen $CO_2$-Konzentrationen in der Atmosphäre niedriger sind als die, die es ohne Meere gäbe. Also hat der Ozean de facto die globale Erwärmung verlangsamt, indem er einen Teil des $CO_2$ aufnahm, das anderweitig in die Luft gelangt wäre. Nur wenige Menschen sind sich bewusst, was für einen hervorragenden Dienst die Meere uns damit leisten, dass sie derart unsere Umwelt beeinflussen.

Was passiert, wenn $CO_2$ in eine wässrige Lösung gelangt? Die Antwort lautet schlicht und einfach: Die Flüssigkeit wird saurer. Wir kennen das von kohlesäurehaltigen Getränken. Aus diesem Grund warnen Zahnärzte auch davor, zu viel Limonade zu trinken: Die Säure löst Bestandteile des Zahnschmelzes auf. Wird $CO_2$ in Wasser gelöst, bildet sich Kohlensäure: Das $CO_2$ reagiert mit dem Wasser ($H_2O$), was $H_2CO_3$ ergibt, eben Kohlensäure. In Lösung spaltet sich dieses Molekül: Protonen ($H^+$) werden freigesetzt, und es bildet sich $HCO_3^-$. Die Anzahl der freien (ungebundenen) Protonen in einer Flüssigkeit bestimmt deren Säuregehalt. Je mehr Protonen, desto saurer wird eine (wässrige) Lösung.

Normalerweise wird der Säuregrad anhand der »pH-Skala« gemessen, die einfach nur ein (logarithmischer) Ausdruck für die Anzahl der freien Protonen in der Flüssigkeit ist. Man sollte meinen, dass der pH-Wert umso höher liegt, je saurer eine Flüssigkeit ist. Leider ist das dank der Launen von Logarithmen und der Logik des Skalenerfinders (Søren P. L. Sørensen, ein dänischer Biochemiker) nicht der Fall. Vielmehr bedeutet ein niedrigerer pH-Wert einen höheren Säuregehalt.

Als Folge der höheren atmosphärischen $CO_2$-Konzentration wird ein abnehmender pH-Wert (das heißt, eine zunehmende Versauerung) der Oberflächenwasser des Ozeans vorhergesagt, und in einigen Gegenden ist dieser in der Tat auch schon gemessen worden. Die Meeresoberflächen werden also durch die Zuführung von mehr $CO_2$ wie kohlensäurehaltige Getränke saurer. Dies zeigt, dass aus menschlichen Aktivitäten resultierende globale Veränderungen – in diesem Fall mehr $CO_2$ in der Atmosphäre – weit mehr bewirken als nur einen Klimawandel!

Da das Gleichgewicht von Gaskonzentrationen zu beiden Seiten einer Grenzfläche relativ einfachen chemischen Prinzipien folgt, kann man – ausgehend von verschiedenen atmosphärischen $CO_2$-Konzentrationen – die zukünftigen pH-Werte vorhersagen. Wenn der $CO_2$-Gehalt in der Luft 1000 ppm überschreitet (das ist bis zum Jahr 2100 möglich, falls die $CO_2$-Emissionen weiter zunehmen), wird der pH-Wert des ozeanischen Oberflächenwassers um rund 0,5 Punkte zurückgehen. Das klingt nicht nach viel. Da die pH-Skala jedoch eine logarithmische ist, entspricht eine Veränderung um 0,5 Punkte in Wirklichkeit einer Verdreifachung der freien Protonen in der Lösung.

Die Freisetzung so vieler Protonen wirkt sich auch auf andere kohlenstoffhaltige Ionen in der Lösung aus: Neben $HCO_3^-$ enthält das Oberflächenwasser auch $CO_3^{2-}$. Die relativen Anteile dieser beiden Teilmoleküle hängen von der Anzahl freier Protonen im Wasser ab. Je mehr es sind, desto weniger $CO_3^{2-}$ gibt es. Je niedriger der pH-Wert des Ozeans wird, desto weniger Kohlenstoff in Form von $CO_3^{2-}$ ist vorhanden. Müssen wir uns um dessen mögliche Verringerung Sorgen machen? Macht sie einen Unterschied aus?

Die Antwort ist ein eindeutiges und schallendes Ja! $CO_3^{2-}$ ist ein notwendiger »Baustein« des Calciumcarbonats, und es gibt sehr viel Meeresorganismen, die Calciumcarbonat produzieren. Dazu zählen Muscheln, einige Seegrasarten, Seesterne, Korallen und – wohl am wichtigsten – die winzigen

Lebewesen wie Coccolithophoriden, Pteropoden und Foraminiferen, die die Carbonatpumpe antreiben (siehe Kapitel 3),
mit derer Kohlenstoff in Form von Calciumcarbonat von der
Oberfläche in das Bodenwasser transportiert wird. Wenn der
pH-Wert sinkt und weniger $CO_3^{2-}$ zur Verfügung steht, fällt
es solchen Organismen immer schwerer, ihr Calciumcarbonat
herzustellen und auch zu behalten, denn unter sauren Bedingungen wird Calciumcarbonat aufgelöst. Wenn man sich die
Wirkung saurer Verhältnisse auf das Calciumcarbonat im
Ozean veranschaulichen will, muss man nur Essig (eine
Säure) und Backpulver (Natriumhydrogencarbonat) zusam-
menbringen. Das Resultat fällt natürlich extremer aus als die
Veränderungen in den Meeren der unmittelbaren Zukunft.
Dennoch ist die beiden Vorgängen zugrundeliegende Chemie
weitgehend dieselbe.

Wie oben bereits gesagt, kann man den zukünftigen Säuregehalt der Meere einfach anhand der ozeanischen Verhältnisse und der atmosphärischen $CO_2$-Konzentrationen vorhersagen. Daraus lassen sich dann die künftigen chemischen
Verhältnisse für die Produktion und Beibehaltung von Calciumcarbonat durch Meeresorganismen ableiten. Solche Analysen weisen darauf hin, dass die bereits in Gang befindliche
Versauerung des Ozeans in Folge steigender $CO_2$-Konzentra-
tionen in der Atmosphäre ausreicht, um von erheblicher biologischer Bedeutung zu sein. Wenn der Kohlendioxidgehalt
der Luft weiterhin unkontrolliert zunimmt, wird es voraussichtlich bis 2065 in den Weltmeeren keine Regionen mehr
geben, wo die chemischen Verhältnisse noch die Bildung von
Calciumcarbonat durch Korallen zulassen.

Die biologischen Auswirkungen einer Versauerung des
Ozeans behandeln wir im folgenden Kapitel. Hier, wo es um
den globalen Kohlenstoffkreislauf und die Rolle des Ozeans

dabei dreht, lautet die wichtige Erkenntnis, dass die Versauerung der Meere aller Wahrscheinlichkeit nach die Carbonatpumpe schwächen wird. Abermals werden wir daran erinnert,
dass die verschiedenen Komponenten des Systems Erde alle
miteinander zusammenhängen. Auf den ersten Blick scheint
kaum vorstellbar, dass sich eine Veränderung der $CO_2$-Kon-
zentration in der Atmosphäre auf die Korallenbildung oder
die Menge des im Meer von oben nach unten beförderten
Kohlenstoffs auswirken sollte. Aber wenn man die systemi-
schen Wechselwirkungen von Chemie, Physik und Biologie
begreift, erkennt man leicht, dass scheinbar unzusammen-
hängende Dinge wie die Freisetzung von $CO_2$ in die Atmosphäre einerseits und Korallen oder Kohlenstofftransport zum
Meeresboden andererseits in Verbindung stehen. Um die Zukunft des Ozeans zu sichern, ist es wichtig, dass wir ihn als
Teil des Erdsystems insgesamt würdigen und sämtliche Interaktionen innerhalb dieses Systems zu verstehen versuchen.

Obwohl unser Wissen, wie das System Erde funktioniert,
noch ziemlich rudimentär ist, reicht es doch aus zu erkennen,
dass eine Veränderung an einer Stelle zu unerwarteten Folgen
an einer völlig anderen führen kann. Die Sache mit dem $CO_2$
zeigt auch, dass Menschen Teil des Erdsystems sind und ihre
Aktivitäten ausreichen, um das Funktionieren des Systems zu
beeinflussen. An und für sich ist die Tatsache, dass sich
menschliche Aktivitäten auf das System Erde auswirken können, nichts Schlimmes. Viele Lebewesen beeinflussen dessen
Funktionen. Wichtig ist jedoch, dass unsere Gesellschaft diese
Macht der Systemveränderung erkennt und sie klug einsetzt.
Und wir müssen auch begreifen, dass die Art und Weise, wie
Menschen das Erdsystem beeinflussen, sich in einem Punkt
von der unterscheidet, in der andere Lebewesen das tun: Unsere Eingriffe haben offenbar die Kapazität, das System bin-

nen viel kürzerer Zeiträume zu verändern als andere Organismen das je getan haben. Das folgende Beispiel zeigt, warum die Geschwindigkeit, mit der sich die Veränderung bei
einer Komponente des Systems vollzieht, so wichtig sein
kann.

## Das Tempo der Veränderungen

Nach diesen Ausführungen über die Versauerung des Ozeans
und den düsteren Vorhersagen hinsichtlich der Calciumcarbonat produzierenden Organismen könnten einige Leser vielleicht zu Recht darauf verweisen, dass im Lauf der Erdgeschichte die $CO_2$-Konzentrationen in der Atmosphäre schon
höher waren, ohne dass dies katastrophale Folgen für das
Meeresleben gehabt hätte. Das ist sicherlich richtig: Vor der
Evolution der Fotosynthese lag der Kohlendioxidgehalt der
Luft vermutlich rund zwanzigmal höher als heute. Und noch
bis vor wenigen Millionen Jahren war der $CO_2$-Gehalt zumeist deutlich höher – und das Klima wärmer – als heute. Daher werden einige zweifellos argumentieren, dass das System
Erde – einschließlich der Meere – Mechanismen haben muss,
mit einem breiten Spektrum von atmosphärischen $CO_2$-Kon-
zentrationen und deren Einfluss auf die Systemkomponenten
fertig zu werden. Und tatsächlich kann der Ozean auf natürliche Weise die Versauerung aufgrund einer steigenden $CO_2$-
Konzentration ausgleichen.

Dank der winzigen Calciumcarbonat-Partikel, die die Carbonatpumpe auf den Meeresboden herabrieseln lässt, sind die
tiefen Wasserschichten reich an Carbonat-Ionen. Das heißt,
diese Schichten können den Säuregehalt chemisch neutralisieren. Könnten wir das Wasser am Grund mit dem oben

durchmischen, würde dies die an der Oberfläche gebildete Säure neutralisieren. Ganz ähnlich mischen wir unserer Gartenerde, wenn sie zu sauer ist, gelöschten Kalk unter, um die Säure abzubauen. (Der im Garten verwendete Löschkalk – Calciumoxid – wird übrigens hergestellt, indem man Kalkstein [Calciumcarbonat] erhitzt, der letztlich vom Grund eines Ozeans stammt!)

Im Verlauf der Geschichte ist das Erdsystem genau so mit der Versauerung des Oberflächenwassers infolge steigender atmosphärischer $CO_2$-Konzentrationen fertig geworden. Turbulenzen und Meeresströmungen führen von Natur aus zu einer Durchmischung von carbonatreichem Bodenwasser und den oberen Schichten, und dieser Vorgang kann dort die Versauerung durch Eintrag von atmosphärischem $CO_2$ neutralisieren. Diese Durchmischung vollzieht sich aber in Zeiträumen von Jahrtausenden. Aus den Eisbohrkernen ist ersichtlich, dass sich auch Veränderungen des atmosphärischen $CO_2$-Gehalts vor der menschlichen Beeinflussung des Kohlenstoffkreislaufs nur nach und nach vollzogen. In einem ungestörten System Erde haben die Zeiträume für Veränderungen des atmosphärischen $CO_2$ und für die Durchmischung von tiefen und oberen Wasserschichten eine vergleichbare Größenordnung. Anders ausgedrückt: Die natürlichen Durchmischungsprozesse im Meer reichten aus, um die Versauerung aufgrund der natürlichen $CO_2$-Schwankungen in der Atmosphäre auszugleichen.

Heute verändert sich der Kohlendioxidgehalt der Atmosphäre in beispiellosem Tempo. Wir erleben dramatische Veränderungen innerhalb von Jahrzehnten statt im Verlauf von Jahrtausenden wie einst. Derzeit steigt der $CO_2$-Gehalt der Luft in einem völlig anderen Zeitrahmen als dem der Durchmischungsprozesse im Meer. Folglich kann das Wasser vom

Grund des Ozeans die Versauerung der Oberflächenschichten nicht mehr kompensieren.

Mittlerweile dürfte klar sein, dass das Wissen um die Funktion des Ozeans im globalen Kohlenstoffkreislauf entscheidend ist, wenn man die zukünftigen atmosphärischen $CO_2$-Konzentrationen und damit das zukünftige Klima vorhersagen will. Es ist nicht nur wichtig zu wissen, wie das Meer funktioniert und welche Rolle es beim heutigen Kohlenstoffzyklus spielt, sondern auch, wie die Veränderungen im Ozean möglicherweise die Rolle der Meere im globalen Zyklus der Zukunft beeinflussen werden. Wenn beispielsweise infolge der menschlichen Einflussnahme auf das System Erde – wie vorhergesagt – sowohl die biologische als auch die Carbonatpumpe im Ozean schwächer wird, dann verringert sich die Fähigkeit der Meere, $CO_2$ aufzunehmen. Das heißt: Dann werden die atmosphärischen $CO_2$-Konzentrationen noch schneller steigen als momentan und das Klima wird sich noch rascher wandeln als gegenwärtig vorhergesagt. Es verwundert kaum, dass Wissenschaftler heute erhebliche Anstrengungen darauf verwenden, die Rolle des gegenwärtigen und zukünftigen Ozeans beim Wandel des globalen Kohlenstoffkreislaufs besser zu verstehen.

## Stickstoff

Veränderungen des Kohlenstoffkreislaufs im Meer sind also für die Lebensbedingungen an Land von Bedeutung. Im Fall des Stickstoffzyklus ist die Situation fast umgekehrt. Hier sind es die großen, menschengemachten Veränderungen des Stickstoffkreislaufs an Land, die sich erheblich auf die Lebensverhältnisse im Meer und die Freisetzung von Treibhausgasen aus dem Ozean in die Atmosphäre auswirken. Wie in Kapitel 3 festgestellt, ist bei einem ungestörten Stickstoffkreislauf die biologische Stickstoffbindung der Hauptmechanismus, wie Stickstoff in das System Erde gelangt. Heute ist dieser natürliche Weg für die Einbringung von rund 100 Tg Stickstoff pro Jahr verantwortlich (1 Tg = $10^{12}$ g). Menschliche Aktivitäten (Kunstdünger, Energiegewinnung und Massenanbau von stickstoffbindenden Pflanzen) bringen andererseits eine Größenordnung von 150 Tg Stickstoff in das Erdsystem ein, und man hat hochgerechnet, dass sich die menschlichen Eingriffe in den Stickstoffkreislauf in Zukunft sogar noch steigern werden.

Die Wissenschaftler haben bislang noch nicht herausfinden können, wo all der durch uns ins Erdsystem kommende zusätzliche Stickstoff letztlich landet. Jedoch ist klar, dass nicht alles davon an Land bleibt, auch wenn das Element zunächst in die Landkomponente des Systems eingebracht wird. Einiges davon gelangt in die Atmosphäre, beispielsweise durch Verbrennung (wobei Stickstoffoxide entstehen, etwa in Automotoren), durch die Landwirtschaft (Freisetzung von Ammoniak) oder das Entweichen von Lachgas (Distickstoffmonoxid, $N_2O$) durch Verbrennungs- und biochemische Prozesse. Einige dieser in die Atmosphäre kommenden Stickstoffverbindungen sind potente Treibhausgase und geben daher wegen ihres Einflusses auf die Klimaverhältnisse Anlass zur Sorge.

Darüber hinaus gelangt ein erheblicher Anteil des von Menschen an Land eingebrachten Stickstoffs letzten Endes in den Ozean: erstens mit Wasser, das vom Land ins Meer fließt (entweder als ungeklärte Abwässer oder aus sogenannten diffusen Quellen wie landwirtschaftlichen Nutzflächen), und zweitens aus der Luft. Letzteres erfolgt zum einen in Form

trockener Teilchen und zum anderen in Form von Niederschlägen, die einen Teil des Stickstoffs aus der Luft in die
Meere »waschen«.

Wie bereits gesagt, ist davon auszugehen, dass in den meisten Ozeanregionen der Umfang der Phytoplankton-Photosynthese von der Verfügbarkeit des Stickstoffs abhängt. Die
Einbringung dieses Elements in Meeressysteme führt daher
normalerweise zu einer Zunahme der Phytoplankton-Aktivität – vor allem in Küstengebieten, wo das Wasser auch mit
menschengemachtem Phosphor angereichert ist. Das Wachstum und die Photosynthese der meisten Phytoplankton-Gemeinschaften sind zwar ursprünglich durch den Stickstoff begrenzt, aber die Einleitung von zusätzlichen Mengen dieses
Elements hebt diese Beschränkung auf, und damit wird die
Verfügbarkeit von Phosphor zum neuen entscheidenden Faktor. Werden also Stickstoff und Phosphor gemeinsam hinzugefügt, hebt das möglicherweise die Begrenzung der Phytoplankton-Photosynthese durch die beiden Nährstoffe auf. Es
sei daran erinnert, dass die Photosynthese der Prozess ist,
durch den anorganischer Kohlenstoff (in Form von $CO_2$) in
organisches Material (lebende Organismen!) umgewandelt
wird. Folglich führt eine Zunahme der Phytoplankton-Photosynthese zu einer vermehrten Produktion von organischem
Kohlenstoff in dem System, wo sich die Photosynthese vollzieht. Dieser Vorgang heißt Eutrophierung (Überdüngung).

Auf den ersten Blick scheint die Eutrophierung eines ozeanischen Systems eine gute Sache zu sein: Die vermehrte Bindung von $CO_2$ mittels der Phytoplankton-Photosynthese
müsste den $CO_2$-Anteil in der Atmosphäre reduzieren, und
die Einbringung von mehr organischem Material müsste die
Nahrungskette besser versorgen und daher die Grundlage für
die Produktion von mehr Fischen sein.

So einfach liegen die Dinge jedoch nicht immer. Es stimmt, dass bei vermehrter Photosynthese der Ozean mehr $CO_2$ aus der Atmosphäre aufnimmt. Aber die Eutrophierung ist ein Küstenphänomen, und dort ist das Meer flach. Das bedeutet, dass der per Photosynthese in organisches Material eingebaute Kohlenstoff nicht in die tiefen Wasserschichten transportiert werden kann, die Tausende von Jahren keinen Kontakt mit der Atmosphäre haben. Im Oberflächenwasser wird das organische Material wieder zerlegt und der darin enthaltene Kohlenstoff als $CO_2$ wieder abgegeben. Verantwortlich dafür sind entweder der Stoffwechsel des Phytoplanktons selbst oder die Organismen, die das Phytoplankton fressen oder zersetzen. Das bei der durch Stickstoff und Phosphor stimulierten Photosynthese zusätzlich gebundene $CO_2$ verbleibt also nur kurze Zeit im Meer, dann wird es wieder an die Atmosphäre abgegeben: Unterm Strich wurde ihr damit kein $CO_2$ entzogen.

Was eine mögliche Stimulation des Nahrungsnetzes und damit eine Zunahme etwa von Fischbeständen infolge der Eutrophierung angeht, ist die Lage ein bisschen komplizierter. Es ist richtig, dass in einigen Nahrungsnetzen die Produktion auf den höheren Ebenen von der vorhandenen Phytoplanktonmenge abhängt. In solchen Fällen kann eine Zunahme des Phytoplanktons zu einer Stimulierung des Nahrungsnetzes führen. Es gibt jedoch viele weitere Faktoren (beispielsweise Temperatur), die der Produktion in maritimen Nahrungsnetzen Grenzen setzen. Ein Großteil des infolge der Nährstoffanreicherung produzierten zusätzlichen organischen Materials wird daher nicht in der Wassersäule gefressen, sondern sinkt als Sediment auf den Meeresboden. Dort wird es von Bakterien und anderen Organismen zersetzt. Dieser Prozess erfordert Sauerstoff. Das bedeutet, dass eine Stimulation der Phytoplankton-Photosynthese sehr häufig zu einer Verringerung des Sauerstoffs im Sediment und im Bodenwasser führt. Manchmal ist der Rückgang so extrem, dass überhaupt kein Sauerstoff mehr vorhanden ist. Ein geringer Sauerstoffgehalt (Hypoxie) oder sein vollständiges Fehlen (Anoxie) kann zu einem Massensterben von am Grund lebenden Organismen und Fischen führen. Für den Wandel in den globalen Stoffkreisläufen ist jedoch wichtiger, dass sich der Umfang verschiedener chemischer Reaktionen, an denen diese Elemente beteiligt sind, mit dem Sauerstoffgehalt ändert.

Beispielsweise hängen die Kreisläufe von Stickstoff, Phosphor, Kohlenstoff und Schwefel alle eng von der Sauerstoffverfügbarkeit ab. Das Meer ist der weltweit wichtigste Schauplatz der sogenannten Denitrifikation, eines bakteriellen Prozesses, bei dem $N_2$ in die Atmosphäre freigesetzt wird. Dieser Vorgang reagiert auf den Sauerstoffgehalt extrem sensibel. Darüber hinaus ist der Ozean eine wichtige Quelle für Distickstoffoxid ($N_2O$); man schätzt, dass annähernd 15 % der globalen Emissionen dieses Gases dort ihren Ursprung haben. Wie sich zeigte, hat die aus der Eutrophierung herrührende Sauerstoffverarmung die ozeanischen $N_2O$-Emissionen in einigen Gegenden erhöht. Genauso hängen die Produktion und Freisetzung vom Methan aus dem Meer von den örtlichen Sauerstoffverhältnissen ab.

Bislang weiß niemand, ob der vermehrte Strom von Gasen aus dem Meer in die Atmosphäre – der aus Veränderungen des Sauerstoffgehalts in den Küstengewässern und Sedimenten aufgrund der Eutrophierung resultiert – in globalem Maßstab quantitativ von Bedeutung ist. Doch die Forschung konzentriert sich erheblich auf diese Frage, denn sowohl Methan als auch Stickstoffoxid sind potente Treibhausgase. Dass die an Land eingesetzten Kunstdünger zumindest theoretisch die sehr reale Gefahr bergen, zur globalen Erwärmung beizutragen, indem sie die Photosynthese im Ozean stimulieren, die chemischen Verhältnisse am Meeresgrund ändern und somit die vermehrte Freisetzung von Treibhausgasen in die Atmosphäre fördern, macht uns einmal mehr klar, dass das System Erde ein komplizierter, eng miteinander verknüpfter Mechanismus ist, bei dem Veränderungen in einem Teil des Systems zu unerwarteten Reaktionen an anderer Stelle führen.

## Schwefel

Als letzten der globalen Stoffkreisläufe betrachten wir hier den Schwefelzyklus. Wie schon beim Kohlen- und Stickstoffzyklus ist die Menge dieses im Erdsystem aktiv umgewälzten Elements infolge menschlicher Aktivitäten dramatisch angewachsen. Schwefel ist ein wichtiger Bestandteil der Atmosphäre. Vor der Industriellen Revolution erfolgte die Schwefelemission in die Atmosphäre durch natürliche physikalische (etwa Vulkanausbrüche, die Schwefeldioxid, $SO_2$, freisetzen) und biogene Vorgänge (zum Beispiel Verbrennen von Biomasse, Ausstoß von Böden und Pflanzen). Heute jedoch sind rund 75 % aller Schwefelemissionen die Folge menschlichen Handelns. Das Element spielt bei der Klimasteuerung eine Rolle, denn es ist an der Chemie und Bildung der Wolken beteiligt und auch für den »sauren Regen« verantwortlich, also für Niederschläge mit niedrigerem pH-Wert. Diese haben zur Versauerung von Süßwasser und Wäldern geführt, bis die Schwefelemissionen durch Filter in Kraftwerken reduziert wurden.

Schwefel gelangt in unterschiedlicher Form in die Atmosphäre. Die wichtigsten Verbindungen aus dem Meer sind Dimethylsulfid (DMS) und Schwefelkohlenstoff (Kohlenstoffdisulfid, $CS_2$). Der Ozean ist heute die quantitativ ergiebigste natürliche Schwefelquelle: Er liefert circa 15 % der gesamten Schwefelemissionen in die Atmosphäre. Gegenwärtig wissen wir noch nicht genug über die absolute Schwefelmenge in den Meeren und die Freisetzung aus ihnen. Es gibt jedoch guten Grund zu der Annahme, dass die für die Zukunft vorhergesagten physikalischen Veränderungen im Meer (höhere Temperaturen und stärkere Schichtung der Wassersäule) Phytoplanktonarten begünstigen werden, die Schwefel freisetzen (siehe Kapitel 3). Daher kann man davon ausgehen, dass der Ozean beim globalen Schwefelkreislauf künftig eine noch größere Rolle spielen wird.

## Zusammenfassung

Wir haben drei globale Elementekreisläufe und die Rolle des Meeres in ihnen näher betrachtet. Diese drei Zyklen unterscheiden sich in vielerlei Hinsicht. Im Fall des Kohlenstoffs hat die von Menschen verursachte Veränderung des $CO_2$-Gehalts in der Atmosphäre den weltweiten Kreislauf am stärksten gestört, aber man nimmt kaum die Tatsache zur Kenntnis, dass es Reaktionen im Meer sind, die faktisch den Kohlendioxidgehalt der Luft kontrollieren. Im Fall des Stickstoffs ist die von Menschen verursachte Störung der Land-Komponente des weltweiten Kreislaufs am dramatischsten. Doch auch diese Vorgänge an Land führen wiederum zu Veränderungen sowohl des Ozeans als auch der Atmosphäre. Im Fall des Schwefels hat die von Menschen verursachte Freisetzung dieses Elements in die Atmosphäre den globalen Zyklus am drastischsten verändert. Diese Schwefelanreicherung der Luft hat erheblichen Einfluss auf die Verhältnisse an Land, da sie zu saurem Regen

führt. Darüber hinaus kann sich die Zunahme von Schwefelverbindungen in der Atmosphäre auf das Klima auswirken,
weil sie mit Teilchen in der Luft reagieren, damit die Rückstrahlungseigenschaften der Atmosphäre beeinflussen und so
faktisch die globale Erwärmung verringern können.

Bei allen drei Kreisläufen haben menschliche Aktivitäten
die Größenordnungen von Systemschwankungen dramatisch
verändert. Folglich beweisen diese Zyklen eindeutig, dass unsere Spezies die Fähigkeit hat, das Funktionieren des Systems
Erde zu beeinflussen. Darüber hinaus zeigt die Beschäftigung
mit allen drei Elementen, wie kompliziert und wechselseitig
miteinander verbunden die Funktionen des Erdsystems sind.
Wir müssen unbedingt begreifen, wie dieses System arbeitet,
um vorhersagen zu können, wie menschliches Handeln sich
darauf auswirkt.

Es gibt aber noch einen anderen, den vielleicht wichtigsten
Grund, das System Erde im Detail zu verstehen. Zu allen hier
beschriebenen menschengemachten Veränderungen in den
drei globalen Stoffkreisläufen ist es sozusagen aus Versehen
gekommen. Niemand zog in Betracht, dass eine offensicht-
liche Folge der Industriellen Revolution – die zunehmende
$CO_2$-Freisetzung in die Atmosphäre – letztlich zum Klimawandel oder zur Versauerung des Ozeans führen könnte.
Selbst zur Zeit der »grünen Revolution« in der Landwirtschaft, die lange nach dem Beginn der Industriellen Revolution stattfand und durch die Erfindung von Kunstdüngern
ausgelöst wurde, kam niemand auf die Idee, dass sich dadurch
Chemie und Biologie des Meeres und der Atmosphäre verändern könnten. Erst jetzt beginnen wir zu begreifen, wie das
System Erde arbeitet und wie sehr unser gut gemeintes Handeln im Verlauf der letzten beiden Jahrhunderte dieses System beeinflusst hat.

Dieses Wissen erlaubt es allmählich, gezielt – und nicht versehentlich – die globalen Kreisläufe zu beeinflussen. Schon tauchen in angesehenen Wissenschaftszeitschriften Vorschläge auf, wie man die globalen Zyklen der Elemente bewusst steuern könnte, um dem vorhergesagten Klimawandel entgegenzuarbeiten. Zu solchen Vorschlägen zählen beispielsweise die absichtliche Freisetzung bestimmter Schwefelverbindungen in die Atmosphäre, um deren Rückstrahlungseigenschaften zu verändern und damit das Tempo der globalen Erwärmung zu reduzieren, oder die gezielte Düngung des offenen Meeres, um die biologische Aufnahme von $CO_2$ aus der Atmosphäre zu steigern und die biologische Pumpe zu stimulieren, die Kohlenstoff von der Oberfläche in die Tiefe transportiert, und damit die Ablagerung von $CO_2$ in den Ozeansedimenten zu fördern.

Wir glauben, dass es angesichts unseres derzeitigen begrenzten Wissens um das Funktionieren des Erdsystems noch viel zu früh ist, alle Folgen derartiger Maßnahmen zu überblicken. Dennoch wäre es ein Fehler, sich der Tatsache zu verschließen, dass unsere Spezies die Macht hat – oder bald haben wird –, die globalen Kreisläufe geotechnisch gezielt zu manipulieren. Zweifellos wird der Tag kommen – wahrscheinlich in nicht allzu ferner Zukunft –, an dem die Weltgemeinschaft ernsthaft darüber diskutiert, ob und zu welchem Zweck solche drastischen Maßnahmen ergriffen werden müssen. Die gezielte geotechnische Beeinflussung der Kreisläufe ist nichts, was auf die leichte Schulter genommen werden kann. Vielleicht sollte so etwas auch nie unternommen werden. Dennoch bleibt es eine Tatsache, dass Menschen unabsichtlich globale Stoffkreisläufe in solchem Ausmaß beeinträchtigt haben, dass unerwartete und dramatische Reaktionen des Erdsystems nicht mehr zu übersehen sind. Noch ist unklar, ob das Zurückfahren der menschengemachten Störungen (zum Beispiel eine Verringerung der $CO_2$-Emissionen) für sich allein ausreichen wird, um einige der unvorhergesehenen und unerwünschten, aber bereits zu beobachtenden Reaktionen des Systems auf unser Verhalten zu verhindern.

# 6  Der Wandel des Meereslebens

Unter Meeresleben oder Meeresbiologie verstehen wir die Gesamtheit der Pflanzen und Tiere im Ozean. In den letzten Jahren ist es üblich geworden, das Zusammenspiel der verschiedenen, ein gemeinsames Habitat bewohnenden Organismen als die Artenvielfalt oder »Biodiversität« dieses Lebensraums zu bezeichnen. Will man die Veränderungen der Meeresbiologie untersuchen, ist also per Definition der Wandel der Artenvielfalt der Ausgangspunkt. Noch etwas anderes ist wichtig: Viele glauben, der menschliche Einfluss auf die Meeresumwelt und ihre Biologie hätte mit der Verschmutzung und der Einleitung von Abfallprodukten unserer Gesellschaft begonnen (siehe Kapitel 7). Doch schon die allerersten menschlichen Eingriffe in die Meeresbiologie veränderten deren Artenvielfalt. Denken Sie nur an geographische Eigennamen wie beispielsweise »Schildkröteninsel« oder »Walrossbucht«: Offensichtlich wurden solche Orte nach den großen Meerestieren benannt, die es dort zu jagen gab, aber heute fehlen diese Tiere völlig oder sind nur selten dort zu Gast.

In einem maßstäbesetzenden Aufsatz aus dem Jahr 2001 wurde die historische Beziehung zwischen menschlichen Jägergesellschaften und der Meeresbiologie untersucht und die Bedeutung dieses Verhältnisses für das Funktionieren der ozeanischen Ökosysteme herausgearbeitet. Die Studie kam eindeutig zu dem Schluss, dass Menschen die maritimen Ökosysteme weit früher zu beeinflussen begannen, als man im Allgemeinen denkt (J. Jackson et al. 2001).

Vor dem Hintergrund dieses langfristigen Wechselspiels zwischen Menschen und Meeren wollen wir uns zunächst den Auswirkungen auf die Artenvielfalt zuwenden, ehe wir dann betrachten, welche Folgen es hat, dass die moderne Gesellschaft den Ozean als Müllkippe benutzt (Kapitel 7). Bevor wir jedoch die spezifischen Veränderungen der Meeresbiologie beziehungsweise Biodiversität und deren Gründe untersuchen, sollten wir über die Artenvielfalt an sich nachdenken und überlegen, was sie für die verschiedenen Komponenten des Systems Erde bedeutet.

## Die wichtige Artenvielfalt

Die Vielfalt des Lebens rückte 1992 beim Umweltgipfel von Rio de Janeiro ins Zentrum der politischen und öffentlichen Aufmerksamkeit: 150 führende Politiker unterzeichneten die Biodiversitäts-Konvention, mit der das übergeordnete Ziel verfolgt wird, die biologische Vielfalt der Erde zu bewahren (www.biodiv.org, allerdings nicht auf Deutsch). Enger gefasst, verfolgt die Konvention den Plan, »bis 2010 die gegenwärtige Rate des Biodiversitätsverlustes auf globaler, regionaler und nationaler Ebene signifikant zu reduzieren und damit einen Beitrag zur Linderung der Armut zu leisten und für das Wohlergehen allen Lebens auf der Erde zu sorgen«. Man ist sich folglich politisch bewusst, dass die Tiere und Pflanzen der Erde wichtig sind und nicht nur um ihrer selbst willen, sondern auch um der gesellschaftlichen Weiterentwicklung der Menschen willen geschützt werden sollten. Es ist auch klar, dass gegenwärtig Arten mit alarmierendem Tempo vom Antlitz der Erde verschwinden und der Verlust dieser Spezies ganz oder zum größten Teil auf die Vernichtung ihrer Habitate infolge menschlicher Aktivitäten zurückzuführen ist.

Im Lauf der Erdgeschichte starben mehrfach zu bestimmten Zeiten massenhaft Arten aus. Das lag vermutlich an einschneidenden Änderungen der physischen Umwelt. Das heutige Massensterben aber scheint das Erste in der Geschichte des Planeten zu sein, für das eine einzige Spezies (unsere!) verantwortlich ist.

Trotz eindeutiger Anzeichen für diesen eklatanten Rückgang der Artenvielfalt und der hehren Absichten der Biodiversitäts-Konvention ist es schwierig, stringente Strukturen aufzubauen, um dagegen anzukämpfen. Teils liegt das daran, dass sich die Zusammensetzung der Tier- und Pflanzengemeinschaften in einer gegebenen Region auch aufgrund natürlicher Klimaschwankungen und Umweltveränderungen ständig wandelt und auf lange Sicht gesehen immer Arten verschwinden und neue auftauchen. Kommt es also bei der Verteilung von Arten zu Veränderungen, kann es schwierig sein, dafür einen genauen Grund zu ermitteln und vor allem herauszufinden, in welchem Ausmaß menschliche Aktivitäten dazu beigetragen haben. Genauso schwer fällt es, mögliche Gegenmaßnahmen zu nennen, die einen weiteren Artenverlust verhindern würden. Das macht es nicht leicht, klare Ziele zu setzen oder Mechanismen zu entwickeln, mit denen sich die Biodiversitäts-Konvention umsetzen ließe. Die Absicht ist aber klar: Die Gesellschaft erkennt an, dass gegenwärtig unter den Lebewesen der Erde ein Massensterben abläuft, und formuliert den politischen Willen, etwas gegen den Artenverlust infolge menschlichen Handelns zu unternehmen. Dies gilt für die Artenvielfalt der gesamten Erde. Die des Ozeans zu erhalten stellt jedoch eine besonders große Herausforderung dar, weil wir über das Leben im Meer noch weniger wissen (siehe Kapitel 2).

Im Ozean ist der Umweltschutz mit dem speziellen Problem konfrontiert, dass ein Großteil der dortigen Arten mit bloßem Auge nicht zu erkennen ist. Fragen Sie so gut wie jeden, welche Meereslebewesen am dringlichsten geschützt werden müssten, und Ihnen werden mit an Sicherheit grenzender Wahrscheinlichkeit zunächst die größten Tiere genannt und erst dann Schritt um Schritt kleinere: Wale, andere Meeressäuger und schließlich Fische. Einige Befragte werden sagen, auch ein paar Tiere am Meeresboden wie beispielsweise Seesterne, Schnecken oder Seeigel seien schützenswert, aber kaum jemand wird sich um noch kleinere Organismen besorgt zeigen. Dennoch sind, wie wir im dritten Kapitel gesehen haben, die allerkleinsten Meereslebewesen für die unsere Umwelt am allerwichtigsten. Es wird kaum zur Kenntnis genommen, dass das Leben im Meer für menschliche Gesellschaften in vielerlei Hinsicht von Bedeutung ist, und zwar nicht nur, weil es uns in Form von Fischen Nahrung liefert!

Die beste Lösung für diese Probleme ist daher nicht der Schutz einzelner Arten, sondern der Schutz möglichst vieler verschiedener ozeanischer Lebensräume mit Hilfe von Meeresschutzgebieten (Marine Protected Areas, MPA). Sie können zwar Klimawandel und Versauerung nicht aufhalten, schützen aber Ökosysteme vor zahlreichen anderen Eingriffen und bieten Rückzugsgebiete für durch Überfischung bedrohte Arten. Solche Schutzgebiete können daher die Widerstandskraft der marinen Ökosysteme entscheidend stärken, insbesondere wenn sie zu einem umfassenden und ökologisch repräsentativen Netz von Schutzgebieten ausgebaut werden. Der Wissenschaftliche Beirat Globale Umweltveränderungen der deutschen Bundesregierung (WBGU) hat als

Zielgröße in einem Sondergutachten 2006 vorgeschlagen, 20 bis 30 % der Meeresfläche weltweit auf diese Art zu schützen.

Das politische Ziel der Erhaltung von Biodiversität wird des Weiteren dadurch vereitelt, dass noch nicht völlig klar ist, welche Bedeutung die Artenvielfalt für das Funktionieren eines bestimmten Ökosystems hat. Müssen wir uns schon Sorgen machen, wenn nur eine einzige Spezies verloren geht? Welchen »Wert« hat diese Art für uns? Wie wichtig ist es für ein Ökosystem, dass in ihm mehrere unterschiedliche Organismen leben, die im Wesentlichen dieselbe Funktion ausüben? Sind alle Arten gleich wichtig? Und wenn nicht alle Spezies geschützt werden können, gibt es dann bestimmte, die für das Funktionieren eines Ökosystems entscheidender sind als andere? Mit solchen Fragen schlägt sich die Wissenschaft momentan herum.

Jedoch zeichnen sich deutlich Beispiele ab, *wie* wichtig die Artenvielfalt für ozeanische Ökosysteme ist. So überraschte es Korallenriff-Ökologen in der Discovery Bay vor Jamaika, dass in den 1980er Jahren die dortigen Korallen binnen sehr weniger Jahre von Algen überwuchert wurden. Unmittelbare Ursache schien eine Epidemie zu sein, die die Population des dort heimischen, dominanten Seeigels (*Diadema antillarum*) dezimierte. Dieser Seeigel ernährt sich von Organismen, die auf der Oberfläche von Korallen sitzen. Auf diese Weise befreit er die Korallen unter anderem von den Algen, die dann nicht überhand nehmen und die Korallen ersticken können. Als jedoch die Krankheit den Seeigeln den Garaus machte, konnten sich die Algen ungehindert festsetzen und die Korallen überwuchern.

Auf den ersten Blick sollte man meinen, dass diese Änderung der Artenverteilung und damit des Meeressystems einfach von Natur aus geschah und nicht von Menschen beein-

flusst war. Eine gründlichere Analyse des Seeigelsterbens legt
allerdings den Schluss nahe, dass eben doch menschliche Aktivitäten diesen funktionalen Wandel im Ökosystem hervorgerufen hatten. Vor Ausbruch der Epidemie war die Zahl der
Seeigel drastisch angestiegen. Die Epidemie scheint gerade
durch die große Populationsdichte und der daraus resultierenden Nähe der einzelnen Seeigel zueinander gefördert worden
zu sein. Und der Grund für die Zunahme der Seeigelpopula-
tion war wahrscheinlich ein zweifacher: Zum einen ging die
Zahl ihrer Fressfeinde zurück und zum anderen stand den
Seeigeln gleichzeitig mehr Nahrung zur Verfügung. Der
Grund für das eine wie für das andere war vermutlich die intensive Befischung des Korallenriffs in der Zeit vor dem Popu-
lationswachstum der Seeigel.

Einige Fische am Riff fressen Seeigel. Also üben sie Druck
auf die Population aus und halten ihre Zahlen in Schach. Die
Befischung des Riffs reduzierte diesen Druck auf die Seeigel,
da die Räuber weggefangen wurden. Andere Fische am Riff
ernähren sich – wie die Seeigel selbst – von den kleinen Organismen, die auf der Oberfläche der Korallen leben. Diese Arten konkurrieren also mit den Seeigeln um Futter. Da auch die
Zahl dieser Fische zurückging, stand den Seeigeln mehr Fressen zur Verfügung. Ohne den Druck der Räuber und mit
einem gesteigerten Nahrungsangebot wuchs die Population
der Seeigel mehr oder weniger unkontrolliert, bis sie eine
Dichte erreichte, bei der sich die Krankheit rasch ausbreiten
und zu einem Massensterben führen konnte, woraufhin die
Populationsgröße stark zurückging. Allerdings hätte es vor
der intensiven Befischung des Riffs – selbst nach einem Massensterben von Seeigeln – andere Lebewesen gegeben (Fische), die die Oberfläche der Korallen beim Fressen »gesäu-
bert« und hätten. Die intensive Befischung bereitete nicht nur

einer Bevölkerungsexplosion bei den Seeigeln den Boden, sondern griff auch so in das Riff-Ökosystem ein, dass dieses die Korallen nicht mehr davor bewahren konnte, von Algen überwuchert zu werden.

Ähnliche Beispiele sind heute aus einer ganzen Reihe von ozeanischen Ökosystemen bekannt. Sie alle machen deutlich, dass es die Wechselwirkungen zwischen ihren Organismen sind, die den gegenwärtigen Zustand des Systems aufrechterhalten. Genauso zeigt ein Fall wie der der karibischen Korallenriffe, wie wichtig es möglicherweise ist, dass mehr als eine Art bestimmte Funktionen übernehmen kann, wenn das Ökosystem insgesamt widerstandsfähig bleiben soll. Schließlich unterstreicht das Beispiel einmal mehr, welche Bedeutung Räubern für die Strukturierung ozeanischer Ökosysteme zukommt, und es macht zugleich klar, dass die Bestandteile solcher Systeme auf komplizierte und unerwartete Weise miteinander verknüpft sind.

In den letzten Jahren wurden immer mehr Beispiele zusammengetragen, wie wichtig Artenvielfalt für das Funktionieren von Ökosystemen ist. Es überrascht nicht, dass die meisten davon die großen an den Systemen beteiligten Lebewesen betreffen, die man mit bloßem Auge beobachten kann und bei denen uns Häufigkeitsveränderungen unmittelbar auffallen. In einigen Fällen zeigen Analysen, dass Veränderungen in den Wechselwirkungen zwischen größeren Organismen eines Ökosystems sich indirekt auch auf die von mikroskopisch kleinen Organismen dominierten Komponenten des Systems auswirken. Zum Beispiel kann das Entfernen von Muscheln, die das Wasser zur Nahrungsaufnahme filtern, zu einer Vermehrung von Phytoplankton führen und daher zu Algenblüten und einer Abnahme von Sauerstoffgehalt und Wasserqualität. Daneben haben sich einige Untersuchungen direkt auf die Frage konzentriert, wie wichtig die Artenvielfalt derjenigen Organismen ist, die Menschen nicht unmittelbar auffallen (beispielsweise Würmer in Meeressedimenten). Diese liefern gleichfalls Hinweise, dass Artenvielfalt die Gesamtproduktivität sowie die Widerstandskraft des Ökosystems gegenüber Störungen steigert.

Natürlich kommen nicht alle Untersuchungen über Artenvielfalt und funktionierende Ökosysteme zum selben Ergebnis. Dennoch sind mittlerweile genügend viele durchgeführt worden, dass sich ein generelles Bild abzeichnet, welche Rolle die Biodiversität insgesamt spielt. Kürzlich wurden mehrere Zusammenfassungen solcher Studien über maritime Artenvielfalt veröffentlicht, und sie alle kommen zu dem Schluss, dass die Produktivität und die Widerstandsfähigkeit eines Ökosystems oft mit der Biodiversität zusammenhängen. Nach und nach kann die Wissenschaft also dokumentieren, wie wichtig der Kampf gegen den Artenverlust nicht nur für die bedrohten Organismen selbst ist, sondern auch für das Funktionieren von Ökosystemen und letztlich für die Aufrechterhaltung der Dienstleistungen sind, die Ökosysteme sowohl menschlichen Gesellschaften als auch dem Erdsystem als Ganzem erbringen.

Trotz dieser sich abzeichnenden Einmütigkeit ist noch immer nicht klar, ob bestimmte Arten oder Artengruppen für Ökosysteme wichtiger sind als andere, und wenn ja, wie man diese Arten oder Gruppen identifizieren und schützen kann. Die Bedeutung von Biodiversität für das Funktionieren von Ökosystemen und damit deren Fähigkeit, dem Erdsystem zuzuarbeiten, wird ständig weiter erforscht, und das ist auch dringend nötig, wenn es darum geht, die politischen Entscheidungsträger zu beraten, wie die Ziele der Biodiversitäts-Konvention am besten erreicht werden können.

## Wie sich der Fischfang auswirkt

Das Fischen ist der offensichtlichste Eingriff der Menschen in die Meeresbiologie, und es hat sich – neben der Jagd auf noch größere Meeressäuger – als Erstes auf deren Artenvielfalt ausgewirkt. Heute werden jährlich 100 Millionen Tonnen menschliche Nahrungsmittel in Form von Fischen den Ozeanen entnommen – entweder durch Befischung von Wildbeständen oder aus Aquakultur. Neben den unmittelbar der menschlichen Ernährung dienenden Fischen werden weitere annähernd 20 Millionen Tonnen für Industriezwecke gefangen (z. B. für Fischmehl als Futterzusatz in der Landwirtschaft oder in Aquakulturen). Die Fischerei hat in den letzten Jahrzehnten erheblich zugenommen. Zu Beginn der 1950er Jahre wurden nicht einmal 10 % der Bestände in den Weltmeeren in vollem Umfang befischt. Heute sind es rund 70 % der globalen Fischbestände, und davon sind bereits 20 % »überfischt«, was heißt, sie sind so weit ausgebeutet, dass die Befischung nicht mehr als nachhaltig gelten kann. Anders ausgedrückt: Man glaubt, dass dort der Fischfang nicht im derzeitigen Ausmaß weitergehen kann, ohne diese Bestände letzten Endes zu zerstören. Es gibt wenig Grund zu der Annahme, dass man den Ozeanen noch mehr Wildfische entnehmen kann, als man heute schon fängt, und in der Tat stagnieren die Fischereierträge seit einigen Jahren (siehe Abb. 6.1). Die von der Food and Agriculture Organization (FAO) berichteten Ertragszunahmen in jüngster Zeit gehen allesamt auf vermehrte Aquakultur zurück.

Oft entnimmt man den Nachrichten, dass Fischer und Biologen streiten, wie es um die Bestände steht. Die Fischer behaupten, es gäbe noch viele Fische, und die Biologen, die die Bestände für bedroht erachteten, wüssten einfach nicht, wie

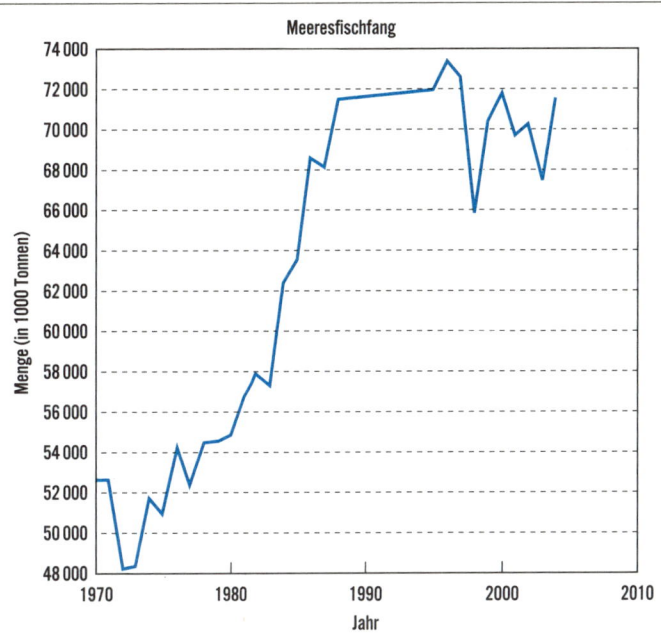

**Abb. 6.1** Die Fangmengen von Wildfisch stagnieren seit einigen Jahren.

man fischt, oder sie würden an den falschen Stellen nach Fischen suchen! Um diesen Streit zu begreifen, muss man sich anschauen, wie Biologen Fischbestände bewerten und wie beziehungsweise warum sich ihre Fangstrategien von denen der Fischer unterscheiden, die davon leben, dass sie möglichst große Mengen anlanden.

Biologen zielen nicht darauf ab, so viele Fische wie möglich zu fangen. Sie wollen herausfinden, wie viele Exemplare es in diesem Jahr an einer bestimmten Stelle im Meer gibt, damit die momentanen Zahlen mit denen der Vergangenheit vergli-

chen werden können, also mit denen aus dem vergangenen
Jahr, dem vorvergangenen und jenen von vor zwanzig oder
mehr Jahren. Um solche Vergleiche anstellen zu können, ist es
wichtig, dass die Biologen dieselbe Ausrüstung und dieselben
Methoden anwenden wie zu jenem Zeitpunkt, als die Mess-
reihe begonnen wurde. Wenn die Biologen effizientere und
modernere Ausrüstung verwendeten, würden sie natürlich
mehr Fische fangen, und es würde der Eindruck entstehen,
dass es heute im Ozean mehr Fische gäbe als früher. Daher arbeiten Biologen mit »altmodischem« Gerät, das bekanntlich
weniger effizient ist als die modernen kommerziellen Methoden.

Oft werfen die Fischer den Biologen auch vor, dass sie an
Stellen ihre Netze auswerfen, wo es – wie doch jeder weiß –
keine Fische gibt. Diese Kritik ist insoweit richtig. Jedoch machen die Biologen das absichtlich. Fische ziehen im Jahreslauf
umher, und wenn die Populationen schrumpfen, besetzen sie
insgesamt immer weniger von der marinen Landschaft. Für
Biologen ist es wichtig, sich ein Bild von der absoluten Anzahl
der Fische in dem gesamten Gebiet zu machen. Daher arbeiten
sie mit einem »Raster« von festgelegten Positionen, an denen
Jahr für Jahr Proben genommen werden. Es mag sein, dass
man von solchen Stellen weiß, dass es dort keine oder nur wenige Fische gibt, aber wenn man in der Vergangenheit an
einer solchen Position welche fing, dann ist die Tatsache, dass
das heute nicht mehr der Fall ist, für die Biologen eine wichtige Information. Fischer würden natürlich nie an einer Stelle
arbeiten, von der sie wissen, dass es dort nichts zu fangen gibt.
Daher ist ihnen das Verhalten der Biologen möglicherweise
nur schwer begreiflich zu machen.

Die Biologen versuchen, in einem gegebenen Bestand die
Anzahl von weiblichen Fischen zu schätzen. Warum Weib-

chen? Weil von diesen natürlich die Zukunft des Bestands abhängt. Bis zu einem bestimmten Wert wächst mit steigenden Weibchenzahlen auch die der Jungfische, die heranwachsen und zu einem Teil der fischbaren Population werden. (Jungfische, die so groß werden, dass sie gefangen werden können, nennen wir »Rekruten«.)

Es gibt jedoch einen Punkt, von dem an mehr Weibchen nicht bedeuten, dass der befischbaren Population auch mehr Rekruten zugeführt werden. Denn wenn es sehr viele Mütter und daher sehr viele Fischbabys gibt, steht nicht genügend Nahrung für alle Jungen zur Verfügung. Darüber hinaus kann es bei großen Mengen von Jungfischen passieren, dass sie sich tatsächlich gegenseitig auffressen (denken Sie daran, wie wichtig Räuber für die Strukturierung von ozeanischen Ökosystemen sind!). Gibt es also sehr viele Fischbabys, verhungern viele von ihnen oder werden gefressen, ehe sie groß genug sind, um gefangen zu werden.

Ziel des Fischereimanagements ist, die Zahl der verbleibenden Fischweibchen möglichst nahe an dem Wert zu halten, bei dem die Maximalzahl von Rekruten erzeugt wird. Das heißt, die Menge der Mutterfische soll auf einem Niveau gehalten werden, bei dem ihre Reproduktion zu so vielen Jungfischen in der befischbaren Population wie möglich führt. Um nachhaltig zu sein, müsste die Fischereiwirtschaft sich mit der Zahl von Mutterfischen zufrieden geben, die nicht zu einer Steigerung der zukünftig fischbaren Bestände führt.

Beim Kabeljau in der Nordsee zum Beispiel weisen alle verfügbaren Daten darauf hin, dass die Anzahl der den zukünftigen Bestand bildenden Jungfische steigt, bis die Zahl der Mutterfische eine Größenordnung von rund 150 000 Tonnen erreicht. In einer idealen Welt sollte der Druck durch den Fischfang also so reguliert werden, dass der Bestand an Mutterfischen ungefähr auf diesem Niveau bleibt. Natürliche Schwankungen der Bestandsgröße wie auch die wirtschaftlichen Zwänge der Fischereiindustrie bedingen jedoch, dass es nie möglich sein wird, dieses Niveau ganz genau einzuhalten. Daher haben Biologen »willkürlich« die Faustregel ausgearbeitet, dass der Bestand an Mutterfischen nicht unter die Hälfte der Menge fallen darf, die die größte Zahl von Rekruten ergäbe. Im Fall der Nordsee heißt das: Die Wissenschaftler raten, dass der Mutterbestand nicht unter rund 70 000 Tonnen fallen darf. Heute schätzt man die Anzahl der Kabeljau-Mutterfische aber auf nur rund 50 000 Tonnen. Daher haben Biologen in den letzten Jahren mehrmals vorgeschlagen, die Kabeljaufischerei in der Nordsee eine Zeit lang auszusetzen.

Trotz dieser Empfehlungen der Biologen haben Politiker – offenkundig aus wirtschaftlichen Gründen – beschlossen, den Kabeljaufang in der Nordsee nicht zu unterbinden, sondern das »Erholungsprogramm« für diese Bestände zu verschieben. Diesem politisch gewollten »Aufschub« liegt nebenbei auch die Annahme zugrunde, dass ein bis auf sehr niedrige Zahlen überfischter Bestand wieder zur ursprünglichen Größe zurückfinden wird, wenn der Druck durch die Befischung aufhört. Es gibt jedoch keine Garantie, dass das der Fall sein wird. Mit am drastischsten illustriert dies die Kabeljaupopulation vor der Ostküste Kanadas, also um Neufundland herum.

Diese Kabeljaubestände waren eine der Attraktionen, die die Neue Welt den ersten europäischen Entdeckern und Siedlern zu bieten hatte; ihre Tagebücher berichten von so reicher Beute, wie sie in ihren Breiten noch kein Mensch erlebt hatte. Seit dort Menschen leben, waren die Bestände stets ein wirtschaftlicher Grundpfeiler der Region gewesen. Doch Anfang der 1990er Jahre waren die Zahlen so stark zurückgegangen, dass 1992 ein Fischereimoratorium – ein völliges Fangverbot für Kabeljau – verhängt wurde. 15 Jahre später gibt es noch immer keine Anzeichen, dass sich die Bestände erholen. Niemand weiß genau, warum die Zahlen nicht wieder steigen. Andere Arten jedoch (zum Beispiel Hummer) sind jetzt in der Gegend zahlreicher zu finden als zur Zeit großer Kabeljaubestände.

Die starke Zunahme dieser anderen Tiere wird damit begründet, dass die Überfischung des Kabeljaus den Druck auf deren Populationen reduziert habe. Weil der Kabeljau als Fressfeind ausgeschaltet ist, überleben mehr junge Hummer, und ihr Bestand wächst. Hier werden wir abermals daran erinnert, dass Fressfeinde bei der Strukturierung ozeanischer Ökosysteme eine sehr wichtige Rolle spielen. Die Vermutung liegt nahe, dass andere Arten nachgerückt sind und die Nischen des Ökosystems besetzt haben, die einst der Kabeljau innehatte. Dass sie nicht mehr frei sind, erschwert dem Kabeljau die Rückkehr.

Unter Wissenschaftlern zeichnet sich gegenwärtig die Überzeugung ab, dass Ökosysteme mehr als einen natürlichen Status quo haben können. Anders ausgedrückt: Kein Naturgesetz besagt, dass der Kabeljau Bestandteil eines »gesunden« nordatlantischen Ökosystems sein muss. Auch ohne ihn kann das Ökosystem genauso natürlich und »gesund« sein, wenn andere Arten nachrücken und dieselben ökologischen Funktionen übernehmen wie der Kabeljau. Von einem natürlichen Status quo zu einem anderen überzugehen bezeichnet man als Regimewechsel. Dafür sorgt die Natur manchmal selbst, und der Grund können beispielsweise veränderte klimatische Bedingungen sein. Jedoch mehren sich die Anzeichen, dass auch menschliche Eingriffe wie zum Beispiel das Überfischen zu einem Regimewechsel führen können. Wenn man eine nachhaltige Fischereiwirtschaft entwi-

ckeln will, muss man die Möglichkeit in Betracht ziehen, dass
Überfischung den Status quo des Ökosystems verändert. Die
Annahme, es gäbe eine lineare Beziehung zwischen der Größe
eines kommerziell wichtigen Fischbestands – etwa des Kabeljaus – und der Befischungsintensität, muss nicht notwendigerweise richtig sein. Vielmehr kann es eine kritische Grenze
geben, an der das Ökosystem regelrecht »umkippt«. Daher ist
es sowohl falsch als auch gefährlich, die Fangquoten auf der
Grundlage dieser Annahme zu regeln.

Selbstverständlich wirkt sich die Fischerei potenziell auf die
Häufigkeit der gefangenen Arten und die Artenvielfalt des
Ozeans aus. In einigen Fällen stark befischter Bestände wie
beispielsweise des Kabeljaus in der Nordsee werden 70 %
oder mehr von der Biomasse dieser Spezies aus dem Ozean
geholt – Jahr für Jahr! Zumindest bis in jüngste Zeit hinein
kümmerte sich das Fischereimanagement nur um die Größe
des befischten Bestands und um eine Abschätzung, wie viel
Druck durch Fischfang er tolerieren kann. Bis in die 1990er
Jahre hinein beachtete man kaum die nicht befischten Arten
oder die möglichen Folgen der Ausbeutung für die Struktur
und die Wechselwirkungen des Ökosystems. Im Jahr 1998 jedoch analysierte eine Forschergruppe die Fangstatistiken der
FAO und stellte die These auf, die Fischerei hätte die Struktur
von Ökosystemen dahingehend verändert, dass aus allen
Weltmeeren die größeren Fische verschwunden seien. Ihre
Argumentation basierte auf der Beobachtung, dass den FAO-
Daten zufolge in den letzten Jahren im Vergleich zu früher
immer kleinere Fische angelandet worden waren (D. Pauly et
al. 1998). Es erübrigt sich zu sagen, dass diese Untersuchung
viel Beachtung fand (und heftig debattiert wurde) und noch
immer unter Wissenschaftlern auf großes Interesse stößt.

Fischereibiologen zögerten weitgehend, die Schlussfolgerung zu akzeptieren, dass die Befischung allein ausreicht, um Ökosystemstrukturen zu zerstören. Sie wiesen (zu Recht) darauf hin, dass die Fangmengen von dem Verhalten von Fischern abhängen, die sich wiederum nach dem potenziellen Markt für ihre Fische richten. In den letzten Jahrzehnten hat sich die industrielle Fischerei einen neuen Markt erobert – einen für kleine Fische wie Sandaale aus der Nordsee. Industriell gefangene Fische werden nicht direkt an die Verbraucher verkauft, sondern zu Fischöl und -mehl verarbeitet. Diese Industrie hat also einen Markt für kleinere Fische geschaffen, was zumindest theoretisch zu den Veränderungen in den Anlandedaten geführt haben kann, die die FAO-Statistiken verzeichnen. Die Analyse von kommerziellen Fangdaten allein wird also nie ausreichen, um mit Sicherheit Veränderungen in Ökosystemstrukturen zu erkennen.

Dass die Frage aber überhaupt aufkam und die These aufgestellt wurde, es gebe heute weniger große Fische im Weltmeer als noch vor einigen Jahrzehnten, brachte weitere Forscher dazu, das Problem mit anderen Methoden zu untersuchen – und es konnte nachgewiesen werden, dass es in einer Reihe von Meeresregionen (einschließlich der Nordsee) heute relativ weniger große und mehr kleine Fische gibt als noch vor 30 bis 40 Jahren. Mit dem Nachweis dieses Wandels allein ist natürlich noch nicht der Fischfang als Ursache dingfest gemacht. Da sich jedoch die meisten Fischer auf große Exemplare konzentrieren und in intensiv befischten Gegenden von bestimmten Arten Jahr für Jahr über 70 % aus dem Meer geholt werden, ist die Fischerei mit Sicherheit ein nahe liegender Kandidat, Ursache für diese Veränderungen zu sein. Wägt man das Potenzial der Fischerei ab, die Strukturen von Meeresökosystemen zu verändern, sollte man sich auch in Erinnerung rufen, dass Räuber als eine entscheidende Kraft bei der

Strukturierung von ozeanischen Ökosystemen gelten und der Fischfang die räuberische Verhaltensweise schlechthin ist.

Das Fischen kann aber nicht nur durch eine Änderung der Häufigkeitsverteilung großer und kleiner Fische die Struktur mariner Nahrungsnetze beeinflussen. Heute weiß man, dass es auch genetischen Druck auf Fische ausüben und damit den Genpool bestimmter Bestände beeinflussen kann. Gleich mehrere Mechanismen können das bewirken: Durch intensives Befischen werden die größeren Fische aus der Population entfernt, und es kommt zu einem Selektionsdruck, der diejenigen Exemplare begünstigt, die am frühesten geschlechtsreif werden (weil die spät reifwerdenden Tiere herausgefischt werden, ehe sie Gelegenheit zur Reproduktion haben). Lokal begrenzter Druck durch Befischung kann Unterpopulationen eliminieren und so weiter. Niemand kennt die langfristigen Folgen (wenn es welche gibt) dieses genetischen Selektionsdrucks auf Fischbestände, aber schon der Umstand, dass es anscheinend zu einer Selektion kommt, erinnert uns einmal mehr daran, dass menschliche Aktivitäten eine große Rolle im Erdsystem spielen, die mit berücksichtigt werden muss, wenn man das Funktionieren des Systems untersucht.

### Beifang und Abfälle

Durch das Fischen werden natürlich noch andere Organismen als nur die befischten Bestände in Mitleidenschaft gezogen. Grundschleppnetze sind nicht speziell für jene Fische konstruiert, die gefangen werden sollen, und in einigen intensiv befischten Regionen wird der Meeresboden mehrmals pro Jahr regelrecht damit »umgepflügt«. Dabei werden selbstverständlich die dort lebenden empfindlicheren Organismen vernichtet, und die häufige Störung des Meeresgrunds bringt es mit sich, dass sich die dortige Fauna immer wieder neu etablieren muss. Daher wird die Bodenfauna in einigen Gebieten von jungen und schnellwachsenden Arten beherrscht.

Die meisten der Lebewesen, auf die es die Fischer gar nicht abgesehen haben (sowohl am Boden lebende als auch in der Wassersäule selbst gefangene), werden einfach wieder ins Meer geworfen. Auf den ersten Blick scheint das für das Leben im Meer gut zu sein. Mit einem Schleppnetz gefangen zu werden, ist jedoch ein Gewaltakt, und die meisten Tiere, die als »Ausschuss« ins Meer zurückgeworfen werden, sind entweder schon im Netz gestorben oder verenden bei ihrer Rückkehr. In manchen Fischgründen summiert sich dieser Ausschuss zu erstaunlichen Mengen, er kann sogar größer sein als die Menge der eigentlich befischten Arten. In der Nordsee, so schätzt man, werden Jahr für Jahr 22 % der gefangenen Fische und am Boden lebenden Wirbellosen gar nicht erst angelandet, sondern als Abfall oder Ausschuss wieder ins Meer geworfen.

Ein Teil dieser Menge (rund 63 000 Tonnen) besteht aus Innereien, die bei der Verarbeitung der Fische an Bord anfallen; aber zehnmal so viel machen ganze Fische aus. Darüber hinaus werden 15 000 Tonnen Haie und Rochen sowie 150 000 Tonnen am Boden lebende Wirbellose gefangen und als Ausschuss zurückgeworfen. Die von der Fischerei in der Nordsee entsorgten Fisch- und sonstigen tierischen Abfälle stellen also eine ungeheure Menge Biomaterial dar – sie entspricht rund 4 % der gesamten Fisch-Biomasse in der Nordsee. Man kann sich angesichts dieser Materialmenge auch fragen, wie viel Futter sie für die Nahrungskette bedeutet und wo sie jetzt im Nahrungsnetz endet, nachdem sie einen Ausflug über das Deck eines Fischerboots gemacht hat.

Vögel sind eindeutig die größten Nutznießer dieser »Vollpension« in Form von Abfällen, und man schätzt, dass der Energiebedarf von fast sechs Millionen Vögeln durch Fischereiabfälle gedeckt wird. Belegt ist, dass die Anzahl von Vögeln (vor allem Möwen und verwandten Arten) an der Nordsee im Verlauf des letzten Jahrhunderts stark angestiegen ist, und diese Zunahme ist höchstwahrscheinlich vor allem dem Aufkommen der Großfischerei in genau diesem Zeitraum zuzuschreiben. Viele Umweltorganisationen fordern heute, das direkte Wegwerfen von Fischereiabfällen in großem Stil zu unterbinden, und dafür gibt es viele gute Gründe. Man sollte jedoch dabei auch bedenken, dass solch ein Stopp unvermeidlicherweise das Nahrungsangebot verringern und zu Hungersnöten und Massensterben bei den Vögeln der Nordsee führen würde.

Der sogenannte Beifang kann sich ebenfalls auf die Bestandsgröße gefangener Arten auswirken. Doch es ist schwer, diesen möglichen Effekt richtig einzuschätzen, weil es kein gutes Datenmaterial gibt, anhand dessen man Veränderungen bei der Häufigkeitsverteilung dieser Arten im Lauf der Zeit nachvollziehen könnte. Die meisten Industrienationen betreiben seit Mitte des vorigen Jahrhunderts Fischereimanagement, und in diesem Zusammenhang werden Daten über die Häufigkeitsverteilung kommerziell wichtiger Fischbestände gesammelt. Anhand dieser Zahlen können wir verfolgen, wie sich die Größe wirtschaftlich interessanter Bestände seit dieser Zeit entwickelte. Unglücklicherweise wurden jedoch solche Daten nicht für Arten gesammelt, die kommerziell uninteressant sind. Daher sind die langfristigen Auswirkungen der Fischerei auf viele Beifang-Spezies nicht bekannt. Man glaubt aber, dass das Vorkommen von Fischen wie Rochen und Haien in einigen Teilen der Weltmeere infolge des Fischens stark zurückgegangen ist. Darüber hinaus haben wahrscheinlich einige am Meeresgrund lebende Arten gelitten, aber mangels Daten über die Boden-Lebensgemeinschaften im offenen Meer wird man wahrscheinlich niemals wissen, wie sehr sich die Fischerei auf solche Lebewesen auswirkt.

Wie in Kapitel fünf dargelegt, wandelt sich global weit mehr als nur das Klima, und eine der größten Veränderungen des zurückliegenden halben Jahrhunderts ist die weltweite Intensivierung der Fischerei. Fischfang ist wichtig, stellt er doch für unsere eigene Art eine wichtige Nahrungsquelle dar. In manchen Weltgegenden sind Fische für viele Menschen die wichtigste oder gar einzige Proteinquelle. Was jedoch die Biologie und Ökologie des Ozeans selbst angeht, so hat die Fischerei weitreichende Folgen und bereits zu größeren Veränderungen geführt. Die Fangmethoden müssen geändert und das Management muss anders ausgerichtet werden, damit es nicht nur den Status quo der befischten Arten berücksichtigt, sondern auch den Einfluss der Fischerei auf das Funktionieren des Ozeans insgesamt, wenn wir sicherstellen wollen, dass zukünftige Generationen weiterhin die Meere für sich nutzen können. Bislang ist zwar das Fischen wohl diejenige menschliche Aktivität, die am unmittelbarsten in die Meeresbiologie eingreift, aber es gibt noch andere von Menschen verursachte Veränderungen, die direkt oder indirekt auf das Leben im Ozean Einfluss nehmen oder nehmen werden. Sehen wir uns ein paar davon an.

## Die Nährstoffanreicherung

Im fünften Kapitel haben wir gesehen, dass der globale Stickstoffkreislauf drastisch verändert wurde – nicht zuletzt durch
die Entwicklung von Kunstdüngern – und viel von dem an
Land freigesetzten Stickstoff letztlich in Küstengewässer gelangt. Dort regt er die Phytoplankton-Photosynthese an, und
das kann zu einer vermehrten Ablagerung von organischem
Material sowie zur Sauerstoffverarmung des Bodenwassers
führen und beeinflusst auch den Gasaustausch zwischen Meer
und Atmosphäre. Daneben aber wirkt sich der gesteigerte
Eintrag von Stickstoff in Küstengewässer auch anders auf die
Meeresbiologie aus.

Die deutlichste Veränderung ist, dass diese Nährstoffzufuhr die Phytoplankton-Biomasse anwachsen lässt. Wenn es
mehr Phytoplankton in der Wassersäule gibt, kann das Licht
nicht so tief ins Wasser eindringen wie vor der Nährstoffanreicherung. Also gelangt weniger Licht auf den Boden und
die dort wachsenden Pflanzen können nicht überleben. Damit
werden die kleinen Phytoplanktonarten in der Wassersäule zu
den dominierenden Pflanzen und nicht mehr die größeren
Spezies, die am Boden wachsen. Dies ist eine der ersten Reaktionen auf die Nährstoffanreicherung und praktisch ein weiteres Beispiel für einen Regimewechsel, bei dem das System
von einem Status quo (in dem große Bodenpflanzen überwiegen) in einen anderen übergeht (in dem das Phytoplankton in
der Wassersäule dominiert).

Wird die Nährstoffanreicherung gestoppt, kehrt das System interessanterweise nicht automatisch in den vorherigen
Zustand zurück. Werden mehr Nährstoffe eingebracht, wird
das Wasser immer trüber, weil die Phytoplankton-Biomasse
zunimmt, aber wenn die Nährstoffanreicherung reduziert

wird, kehrt sich dieser Prozess nicht um. Anders ausgedrückt: Das System befindet sich jetzt in einem neuen, vom Phytoplankton dominierten Status quo.

Das ist ein weiteres Beispiel dafür, dass Meeressysteme auf Veränderungen (beispielsweise Nährstoffanreicherung oder Überfischung) nicht unbedingt linear reagieren. Mehr Nährstoffe führen zum Verlust von Bodenpflanzen, weniger lassen diese Organismen aber nicht automatisch zurückkehren. Genauso kann, wie gesagt, ein gesteigerter Befischungsdruck den Bestand deutlich reduzieren. Geht dieser Druck jedoch zurück, führt das nicht zwangsläufig dazu, dass die Bestandsgröße der befischten Arten wieder zunimmt. Dies im Auge zu behalten, ist entscheidend, wenn wir jemals zu einem nachhaltigen Umgang mit dem Ozean gelangen wollen.

Meeresökosysteme sind robust und können viel Druck aushalten, beispielsweise in Form von Befischung oder Nährstoffanreicherung. Doch es gibt Schwellenwerte, und wenn wir das System über eine dieser Schwellen hinaus treiben, wird es sich vielleicht völlig anders entwickeln als jenes, das wir kannten. Für die Meeresbiologie und das Ozeanmanagement bedeutet das zweierlei: Erstens müssen wir unbedingt besser verstehen, wie Meeressysteme funktionieren, damit wir vorhersagen können, wo solche Schwellenwerte liegen. Zweitens muss beim Ozeanmanagement um jeden Preis eine Annäherung an diese Schwellenwerte verhindert werden.

Die Nährstoffanreicherung tauscht nicht nur die benthischen (am Boden wachsenden) gegen die pelagischen (in der Wassersäule lebenden) als dominierende Pflanzen aus, sondern ändert auch die relative Häufigkeit von Organismen in den verschiedenen Abteilungen des Nahrungsnetzes. Die Phytoplankton-Biomasse nimmt zu. Bis zu einem bestimmten Grad bedeutet das mehr Futter für die nächste Ebene im

Nahrungsnetz (das Zooplankton). Jedoch wird nicht alles Phytoplankton gefressen, und eine Massierung von Phytoplankton – eine »Algenblüte« – ist die Folge. Solche Algenblüten sind oft für Menschen schädlich (wirtschaftlich oder gesundheitlich) – vor allem wenn es sich um giftiges Phytoplankton handelt (siehe Kapitel 3). Die Sauerstoffverarmung, die aus zerfallendem, zum Meeresboden sinkendem Phytoplankton resultiert, macht diesen Bereich des Ozeans für zahlreiche am oder nahe dem Grund lebende Organismen ungeeignet, und viele davon verschwinden. Was die Nährstoffanreicherung für die Biodiversität bedeutet – zumindest bei Organismen, die wir mit bloßem Auge erkennen können –, ist bestens bekannt (und überall auf der Welt in Küstengewässern beobachtet worden).

Weniger oft wird bedacht, wie sich die Nährstoffanreicherung auf die Artenvielfalt des winzigen Phytoplanktons auswirkt. Wir haben festgestellt, dass das Phytoplankton als Gruppe nach einer Nährstoffanreicherung zahlreicher vorkommt, doch bis vor kurzem sind wir entweder davon ausgegangen, dass alle Phytoplanktonarten in gleichem Maß gefördert werden oder mögliche Veränderungen in der Artenzusammensetzung für den Aufbau des Nahrungsnetzes keinen Unterschied machen. Erst jetzt beginnen Wissenschaftler zu erkennen, dass die häufigsten Formen menschengemachter Nährstoffanreicherung die Phytoplankton-Gemeinschaften faktisch so verändern können, dass kleine Phytoplanktonzellen stärker dominieren als vor der Anreicherung. Wie kann das sein?

In den meisten Küstengewässern überwiegt unter den von Menschen eingebrachten Nährstoffen der Stickstoff. Das heißt, dass das Mengenverhältnis der lebenswichtigen Nährstoffe Stickstoff und Phosphor im Vergleich zum Normalzustand in Richtung Stickstoff verschoben wird. Stickstoff zu bekommen ist dann für das Phytoplankton kein Problem. Allerdings müssen die Organismen um den jetzt knapperen Phosphor konkurrieren. Im zweiten Kapitel haben wir gesehen, dass beim Wettlauf um Nahrung eine kleine Zelle im Vorteil ist, weil sie im Verhältnis zu ihrem Volumen eine relativ große Oberfläche hat. Auch wenn das Ökosystem dahingehend verändert wird, dass jetzt mehr Nahrung (Stickstoff) zur Verfügung steht, und unser traditionelles Verständnis der Meeresbiologie besagt, dass bei großem Nährstoffangebot großes Phytoplankton überwiegen müsste, kann tatsächlich kleines Phytoplankton die Oberhand gewinnen, weil das Verhältnis der zur Verfügung stehenden Nährstoffe im Vergleich zum Normalzustand verschoben ist.

Ein Wechsel von großen zu kleinen Phytoplanktonzellen führt zu einem weniger effizienten Energietransfer in der Nahrungskette (siehe Kapitel 2), und das bedeutet, dass das System möglicherweise auf höheren Ernährungsebenen weniger produktiv ist (etwa auf der Ebene von Fischen). Anders ausgedrückt: Weil die Phytoplanktonzellen klein sind, folgt der durch die Nährstoffanreicherung bewirkten Zunahme des Phytoplanktons nicht notwendigerweise ein größeres Nahrungsangebot für Fische.

Dieses Beispiel erinnert einmal mehr an die Tatsache, dass das Erdsystem auf mancherlei trickreiche und unerwartete Weise miteinander verknüpft ist. Eine Veränderung im System als Ganzem (wenn beispielsweise mehr atmosphärischer Stickstoff gebunden und ins terrestrische System einbracht wird) kann Funktionen des Systems unvorhergesehen verändern (etwa die Größenverteilung der winzigen Pflanzen im Meer, was sich wiederum auf die Fischproduktion auswirkt). Darüber hinaus zeigt das Beispiel natürlich, dass es auch bei

Organismen, die wir mit bloßem Auge nicht sehen können, auf die Artenvielfalt ankommt, wenn das System funktionieren soll.

## Steigende Meerestemperaturen

Viele Forscher konzentrieren ihre Anstrengungen gegenwärtig darauf, die potenziellen Auswirkungen der globalen Erwärmung auf das Leben im Ozean vorherzusagen. Aus mehreren Gründen ist das aber keine leichte Aufgabe. Zum einen arbeiten Projektionen zukünftiger Klimaverhältnisse normalerweise mit Veränderungen der *durchschnittlichen* Temperaturen im Verlauf eines Jahres oder einer Jahreszeit. Auf der Erde lebt aber niemand bei Durchschnittstemperaturen. Wenn Sie Ihren Kopf in den Backofen und Ihre Füße in die Gefriertruhe stecken, haben Sie vielleicht eine durchaus gemütliche Durchschnittstemperatur. Allerdings werden Ihnen die Extremwerte an den beiden Enden Ihres Körpers mit Sicherheit Probleme bereiten! Dasselbe gilt für alle Organismen (an Land oder im Meer, und zwar einschließlich Menschen!), wenn es um das Überleben in einem sich wandelnden Klima geht.

Vorhersagen, wie sich die Erwärmung auf Meereslebewesen auswirken wird, werden des Weiteren durch den Umstand erschwert, dass die Nahrungsnetze im Meer komplex und heikel sind. Sie verknüpfen verschiedene Spezies derart miteinander, dass es nicht ausreicht, die Temperaturreaktion der jeweiligen Art zu kennen, um den Einfluss der Erwärmung auf sie vorhersagen zu können. Man muss zugleich wissen, wie sich der Klimawandel auf diejenigen Organismen auswirken kann, die die untersuchte Art in all ihren Lebensphasen als Nahrung braucht.

Ein gutes Beispiel dafür ist der winzige Ruderfußkrebs *Calanus finmarchicus*, den wir im zweiten Kapitel kennengelernt haben. Das Überleben des jungen Kabeljaus in der Nordsee hängt vom Nahrungsangebot dieses Lebewesens ab. Doch Änderungen des gegenwärtigen Systems aufgrund steigender Temperaturen sowie eines Rückgangs bei der Tiefenwasserbildung in der Grönland- und der Labradorsee wirken sich auf den Lebenszyklus von *Calanus* aus. Der Transport der Ruderfußkrebse aus der Nordsee in den offenen Nordatlantik und zurück ändert sich, und möglicherweise wird das Überwinterungshabitat (kaltes Tiefenwasser im Färöer-Shetland-Kanal) kleiner.

Um den Einfluss eines wärmeren Klimas auf den wirtschaftlich wichtigen Kabeljau vorhersagen zu können, reicht es also nicht, die Temperaturtoleranz eines erwachsenen Kabeljaus zu erforschen. Notwendig ist auch, die Folgen steigender Temperaturen auf die Organismen zu kennen, die der Kabeljau in all seinen Lebensphasen braucht!

Ein weiteres gutes Beispiel dafür, dass man die Wechselwirkungen ganzer Ökosysteme kennen muss, um die Folgen des Klimawandels für bestimmte Arten vorhersagen zu können, findet sich am anderen Ende der Welt. Die Gewässer der Antarktis sind für ihren Reichtum an Walen und Pinguinen bekannt. Wie werden sich höhere Temperaturen auf diese Lebewesen auswirken? Eine Verschiebung um wenige Grad wird wahrscheinlich kaum unmittelbare Konsequenzen für diese Tiere haben. Doch das gesamte Nahrungsnetz in antarktischen Gewässern – Pinguine und viele Wale eingeschlossen – hängt vom Vorhandensein winziger, garnelenähnlicher Tiere ab, die als »Krill« bezeichnet werden. Wie viel Krill es gibt, wird wiederum von der Ausdehnung des Meereises bestimmt, weil die Phytoplanktonarten, von denen der Krill lebt, sich in hohen Konzentrationen direkt unter dem Eis finden. Steigende Temperaturen lassen das Eis abschmelzen, und die Folgen sind ein kleineres Habitat für dieses Phytoplankton, weniger Nahrung für den Krill, weniger Krill und damit letztlich weniger Futter für Wale und Pinguine.

Beispiele wie diese gibt es viele, und sie unterstreichen ein ums andere Mal, wie wichtig es ist, die wechselseitigen Beziehungen innerhalb des Meeressystems (oder des Erdsystems) zu kennen, um vorhersagen zu können, wie einzelne Bestandteile des Systems auf Veränderungen reagieren. Auch wenn unser Wissen um diese maritimen Zusammenhänge noch unvollständig ist, erkennen wir doch, dass sich die in den letzten Jahren verzeichneten höheren Temperaturen in den Weltmeeren (siehe Kapitel 4) auf die geographische Verteilung einiger Arten auswirken: Heute werden mehr »Warmwasserarten« in höheren Breiten gefunden als zuvor. In der Nordsee gibt es zahlreiche Warmwasserfische und andere Arten, die hier infolge höherer Temperaturen und milderer Winter in den letzten Jahren heimisch geworden sind. Ein interessantes Beispiel für diese Fische ist der Wolfsbarsch, der sich bis vor kurzem nur selten in so hohen Breiten wie der Nordsee zeigte. Jetzt wird diese Art bis hinauf nach Norwegen aktiv befischt.

Das Auftauchen des Wolfsbarsches in der Nordsee ist auch erwähnenswert, weil er einen Parasiten mitbrachte. Dabei handelt es sich um einen Wurm, der während eines Teils seines Lebenszyklus Muscheln als Wirte nutzt, und diese Muscheln können sich dann nicht fortpflanzen. Nach dem Erscheinen des Wolfsbarsches als reguläres Mitglied der Fischgemeinschaft in der Nordsee wurde dieser Parasit erstmals in Muscheln der niederländischen Waddenzee entdeckt. Wie sich die Einführung dieses Parasiten letztlich auf die Ökologie auswirken wird, weiß man nicht. Doch dieses Beispiel erin-

nert abermals daran, dass es nicht ausreicht, die Temperatur-
reaktionen einzelner Organismen zu erforschen, wenn man
die Folgen der globalen Erwärmung für die Meeresbiologie
vorhersagen will. Es überrascht nicht, dass gegenwärtig überall auf der Welt Wissenschaftler sich darauf konzentrieren,
die Wechselwirkungen zwischen Temperaturen und Funktionen des Ökosystems besser zu verstehen.

## Das Leben im saureren Wasser

Ein Schwerpunkt im fünften Kapitel war, dass die steigende
$CO_2$-Konzentration in der Atmosphäre zu einer Versauerung
des Oberflächenwassers führt. Diese Erkenntnis ist relativ
neu, und die Folgen für die Meeresbiologie sind noch nicht
völlig klar. Dennoch wäre es fahrlässig, nicht kurz zu überlegen, wie sich die Versauerung des Ozeans auf das Leben im
Meer auswirken könnte.

Wie im fünften Kapitel bereits angesprochen, wird sie Kalk
bildende Organismen am unmittelbarsten beeinträchtigen, da
saureres Meerwasser Calciumcarbonat auflöst. Calciumcarbonat wird von einer Reihe verschiedener Meereslebewesen produziert; das Spektrum reicht von Seetang bis zu Korallen und
den winzigen Organismen, die auf den Meeresboden sinken
und schließlich einmal Kalkfelsen bilden. Man glaubt jedoch,
dass nicht alle diese Organismen gleichermaßen empfindlich
auf Veränderungen des Säuregehalts reagieren.

Das liegt daran, dass diese Meereslebewesen zwei verschiedene Formen von Calciumcarbonat produzieren: Calcit und
Aragonit. Sie unterscheiden sich durch ihre Kristallstruktur,
und jede Gruppe Calciumcarbonat produzierender Organismen stellt nur eines der beiden Mineralien her. Beide Calci-

umcarbonatformen lösen sich unter sauren Bedingungen auf, Aragonit reagiert aber empfindlicher auf Änderungen des Säuregehalts. Also ist zu erwarten, dass Aragonit produzierende Lebewesen als erste von der Versauerung des Ozeans in Mitleidenschaft gezogen werden. Korallen bilden Aragonit, und daher werden sie vermutlich besonders sensibel auf den höheren Säuregehalt reagieren. Wie bereits in Kapitel 5 ausgeführt, dürfte es ohne Verringerung unseres $CO_2$-Ausstoßes schon in der zweiten Hälfte dieses Jahrhunderts in den Weltmeeren keine Gebiete mehr geben, in denen die chemischen Bedingungen noch für die Produktion von Calciumcarbonat durch Korallen geeignet sein werden.

Eine weitere Aragonit bildende und damit durch die Versauerung höchst verwundbare Gruppe sind die Pteropoden (winzige, in der Wassersäule lebende Organismen, die Schnecken ähneln). Sie sind für die Nahrungsnetze hoher Breitengrade (also die Ökosysteme der Arktis und Antarktis) besonders wichtig. Im Rossmeer beispielsweise, einer Bucht der Antarktis, gibt es diese Lebewesen in großer Zahl. Sie sind für das dortige Ökosystem von größter Bedeutung, da sie Kohlenstoff (sowohl organischen als auch in Calciumcarbonat gebundenen) zum Meeresgrund transportieren. Sie spielen also nicht nur im Nahrungsnetz eine wesentliche Rolle, sondern auch bei der Verlagerung von Kohlenstoff aus dem Oberflächenwasser in tiefere Schichten, wo er nicht in direktem Kontakt mit der Atmosphäre steht. Weil sich jedoch der Säuregehalt verändert, glauben wir, dass diese Organismen binnen der nächsten 50 Jahre aus dem Ökosystem des Rossmeeres verschwinden, wenn die Zunahme der $CO_2$-Konzentration in der Atmosphäre nicht verlangsamt oder gestoppt wird. Andererseits glaubt man, dass Calcit bildende Lebewesen (Muscheln, Schnecken, Hummer und so weiter) auf die Versauerung der Meere weniger empfindlich reagieren, aber das bedeutet natürlich nicht, dass sie im Fall eines extremen Säuregehalts nicht in Mitleidenschaft gezogen würden.

Die Auflösung von Calciumcarbonat und deren Auswirkungen auf die Artenvielfalt sind jedoch nicht die einzigen meeresbiologischen Folgen der Versauerung. Beispielsweise weiß man, dass wasseratmende Tiere (die ihren Sauerstoff aus dem Wasser holen statt wie wir aus der Luft) besonders empfindlich auf das Verhältnis von Kohlendioxid zu Sauerstoff im Wasser reagieren. Es ist noch nicht bekannt, ob Veränderungen dieses Verhältnisses in Folge steigender $CO_2$-Konzentrationen so groß werden, dass sie die Fähigkeit wasseratmender Organismen beeinträchtigen, dem Meerwasser Sauerstoff entnehmen, aber weltweit versucht eine Reihe von Wissenschaftlern derzeit, diese Frage zu beantworten.

## Zusammenfassung

Das Leben im Meer entzieht sich weitgehend unseren Blicken, und daher neigen wir dazu, ihm nicht sonderlich oft unsere Aufmerksamkeit zu schenken. Dennoch ist es für uns und für unsere Umwelt an Land von Bedeutung. Und gerade weil wir so selten in direkten Kontakt mit der Natur im Ozean kommen, machen wir uns oft nicht klar, dass unsere Aktivitäten die Biologie und die Lebensbedingungen in den Meeren verändern.

Wenn wir dem Ozean Tiere als Nahrungsmittel entnehmen (durch Jagd und Fischfang), hat das selbstverständlich unmittelbare Auswirkungen auf eben diese Lebewesen, aber auch auf Organismen, die unbeabsichtigt als Beifang mit herausge-

holt werden. Genauso sind Veränderungen des Nährstoffein-
trags, die globale Erwärmung und die Zunahme der $CO_2$-Kon-
zentrationen in der Atmosphäre – die eine Versauerung der
Meere bewirken – allesamt Vorgänge, die sich auf das Meeresleben auswirken und das auch in Zukunft tun werden. Sowohl
die Bedeutung der Meeresbiologie für die Bewahrung des Erdsystems zu erkennen als auch die Tatsache in Rechnung zu
stellen, dass menschliche Einflüsse folgenschwer genug sind,
um das Leben im Ozean und damit seine Funktion für das
Erdsystem zu verändern, ist entscheidend, wenn wir eine
nachhaltige Beziehung zwischen unserer eigenen Art und
dem von uns bewohnten Planeten entwickeln wollen.

# 7 Das Meer als Mülleimer

Ein riesiger Bereich der Erde ist mit Wasser bedeckt. Angesichts unserer eigenen Winzigkeit und des wenigen Raums, den der Einzelne auf der Erde einnimmt, erschien es den Menschen dereinst unmöglich, dass unsere Aktivitäten irgendeinen Einfluss auf die Funktionen des mächtigen Meeres haben könnten. Doch dass der Ozean nicht als Abfalleimer der Menschheit dienen kann, setzt sich seit einigen Jahrzehnten selbst in den sogenannten Entwicklungsländern durch, wenn auch nicht in allen: In manchen ist es weiterhin üblich – und generell erlaubt –, dass man alles, was nicht mehr gebraucht wird oder kaputt ist, einfach ins Meer wirft. In den meisten Industrieländern hingegen unterliegt die direkte Nutzung des Ozeans als Müllhalde für Industrie- und andere Abfälle strengen Regeln, und das Meer als Müllgrube der Allgemeinheit zu nutzen, wird von der Mehrheit der Bevölkerung abgelehnt. Aber diese Haltung hat sich erst in den letzten ein bis zwei Generationen entwickelt.

## Ein Blick zurück

Will man über die Zukunft der Meere und unser Verhältnis zu ihnen nachdenken, ist ein Blick zurück hilfreich: Wie hat sich historisch in der Gesellschaft die Erkenntnis durchgesetzt, dass menschliches Handeln sich auf den Ozean auswirken

kann? In den Industrieländern ist unser Verhältnis zum Meer
während der 1950er und 1960er Jahre ins öffentliche Bewusstsein gedrungen; damals wurde klar, dass die Verklappung von
Industriegiftmüll in küstennahe Gewässer schädlich ist. Dies
verdankte sich teils den Büchern von Umweltschützern, die
wissenschaftliche Erkenntnisse über die Funktionen des Meeres einem breiten Publikum zugänglich machten (etwa Rachel
Carsons *Geheimnisse des Meeres*, das 1951 erschien), und
teils Berichten über die katastrophalen Folgen der Verklappung von Chemieabfällen für Menschen. Ein besonders kras-
ser Fall, der viel öffentliche Aufmerksamkeit erregte, war die
Tragödie im japanischen Minamata. In den fünfziger und
sechziger Jahren wurde immer klarer, dass die Chemieabwas-
ser, die in der gut 900 Kilometer südöstlich von Tokyo gelege-
nen Industriestadt über Jahre hinweg ins Meer geflossen
waren, die Bevölkerung krank gemacht hatten. Spätere Untersuchungen ergaben, dass von 1932 bis 1968 mindestens
27 Tonnen Quecksilberverbindungen in die Bucht entsorgt
worden waren und es sich bei der dadurch ausgelösten »Mi-
namata-Krankheit« in Wahrheit um eine Methylquecksilber-
iodid-Vergiftung handelte.

Bereits Anfang der siebziger Jahre wurde allgemein erkannt, dass die Verklappung von Chemieabfällen geregelt
werden musste, und deshalb wurde 1972 die sogenannte London Dumping Convention verabschiedet (Konvention zur
Verhütung der Meeresverschmutzung durch das Einbringen
von Abfällen und anderen Stoffen). Heute haben 81 Länder
das Abkommen unterschrieben, für sie sind die Vertragsstatu-
ten also rechtsverbindlich. 1996 wurde die Londoner Konvention überarbeitet und modernisiert und das Protokoll ergänzt.
Bislang haben erst 28 Länder das neue Abkommen ratifiziert,
aber es ist davon auszugehen, dass es letztlich den bisherigen

Londoner Vertrag ablösen wird. Zum Zeitpunkt der ursprünglichen Konvention ging es auch um Fangquoten, um die Fischbestände zu verteilen und zu schützen, doch außer in diesen beiden Bereichen machte man sich wenig Sorgen, dass sich menschliche Aktivitäten auf das Meer und seine Funktionen auswirken könnten.

Das ist umso bemerkenswerter, weil zu jener Zeit durchaus bekannt war, dass die Nährstoffzufuhr durch Abwässer und Landwirtschaft schädliche Auswirkungen in Form von Eutrophierung (siehe Kapitel 5) auf abgeschlossene Süßwasserseen hat. Doch die Wissenschaftler waren sich weitgehend einig, dass das Meer riesig genug sei, um alle menschengemachten zusätzlichen Nährstoffe stark genug zu verdünnen. Erst ein Jahrzehnt später, in den achtziger Jahren, setzte sich unter Wissenschaftlern die Erkenntnis durch, dass genau wie im Süßwasser auch in Meeressystemen Algenblüte, Sauerstoffmangel im Bodenwasser und Veränderungen der Artenvielfalt Folge eines vermehrten Nährstoffangebots sein können. Damals reifte also die Einsicht, dass menschliche Aktivitäten Buchten und ganze küstennahe Gebiete, in die Nährstoffe eingebracht werden, beeinflussen können und sich die Auswirkungen nicht nur auf Meeresbereiche beschränken, die von giftigen Abwassern unmittelbar betroffen sind. In den neunziger Jahren standen dann die möglichen Umweltfolgen durch den Fischfang im Mittelpunkt (etwa dessen Auswirkungen auf nicht befischte Arten und deren physische Umwelt, s. Kapitel 6).

Zur Jahrtausendwende war man sich zumindest unter Wissenschaftlern einig, dass menschliche Aktivitäten die Bedingungen und Funktionen in Küstennähe in großem Stil beeinflussen können. Und seit dem Jahr 2000 sind sich Wissenschaftler zunehmend bewusst, dass nicht nur die Küstenbereiche hiervon betroffen sind, sondern die Weltmeere insgesamt. Die Zunahme des $CO_2$-Gehalts in der Atmosphäre lässt die Ozeane versauern und ändert die Lebensbedingungen der Meerestiere und -pflanzen. Das wirkt sich auf die Artenvielfalt aus – und dies wiederum kann die Rolle beeinflussen, die das Meer beim Stoffkreislauf im Erdsystem spielt (siehe Kapitel 5). Im Verlauf von nur 40 Jahren haben sich unsere Ansichten von dem Glauben, dass menschliche Aktivitäten keine Auswirkungen auf den mächtigen Ozean haben, zu der wissenschaftlichen Erkenntnis gewandelt, dass unser Handeln sehr wohl globalen Einfluss auf das Meer haben kann und auch hat.

### Hoffnung für die Ozeane der Zukunft?

Wie sich das öffentliche Bewusstsein für die Beeinträchtigung der Meere durch uns entwickelt hat, birgt ein paar Hoffnungsschimmer. Erstens erfolgten die Erkenntnisse über unseren Einfluss auf die Artenvielfalt und die Funktionen des Ozeans in relativ kurzer Zeit. Binnen gerade mal zwei Generationen haben Wissenschaftler den Schritt von einer Verneinung menschlicher Einflüsse zu der Feststellung vollzogen, dass wir diese wichtige Komponente des Erdsystems in globalem Maßstab beeinträchtigen. Und nachdem zweitens der breiten Öffentlichkeit die möglichen Folgen der Meeresverschmutzung bewusst geworden waren, verging auch nur verhältnismäßig wenig Zeit, bis internationale Gesetze ratifiziert wurden, um die Verklappung von Giftmüll einzudämmen.

Dies unterstreicht, wie wichtig der Druck der Öffentlichkeit ist, wenn ein Gesetzesrahmen für die Regulierung von menschlichen Eingriffen ins Meeressystem durchgesetzt werden soll. Aus diesem Grund haben wir in diesem Buch auch erst die weniger bekannten Folgen menschlichen Handelns für das Meer und das Leben darin vorgestellt, ehe wir uns nun dem Thema Abfälle zuwenden. Das Problem der Verschmutzung ist bekannt, und es gibt bereits eine ganze Reihe von Gesetzen, die die Beziehung zwischen Menschheit und Ozean regeln. Doch um künftig ein nachhaltiges Verhältnis zwischen uns und dem Meer entwickeln zu können, muss der gesamten Gesellschaft klar werden, dass sich nicht nur die Verschmutzung, sondern auch andere menschliche Aktivitäten auf den Ozean und seine Funktionen auswirken. Das bedeutet jedoch nicht, dass die Abfallverklappung im Hinblick auf den weltweiten Zustand der Meere mittlerweile kein Problem mehr darstellt.

Wie oben angeführt, unterliegt die direkte Verklappung von Giftmüll in das Meer überwiegend strengen Kontrollen und ist nur in sehr starker Verdünnung erlaubt. Dennoch gibt es begründeten Anlass zur Sorge ob der giftigen Chemikalien im Meer und der möglicherweise davon ausgehenden Gesundheitsgefahren für die Meereslebewesen wie für die Menschen, die diese fangen und verzehren. Dass man sich trotz der gesetzlichen Beschränkungen fragt, welche Konsequenzen etwa von Menschen eingebrachte Chemikalien für die Meeresumwelt haben können, liegt weniger an der ständigen, direkten Einleitung dieser Stoffe, sondern viel mehr daran, dass diese Chemikalien – wie immer klarer wird – in viel niedrigeren Dosierungen als bisher angenommen biologische Auswirkungen haben können und sie aus diffusen Quellen (aus der Atmosphäre beispielsweise) und nicht aus Punktquellen stammen. Punktquellen lassen sich relativ leicht kontrollieren, aber für diffuse gilt das nicht. Im Folgenden stellen wir kurz die Chemikalien vor, deren Vorhandensein im Meer zu Beginn des 21. Jahrhunderts die größten Probleme aufwerfen.

## Quecksilber

Auch wenn das Quecksilberproblem seit der Katastrophe von Minamata bekannt ist, rückte erst in den letzten Jahren die Quecksilberanreicherung in Fischen als Gesundheitsgefährdung ins Blickfeld. Die direkte Einbringung ist zwar in den meisten Ländern verboten, doch etwas Quecksilber gelangt immer noch vom Land ins Meer. Zudem geht man davon aus, dass in der Atmosphäre die Quecksilberkonzentration in den letzten 150 Jahren um das Zwei- bis Dreifache zugenommen hat. Viel von diesem Quecksilber gelangt letztlich ins Meer und in die Fische – insbesondere in langlebige Arten mit viel Fett. Die Quecksilbermengen im Fisch sind zwar sehr niedrig – und der Verzehr von Fisch bewirkt in keiner Weise Dosierungen wie die, denen die Bevölkerung in Minamata ausgesetzt war –, aber in den letzten Jahren haben sich die Indizien verdichtet, dass selbst sehr geringe Quecksilbermengen das fetale Nervensystem schädigen können.

Untersuchungen von Inselbewohnern (beispielsweise auf den Färöern, wo viel fettes Walfleisch und Tran gegessen wird) haben einen Zusammenhang zwischen der Quecksilberbelastung der Mütter und den Intelligenzquotienten ihrer Kinder ergeben: Je mehr Quecksilber im mütterlichen Körper nachgewiesen wurde, desto weniger intelligent waren die Kinder. Aufgrund solcher Studien rät eine Reihe von Behörden – darunter die Federal Food and Drug Administration in den USA – Schwangeren beziehungsweise Frauen im gebärfähigen Alter, den Verzehr von fettem Fisch einzuschränken.

Doch der Verzicht auf fetten Fisch führt möglicherweise zu einem anderen Gesundheitsproblem. Als die einen Wissenschaftler entdeckten, dass Quecksilber die Entwicklung des fetalen Nervensystems und Gehirns beeinträchtigen kann, fanden andere heraus, dass einige vor allem in fettem Fisch zu findende Fettsäuren für die gesunde Entwicklung des fetalen Gehirns besonders wichtig sind! Während die einen Untersuchungen einen Zusammenhang zwischen der Quecksilberbelastung der Mutter und der verringerten Intelligenz ihrer Kinder nachwiesen, zeigten andere einen positiven Zusammenhang zwischen dem Verzehr von in fettem Fisch vorkommenden Fettsäuren in der Schwangerschaft und der Sehschärfe des Nachwuchses auf.

Somit stehen wir vor einem Dilemma: Der Verzehr von fettem Fisch kann wegen der Quecksilberbelastung möglicherweise die Entwicklung des Gehirns beeinträchtigen, aber der Verzicht darauf kann denselben Effekt haben, weil die Fettsäuren in fettem Fisch wiederum unabdingbar für genau diese Gehirnentwicklung sind. Gründliche Forschungen sind nötig, um besser beurteilen zu können, wie wichtig Fische und Schalentiere für die menschliche Ernährung sind und welche Konsequenzen der Verzehr oder Nichtverzehr von fettem Fisch in der Schwangerschaft auf die fetale Gehirnentwicklung hat.

Quecksilber ist aber auch ein Beispiel für eine Meeresverschmutzung, die seit über einem halben Jahrhundert im Blickpunkt steht und in diesem Zeitraum erheblich abgenommen hat. Trotzdem ist der Gehalt immer noch von Bedeutung und gibt Anlass zur Sorge, weil man mittlerweile erkannt hat, dass auch früher als harmlos betrachtete Konzentrationen Gesundheitsschäden hervorrufen. Wieder einmal wird deutlich, dass im System Erde alles miteinander verbunden ist – und wir Menschen integraler Bestandteil davon sind. Wer hätte sich vor fünfzig Jahren träumen lassen, dass die Einleitung von Quecksilber ins Meer viele Jahrzehnte später die Intelligenz von ungeborenen Kindern beeinträchtigen könnte?

### Langlebige organische Schadstoffe

Seit den Tagen der Londoner Konvention ist erheblich mehr
Wissen über langlebige organische Schadstoffe hinzugekom-
men. Dabei handelt es sich um eine große Gruppe von Verbindungen, die lange in der Umwelt verbleiben (weil sie schwer
abbaubar sind), bioakkumulierend sind (das heißt, ihre Konzentration nimmt mit jeder Stufe der Nahrungskette zu),
über weite Strecken durch die Luft oder im Wasser verbreitet
werden können und als Gefahr für die menschliche Gesundheit beziehungsweise die Umwelt gelten. Manche dieser Verbindungen gelten auch als krebserregend oder als endokrine
Disruptoren (das heißt, sie wirken als künstliche Hormone
beziehungsweise stören die natürlichen Hormonzyklen oder
hormonell gesteuerte Prozesse). Zu den langlebigen organischen Schadstoffen gehören Insektizide wie DDT, polychlorierte Biphenyle (PCBs) und Dioxine. Diese Gruppe von Verbindungen ist mittlerweile so ins Zentrum des Interesses
gerückt, dass ihretwegen 2001 eine neue Konvention ausgearbeitet wurde, die Stockholm Convention on Persistent Or-
ganic Pollutants. Diesen Vertrag haben 2004 50 Länder unterschrieben oder ratifiziert und sich damit verpflichtet, nach den
Zielvorgaben des Abkommens den Ausstoß von langlebigen
organischen Schadstoffen zu reduzieren oder zu stoppen.

Da diese Verbindungen schwer abbaubar sind und sich im
Verlauf der Nahrungskette anreichern, weisen die Lebewesen
an deren Spitze (also große Fleischfresser) oft erstaunlich
hohe Belastungen mit ihnen auf. Das erste deutliche Anzeichen, dass solche Chemikalien den Tieren an der Spitze der
Nahrungskette schaden können, war Mitte des letzten Jahrhunderts ein vielerorts beobachteter Populationsrückgang bei
zahlreichen großen fleischfressenden Vögeln (wie Adlern und

Bussarden, aber auch vielen Meeresvögeln). Es stellte sich heraus, dass diese Abnahme auf Nachwuchsmangel beruhte, weil die Eierschalen dieser Vögel zu dünn waren und deshalb die Embryonen nicht überlebten. Ursache für die dünnen Schalen war die hohe DDT-Konzentration in den Körpern der Elternvögel. Heute ist DDT in vielen Ländern verboten, und seine Konzentration in der Umwelt ist in den letzten Jahrzehnten erheblich zurückgegangen (auch wenn es noch nicht ganz verschwunden ist). Im Gegenzug haben sich die meisten betroffenen Vogelarten deutlich erholt.

Es lohnt sich, diese Erfolgsgeschichte im Wechselspiel zwischen Mensch und Meer im Hinterkopf zu behalten, wenn wir uns Gedanken über die künftige Einflussnahme unserer Spezies auf den Ozean machen. Eine Gefahr für die Umwelt aufgrund unseres Handelns wurde erkannt, man erließ ein Gesetz zur Abhilfe, und die Vogelpopulationen erholten sich wieder. Am wichtigsten war, dass die gesellschaftliche Reaktion im richtigen Zeitrahmen erfolgte. Wenn die Wissenschaftler die Ursache für den Rückgang bei den Vögeln nicht erkannt hätten oder die Gesellschaft sich mehr Zeit für die Abhilfe gelassen hätte, wären jene Vogelpopulationen möglicherweise ausgestorben. Das hätte einen Regimewechsel (siehe Kapitel 6) zur Folge gehabt, sodass sich Ökosysteme mit fleischfressenden Vögeln an der Spitze der Nahrungskette zu welchen ohne solche Vögel gewandelt hätten.

Aus der DDT-Geschichte kann man zwei wichtige Lehren ziehen. Erstens: Es kommt darauf an zu verstehen, wie ein System (sei es auf der Ebene des Ökosystems, des Meeressystems oder der des Erdsystems) funktioniert, also die Zusammenhänge innerhalb des Systems zu erkennen. Um die Verknüpfungen und Wechselwirkungen im Meer zu begreifen, ist noch enorm viel Forschungsarbeit nötig. Zweitens: Das

DDT-Beispiel zeigt unmissverständlich, dass menschliches Handeln Systeme so stark beeinflussen kann, dass diese in einen anderen Zustand übergehen (Regimewechsel), und unterstreicht, wie wichtig es ist, die menschlichen Interaktionen mit dem System Erde oder Komponenten von ihm zu regeln und zu reagieren, ehe unsere Aktivitäten solch einen Regimewechsel auslösen.

DDT stellt heute in den meisten Meeresgebieten kein großes Problem mehr dar. Doch während die DDT-Konzentration zurückging, nahm die von anderen langlebigen organischen Schadstoffen zu. Im Wesentlichen ist dies auf die Entwicklungen im Bereich der chemischen und der Kunststoffindustrie zurückzuführen. Wie DDT reichern sich auch diese Stoffe im Fettgewebe an. Das bedeutet, dass Tiere mit einem hohen Anteil an Fett oder Tran häufig hoch damit belastet sind. Wie im Fall DDT und fleischfressende Vögel gibt es Anzeichen, dass in einigen Regionen die Zahl der Nachkommen mancher Tiere an der Spitze der Nahrungskette abnimmt: Eisbären und Meeressäuger könnten aufgrund der Belastung mit diesen langlebigen organischen Stoffen (insbesondere PCBs) geschädigt worden sein. Diese Chemikalien reichern sich vor allem in fettem Fisch an, insbesondere in halb abgeschlossenen Binnenmeeren wie der Ostsee, wo der Wasseraustausch gering ist. Somit ist der Fisch, der auf unseren Tisch gelangt, nicht nur mit Quecksilber, sondern auch mit langlebigen organischen Schadstoffen belastet.

Eine andere Gruppe langlebiger organischer Schadstoffe, die derzeit im Blickpunkt stehen, sind die Dioxine (polychlorierte organische Verbindungen). Dioxine gelangen aus vielerlei Quellen in die Umwelt, beispielsweise aus Müllverbrennungsanlagen, Dieselmotoren, Schmelzöfen oder Klärschlamm, der auf Äcker ausgebracht wird. Verbrennt man behandeltes Holz, so enthält der Rauch Dioxine, ebenso der Zigarettenrauch. Sie sind also überall zu finden, und sie gelten als sehr gesundheitsschädlich, unter anderem weil einige wohl auch krebserregend sind.

Die Hauptdioxinquelle für Menschen ist die Nahrung. Da Dioxine praktisch überall vorkommen, sind Wildtiere an Land wie im Meer relativ hoch mit Dioxin belastet. Derzeit richtet sich das Augenmerk stark auf den Dioxingehalt in Fischen, insbesondere jenen aus abgeschlossenen Meeren wie der Ostsee. Hier wurden für schwedische und finnische Fischer Ausnahmeregeln geschaffen: Sie dürfen Fische mit einem höheren Dioxingehalt anlanden als in anderen Teilen der EU – aber nur für den eigenen regionalen Verzehr.

Ähnlich gelten seit kurzem für Lachs aus der Ostsee spezielle Regeln. Nur die jüngsten (kleinsten) Fische dürfen zum Verzehr an Land gebracht werden. Das Argument lautet: Aufgrund der Bioakkumulation finden sich in älteren und größeren Fischen höhere Konzentrationen von Dioxinen und anderen langlebigen organischen Schadstoffen als in kleineren. Dioxin ist auch ein Problem bei Zuchtfischen (insbesondere fettem Fisch wie Lachs), weil deren Futter zum großen Teil aus Fischmehl besteht. Da Fischmehl aus Wildfischen gewonnen wird, enthält es relativ hohe Dioxinkonzentrationen, und dies führt zur Anreicherung in Zuchtfischen. Somit kann Fisch eine wesentliche Quelle für Dioxine in der menschlichen Nahrung sein.

## Imposex bei Meeresschnecken

Oben wurde angeführt, dass einige langlebige organische Schadstoffe als endokrine Disruptoren gelten, sie also hormongesteuerte Prozesse bei Tieren beeinträchtigen. Es gibt noch einige andere Chemikalien im Meer, die gleichfalls hormongesteuerte Abläufe stören können. Das Wichtigste ist wohl Tributylzinn (TBT), das seit Jahren Standardinhaltsstoff von Unterwasser-Schutzfarben für Schiffe ist.

Im Rahmen der Vorbereitungen für einen Ministerialbericht zum Zustand der Nordsee wurden in den achtziger Jahren bei einigen Meeresschnecken ungewohnte Verbreitungsmuster verzeichnet. Man entdeckte, dass viele weibliche Schnecken verkümmerte Fortpflanzungsorgane aufwiesen. Weitere Untersuchungen ergaben, dass die meisten Schnecken Penisse entwickelten hatten und die weiblichen Fortpflanzungsorgane im Extremfall so stark beeinträchtigt waren, dass die Tiere unfruchtbar waren. Das Phänomen ist als »Imposex« bekannt, und man weiß heute, dass es durch TBT ausgelöst wird. Mittlerweile findet man imposexe Schnecken weltweit im Meer, insbesondere in Häfen und entlang der wichtigsten Schifffahrtstraßen.

Aufgrund der TBT-Auswirkungen auf die Umwelt gibt es jetzt Gesetze – unter anderem in Europa –, die den Einsatz von TBT für kleine Schiffe verbieten. Für größere Schiffe dürfen nach wie vor Farben verwendet werden, die TBT enthalten. Doch auch diese laufen jetzt aus, und man sucht nach geeignetem Ersatz für TBT in Unterwasser-Schutzfarben.

Interessant an der TBT-Geschichte ist nicht allein, dass sie wiederum unvorhergesehene Verknüpfungen im Meeressystem aufzeigt, sondern auch, dass hier ein Dilemma bei der Regulierung menschlicher Interaktionen mit dem Ozean be-

leuchtet wird. Vor mehreren Jahrzehnten wurde die Schifffahrtindustrie heftig kritisiert, weil sie große Mengen stark
schadstoffhaltigen Ballastwassers in die Hafenbecken abließ.
(Unbeladene Frachtschiffe führen sehr viel Ballastwasser mit
sich, um die Stabilität bei der Leerfahrt sicherzustellen. Wenn
Fracht an Bord genommen wird, pumpt man das Wasser wieder ins Meer ab.) Nach dem Übereinkommen gegen die Verklappung von Giftmüll ins Meer war das nicht mehr möglich,
und daher ist das Ballastwasser heute praktisch frei von Gift-
stoffen. Doch das brachte ein neues Problem mit sich.

Das Ballastwasser ist jetzt so sauber, dass die Organismen,
die am Ursprungsort zusammen mit ihm aufgenommen werden, in den Ballasttanks überleben können und beim Ablassen
in ein Ökosystem geraten, in dem sie zuvor unbekannt waren.
Die meisten dieser Organismen sterben in dem neuen Ökosystem, aber gelegentlich gedeiht eine verschleppte oder
»neobiotische« Art. Häufig hat die Art in dem Ökosystem, in
das sie verbracht wurde, keine natürlichen Feinde, sodass sie
alle anderen Arten dort dominieren und die Struktur ihres
neuen Ökosystems verändern kann.

Es gibt unzählige Beispiele für neobiotische Arten, die mit
dem Ballastwasser von Schiffen eingeschleppt wurden und
sich katastrophal auswirkten. Hierzu gehört die Invasion der
Zebramuschel in den Großen Seen in Nordamerika und die
einer kleinen Rippenquallenart (*Mnemiopsis*) ins Schwarze
Meer. Die Zebramuschel wächst auf nahezu jedem Untergrund, verstopft Rohre und macht Unterwasserkonstruktio-
nen so schwer, dass diese gefährdet sind. Der finanzielle Aufwand, diese Art in den Großen Seen zu bekämpfen, ist enorm.
*Mnemiopsis* dominierte im Schwarzen Meer alle anderen Arten komplett und brachte die Fischereiwirtschaft dort für
mehrere Jahre zum Erliegen.

Diese und weitere Beispiele machen deutlich, welches Risikopotenzial per Schiff eingeschleppte fremde Arten bergen, und von der Industrie wird erwartet, dass sie diese Gefahren im Ballastwasser minimiert. Doch das ist nicht so einfach. Dem Ballastwasser Chemikalien zuzusetzen, um darin enthaltene Organismen abzutöten, verbietet sich von selbst, denn dann würden die Giftstoffe mit dem Abpumpen des Ballastwassers ins Meer gelangen. Erhitzen ist im Allgemeinen nicht machbar; und außerdem würde es den Treibstoffverbrauch und somit den $CO_2$-Ausstoß erhöhen – und das zu einem Zeitpunkt, wo die Industrie die Emissionen reduzieren soll. Das Ballastwasser während der Fahrt auszutauschen (sodass Arten, die an der Küste zu Hause sind, im offenen Meer freigesetzt werden und umgekehrt) könnte eine Möglichkeit sein, um zu verhindern, dass sich fremde Arten in einer neuen Umgebung festsetzen, aber ein Austausch des Ballastwassers auf hoher See bringt auch mehr $CO_2$-Emissionen und Kosten sowie unter Umständen Sicherheitsprobleme. Es bleibt also ein ungelöstes Problem, wie man das Risiko vermindern kann, mit dem Ballastwasser fremde Arten einzuschleppen. Doch es ist wichtig, dies auch im Licht des TBT-Problems zu bedenken.

Wir verlangen von der Schifffahrtindustrie, keine fremde Arten im Ballastwasser einzuschleppen, gleichzeitig erhöhen wir aber das Risiko, dass diese Arten außen am Schiffsrumpf mitgenommen werden, wenn wir die Verwendung effizienter, TBT-haltiger Antifoulingfarben einschränken. Zudem erhöht der zusätzliche Bewuchs an Schiffsrümpfen mit weniger wirksamen Antifoulingfarben den Wasserwiderstand und damit den Treibstoffverbrauch, also die $CO_2$-Emissionen. Das lehrt uns, dass nahezu jede menschliche Interaktion mit dem Meer viele Ebenen betrifft. Wenn wir die unterschiedlichen hier angesprochenen Probleme mit den Interaktionen per Schifffahrt einzeln angehen, führt das zu widersprüchlichem Handeln unsererseits. Um ein nachhaltiges Verhältnis zwischen der Menschheit und dem künftigen Ozean zu erreichen, müssen wir *alle* möglichen Konsequenzen unserer Interaktionen bedenken. Hat man diese samt und sonders herausgefunden, kann eine Kosten-Nutzen-Rechnung (inklusive der Kosten für die Umwelt!) helfen, die Verhaltensweisen zu bestimmen, die unterm Strich unsere Auswirkungen auf das System minimieren. Auf alle Fälle müssen wir uns aber eingestehen, dass jede derartige Interaktion mit dem Meer Konsequenzen für die Umwelt hat.

## Öl ist nicht gleich Öl

Ausgelaufenes Öl ist für eine Schlagzeile immer gut und erregt deshalb in der breiten Öffentlichkeit entsprechende Aufmerksamkeit. Denn viele Ölsorten sind leichter als Wasser und sammeln sich deshalb auf der Meeresoberfläche an. Vögel und andere Tiere, die sich dort aufhalten, werden mit einem Ölfilm überzogen, leiden und sterben häufig daran. Bildern eines mit Öl bedeckten Meeres und toter oder sterbender Tiere ist das Auge der Öffentlichkeit gewiss.

Unfälle, bei denen Öl ausläuft, rufen Aufsehen und Besorgnis hervor. Doch es gibt auch Unfälle im Meer, die der breiten Öffentlichkeit nicht so bewusst sind und bei denen gleichfalls Öl ins Wasser gelangt. Denn bestimmte Ölsorten sammeln sich – zumindest in kaltem Wasser – nicht an der Oberfläche an, sondern weiter unten in der Wassersäule. Dem gelegentlichen Meeresbeobachter wie den herkömmlichen Methoden zum Ausmachen von Ölteppichen entgehen solche Verschmutzungen. Eines der wenigen Anzeichen für sie ist, wenn Tauchvögel (und nur diese) mit Öl bedeckt sind.

Aufgrund der an der Oberfläche sichtbaren Ölteppiche halten die meisten Menschen bei Unfällen auf See ausgelaufenes Öl für eines der größten Probleme bei der Meeresverschmutzung. In Wirklichkeit stammen aber nur 5 % des Öls, das in die Weltmeere gelangt, von großen Tankerunfällen. Etwa 10 % treten aus natürlichen Lecks im Meeresboden aus, der Rest resultiert aus menschlichen Aktivitäten. Die bei weitem größte Menge stammt aus Kanalisationen und Abflüssen an Land (das heißt, es wird von Flüssen in den Ozean transportiert). Dabei spielen natürlich das Autofahren und das Altöl von Ölwechseln die größte Rolle. Es wird geschätzt, dass die jährliche Ölmenge aus einer amerikanischen Fünf-Millionen-Stadt genauso groß ist wie die bei einem schweren Tankerunfall.

Das meiste über Flüsse ins Meer gelangende Öl schwimmt nicht als Ölteppich auf der Oberfläche. Deshalb sind die Folgen nicht so deutlich auszumachen wie bei einem leckgeschlagenen Tanker. Aber dass diese Form der Ölpest unsichtbar ist, heißt nicht, dass sie nicht existiert oder keine Auswirkungen auf Meereslebewesen hat! Die Meeresverschmutzung durch Öl gibt aus einer Reihe von Gründen Anlass zur Sorge, und der wichtigste ist wohl, dass Öl polyzyklische aromatische Kohlenwasserstoffe (PAKs) enthält – eine Gruppe höchst giftiger Verbindungen, die schwere Gesundheitsschäden hervorrufen können (und in hohen Dosen tödlich sind). Außerdem sind einige von ihnen krebserregend und andere fungieren als endokrine Disruptoren.

Doch eine gute Nachricht gibt es bei dieser Form der Meeresverschmutzung. Verglichen mit langlebigen organischen Schadstoffen lassen sich PAKs verhältnismäßig leicht aufbrechen, zumindest unter bestimmten Bedingungen im Meer. Zum einen geschieht das durch Sonnenlicht, zum anderen gibt es auch eine Reihe von Bakterien, die darauf spezialisiert sind, PAKs und andere Bestandteile des Öls abzubauen. Was die Verschmutzung mit Öl angeht, scheint das System Ozean also eine gewisse Robustheit zu besitzen. Allerdings muss hier festgehalten werden, dass Öl und seine Bestandteile nicht in allen Wasserbereichen gleich gut abgebaut werden. Temperatur, Salinität und Sauerstoffgehalt spielen jeweils eine Rolle und bestimmen das Tempo der Aufspaltung. Besonders langsam geht der Abbau in kalten Gewässern vonstatten. Deshalb werden manche Teile des Ozeans durch Öl schwerer geschädigt als andere.

Dass Meeressysteme sich in gewissem Umfang von einer Ölpest erholen können, sollte nicht als Ausrede missbraucht werden, nichts gegen eine ungebremste, menschengemachte Öleinleitung ins Meer zu unternehmen. Trotz der gewissen Robustheit dieses Ökosystems schädigt Öl die Meereslebewesen unmittelbar und in hohem Maß.

Angesichts der Fähigkeit des Ozeans, im Lauf der Zeit eine Ölpest wettzumachen, ist es bemerkenswert, dass die Menschen ausgelaufenes Öl als größte von ihnen verursachte Gefahr für das Funktionieren des Meeres betrachten. Zweifellos rührt das daher, dass eine Verschmutzung mit Öl besonders deutlich zu sehen ist. In Wahrheit ist bei Schiffshavarien austretendes Öl relativ unbedeutend im Vergleich zu den Ölmengen, die anderweitig ins Meer gelangen. Zudem lässt sich anführen, dass die Verschmutzung durch Öl für die Meereslebewesen wahrscheinlich nicht die schlimmste Form der chemischen Verseuchung ist. Im Gegensatz zu menschengemachten Chemikalien wie langlebigen organischen Schadstoffen sickert Öl auch auf natürliche Weise aus dem Meeres-

boden. Daher haben sich hier im Lauf der Zeit Lebewesen entwickelt, die Öl und seine Bestandteile abbauen können. Also
tragen natürliche Prozesse im Meer dazu bei, dass sich das
System erholen kann, wenn Öl eingeleitet worden ist. Diese
Mechanismen arbeiten allerdings langsam – doch es gibt sie.
Für menschengemachte Schadstoffe haben sich solche natürlichen Abbaumechanismen nicht ausgebildet. Daher bedrohen eher unsichtbare Verschmutzungen – beispielsweise die
durch langlebige organische Schadstoffe – auf lange Sicht den
Ozean mehr als die spektakuläre Ölpest, die wir auf dem Fern-
sehschirm sehen.

## Sonstige Belastungen

Nicht aller menschlicher Abfall im Meer kommt in Form von
Chemikalien daher. Niemand weiß, wie viel Festmüll in den
Ozean geworfen wird, aber ein Spaziergang an einem beliebi-
gen Strand beweist, dass dies ein übliches Verfahren ist. 2002
kamen bei einer weltweiten Müllsammlung an Stränden 3,7
Millionen Kilogramm zusammen. Aufgrund solcher Untersuchungen schätzt man, dass etwa 80 % der Abfälle im Meer
von Land stammen und nur die restlichen 20 % von Schiffen
und Bohrinseln.

Ein Problem mit Müll im Ozean ist, dass sich Meereslebewesen darin verfangen können. Große Tiere können zudem
Abfälle verschlucken – Meeresschildkröten etwa verspeisen
häufig Plastiktüten, weil sie die wohl für Quallen halten. Eine
holländische Studie fand in 90 % der untersuchten Seevögel
Plastikteile – von Luftballon-Fetzen über Feuerzeuge bis hin
zu ganzen Golfbällen. In manchen Gegenden ist das »Geister-
fischen« – wenn verlorengegangene Fischereiausrüstungen

weiterhin Tiere einfangen – eine große Gefahr für Meeressäuger.

Ein weiteres Problem durch Müll im Meer wurde erst kürzlich nachgewiesen: Die Kunststoffabfälle, die sich in den letzten Jahrzehnten im Meer angesammelt haben, zersetzen sich
zu winzigen Partikeln, die im Wasser treiben oder ins Sediment herunterrieseln. Eine beliebige Probe von Strandsand
von irgendeiner Küste ist heutzutage voll davon. Und diese
Partikel werden von Meereslebewesen gefressen. Am
schlimmsten dabei ist wohl, dass sich langlebige organische
Schadstoffe (DDT und PCBs) auf diesen Partikeln anlagern.
Messungen haben ergeben, dass die Konzentration von langlebigen organischen Schadstoffen darauf bis zu einer Million
Mal höher ist als im Wasser rundum. Dass solche hoch belas-
teten Partikel gefressen werden, gibt eindeutig Anlass zur
Sorge, denn auf diese Weise gelangen die Schadstoffe in die
Nahrungsketten. Müll im Meer ist nicht bloß ein hässlicher
Anblick, sondern kann die Lebewesen im Meer schädigen und
damit letztlich auch die Nahrung verseuchen, die wir aus dem
Ozean gewinnen.

Ein anderes, selten ins Kalkül gezogenes Abfallprodukt, das
wir Menschen ins Meer einbringen, ist Lärm. Seine Quellen
sind beispielsweise Schiffsschrauben, die seismische Erkun-
dung des Meeresbodens und der Gebrauch von Schallwellen
(Echoloten), um die Wassertiefe zu messen oder Fisch-
schwärme aufzuspüren. Das volle Ausmaß dieser »Lärmver-
schmutzung« ist nicht bekannt. Und auch die Auswirkungen
auf Lebewesen sind nicht quantifiziert. Das gilt vor allem für
Meeressäuger, von denen viele ihre Nahrung wie ihre Partner
durch das Aussenden von Schallwellen finden. In einigen Fällen wurde nachgewiesen, dass menschengemachte Geräusche
im Ozean eine Frequenz und eine Stärke haben, mit der sie die

Kommunikation von Meeressäugern untereinander übertö-
nen. Ob diese menschliche Interaktion in Form von Lärm für
die Funktion des Ozeans als Ganzem von Bedeutung ist oder
nicht, weiß man nicht. Doch dies ist derzeit Gegenstand aktiver Forschungen.

## Zusammenfassung

Während die Aktivitäten jedes Einzelnen für sich genommen
sich anscheinend nicht auf den Zustand des mächtigen Ozeans
auswirken, kann die Summe der menschlichen Aktivitäten
dies sehr wohl tun und hat es auch getan. Das aufzuzeigen, ist
ein Hauptanliegen dieses Buches. Wie in den letzten Kapiteln
dargelegt, gilt das sowohl für den Fischfang als auch für Veränderungen in den Stoffkreisläufen. In diesem Kapitel wurde
deutlich, dass auch der Gebrauch des Meeres als Mülleimer
globale Auswirkungen hat und der Großteil dieses Mülls vom
Land kommt, also in die küstennahen Schelfmeere gelangt.

Unter Schelfmeeren sind im Wesentlichen jene Bereiche zu
verstehen, wo Kontinentalsockel mit Wasser bedeckt sind
(siehe Kapitel 1). Dieser Meeresbereich umfasst weniger als
20 % der Erdoberfläche, doch es leben über 40 % aller Menschen (fast drei Milliarden!) an seinen Ufern. Zudem liegen
75 % der »Megastädte« (solche mit mehr als zehn Millionen
Einwohnern) an den Küsten von Schelfmeeren. Somit sind
Küstengewässer unverhältnismäßig viel stärker von Abfällen
betroffen als das übrige Weltmeer. Außerdem hat es die Natur
so eingerichtet, dass die Schelfmeere ungemein produktiv
sind: Es ist davon auszugehen, dass 25 % aller irdischen Produktion in ihnen stattfindet. Das hat zur Folge, dass sich auch
schätzungsweise 90 % aller Fischgründe in Schelfmeeren be-

finden. Wie in diesem Kapitel ausgeführt, kann die Nutzung der Schelfmeere sowohl als Abfallkübel wie als menschliche Nahrungsquelle zu unglücklichen Verkettungen und Konsequenzen führen.

Wenn menschliches Handeln auf lokaler Ebene sich global auf das Meer oder das System Erde auswirkt, liegt das schlicht daran, dass die Zahl der Menschen auf die heutige Riesenmenge angewachsen ist. Wenn man bedenkt, dass sich so viele menschliche Eingriffe auf die küstennahen Bereiche konzentrieren, fällt es nicht mehr schwer sich vorzustellen, dass menschliche Aktivitäten das Meer weltweit beeinflussen können – und das auch tun.

## 8 Andere Nutzungsformen

In den vorigen Kapiteln haben wir aus physikalischer und biologischer Sicht eine ganze Reihe von Prozessen besprochen, durch die der Mensch tief und dauerhaft in den Naturhaushalt der Meere eingreift. Wir haben geschildert, wie der Klimawandel die Meere aufheizt, das Meereis zum Schwinden bringt und den Meeresspiegel anhebt. Wir haben gezeigt, wie die Meere zunehmend überdüngt werden und versauern. Wir haben beschrieben, wie die Vielfalt des Mereslebens und die Gesundheit der marinen Ökosysteme immer mehr gefährdet wird, und wir haben uns mit der Verschmutzung der Meere befasst.

Wir wollen nun zur Ergänzung noch eine Reihe von direkten Nutzungen des Meeres durch den Menschen diskutieren, unter anderem bei der Freizeitgestaltung, als Energiequelle und zum Gütertransport. Die verschiedenen Nutzungsarten können dabei leicht in Konflikte untereinander und mit der Belastbarkeit der Umwelt geraten. Kluge Planung, ein verantwortungsvoller Umgang mit der Natur und ein integriertes Küstenzonenmanagement können solche Konflikte und Probleme vermeiden helfen.

## Sonne, Sand, Wellen ...

Der Meeres- und Küstentourismus gilt als eine der am schnellsten wachsenden Bereiche der Reisebranche. Seit Jahrzehnten zieht es immer mehr Menschen an Strände, und in vielen Ländern konzentriert sich dort die Tourismusentwicklung. Nicht umsonst gelten die »vier S« als Zauberformel des Tourismus: *sun, sand, surf and sex.* Neben dem klassischen Strandtourismus haben sich vielfältige weitere Formen des Meerestourismus entwickelt: Segeln, Tauchurlaube, Hochseeangeln, Kreuzfahrten, Surfen und Windsurfen, Wale beobachten, Wellness-Urlaube mit Thalasso-Therapie oder Ayurveda und viele andere.

Dieser Trend wird dadurch begünstigt, dass der Zugang zum Meer ständig leichter wird. Flüge werden immer billiger, der Strandurlaub in der Karibik, in Kenia oder Thailand ist für die Massen in den Industrieländern erschwinglich geworden – auch dank des Einkommengefälles zu solchen Zielländern. Zudem machen technische Entwicklungen es immer einfacher, sich auf oder in das Meer zu wagen – von der Tauchausrüstung über den Jet-Ski (Wassermotorrad) bis zur Satellitennavigation für Sportboote.

Aus dem ersten Kapitel erinnern wir uns, dass auf jeden Meter Küste der Welt heute bereits sechs Menschen kommen. Bedenkt man dazu noch, dass rund die Hälfte der Weltbevölkerung weniger als 100 Kilometer von einer Küste entfernt lebt, kann man sich leicht vorstellen, dass der wachsende Andrang an den Küsten zur Freizeitgestaltung eine erhebliche Belastung für viele Bereiche darstellt. Dabei ist es gerade eine intakte Meeresumwelt, die ein großer Teil der Touristen sucht. Sauberes Wasser und reine Seeluft, gesunde Ökosysteme und ein reiches Meeresleben (Muscheln und Fische, Korallen und Seevögel) machen den Aufenthalt am Meer ja gerade so reizvoll. In den letzten Jahren ist daher zunehmend die ökologische Nachhaltigkeit der Tourismusentwicklung in den Blickpunkt des Interesses gerückt.

Negative Beispiele für zerstörerische Tourismusfolgen gibt es zuhauf. Wertvolle Naturlandschaften werden mit »Bettenburgen« zersiedelt. Nistplätze von Meeresschildkröten werden für Hotelbauten vernichtet. Anker von Touristenbooten zerstören Korallenriffe. Mangrovenwälder werden für Golfplätze abgeholzt. Knappe Süßwasserressourcen auf Korallenatollen werden zum Duschen verschwendet, sodass Salzwasser in das Grundwasser eindringt. Abholzen der natürlichen Vegetation und Baumaßnahmen führen zu Erosionsproblemen. Abwässer von Hotels überdüngen die Küstengewässer, führen zu Algenblüten und zerstören Korallenriffe. Strände werden vermüllt. Touristen stören und verscheuchen scheue Wildtiere. Große Kreuzfahrtschiffe dringen in die sensiblen arktischen und antarktischen Naturräume vor und hinterlassen Schadstoffe und Ankerschäden. Nicht zuletzt entstehen oft erhebliche Verwerfungen und Konflikte in der etablierten Kultur weniger entwickelter Länder, wenn die vergleichsweise reichen Touristen aus den Industriestaaten mit ihren Werten und Ansprüchen einfallen. Der Aufbau von normierten »Touristenparadiesen« aus der Retorte zerstört gewachsene Lebensart. Und schon bei der Anreise trägt der zunehmende Auto- und Flugverkehr zum Klimawandel bei, der durch Meeresspiegelanstieg, Tropenstürme oder Dürren gerade die Urlaubsziele an den Küsten immer mehr gefährdet.

Dennoch ist dies ein einseitiges Bild. Die negativen Folgen des Küstentourismus sind bereits zu einem Klischee geworden, doch sind die meisten keineswegs unvermeidlich. Ein umweltverträglich geplanter Tourismus kann sogar positive

Auswirkungen haben, denn Tourismus konkurriert oft mit anderen Nutzungsarten, die noch deutlich schädlicher sind. Nehmen wir zum Beispiel die Meeresschildkröten: Weltweit sind sie vor allem durch Wilderei und Fischernetze bedroht, und ihre wirtschaftliche Bedeutung als Touristenattraktion könnte zu ihrem Schutz beitragen. Der Umwelttourismus erfreut sich wachsender Beliebtheit: Wale in der Natur beobachten, mit Delfinen im Meer schwimmen, am Korallenriff schnorcheln. Immer mehr Küstenregionen setzen auf sanften Naturtourismus und haben erkannt, dass eine gesunde Meeresumwelt die Grundvoraussetzung für ihr wirtschaftliches Gedeihen ist. Die Tourismusplanung bezieht daher zunehmend Umwelt- und soziokulturelle Aspekte mit ein. Angesichts ihrer wachsenden wirtschaftlichen Bedeutung und den Interessenkonflikten mit Industrie, Verkehr, Landwirtschaft oder Naturschutz sollte die touristische Nutzung Teil eines umfassenden, integrierten Küstenzonenmanagements sein.

Eine ökologisch nachhaltige Planung von touristischer Entwicklung wird dadurch erschwert, dass eine unübersichtliche Vielzahl von kleinen Akteuren am Tourismusgeschäft beteiligt ist. Sie scheitert gerade in Entwicklungsländern noch häufig an mangelhaften Planungsverfahren und Umweltgesetzen. Häufig fehlen auch die Ressourcen, um Auswirkungen auf die Umwelt überhaupt zu untersuchen, da ärmere Länder zumeist drängendere kurzfristige Prioritäten haben. Es bleibt daher eine schwierige Herausforderung, das weitere starke Wachstum des Küsten- und Meerestourismus umweltverträglich zu gestalten.

## Der Gütertransport

In der zunehmend globalisierten Welt wächst durch die internationale Arbeitsteilung und die Verlagerung ganzer Produktionsbereiche in Niedriglohnländer der Gütertransport über die Meere dramatisch an. Der größte Teil des Handels zwischen den großen Wirtschaftsregionen Nordamerika, Europa und Ostasien wird über die Meere abgewickelt. Rund 95 % des interkontinentalen Warentransports geschieht mit Schiffen. Allein die Nordsee wird jährlich von 200 000 Schiffen durchquert. Die über See transportierte Gütermenge beträgt rund 6 Milliarden Tonnen im Jahr, fast 30 % davon ist Rohöl. Es wird erwartet, dass das Handelsvolumen über die Meere sich in den kommenden zwei Jahrzehnten verdreifacht. Durch den Rückgang des arktischen Meereises werden in absehbarer Zukunft wahrscheinlich reguläre Schifffahrtsrouten über das Polarmeer eröffnet. Im April 2006 traf sich eine deutsch-rus-

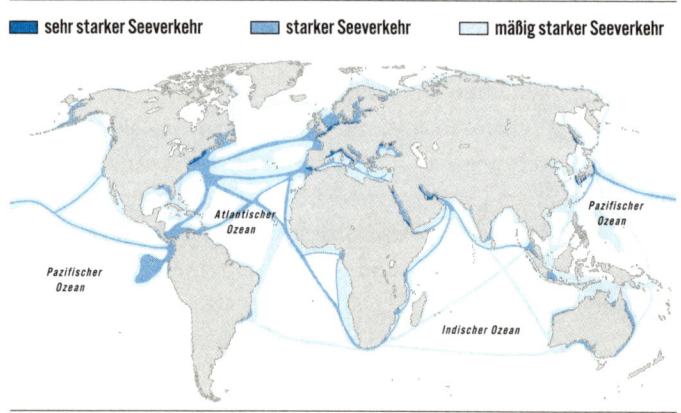

| ▬ sehr starker Seeverkehr | ▬ starker Seeverkehr | ▭ mäßig starker Seeverkehr |

**Abb. 8.1** Die wichtigsten Schifffahrtsrouten der Erde.

**Die Nordostpassage**

Grönland (dän.)

Queen-Elizabeth-Inseln

Alaska (USA)

Nordpol

Nordpolarmeer

Nome

Beringstr.

Providenija

Grönlandsee

mittlere Packeisgrenze im Sommer

Wrangel-I.

Anadyr

Europäisches Nordmeer

mittlere Packeisgrenze im Winter

Spitzbergen

Pewek

Ostsibirische See

Franz-Joseph-Land

Anjou-Inseln

Tromsø

Barentssee

Kap Tscheljuskin

Laptewsee

Tabor

Nowaja Semlja

Taymir-Halbinsel

Tiksi

Kasatschje

Murmansk

Karasee

Magadan

Kamtschatka

Kola

Dikson

Helsinki

Nördlicher Polarkreis

St. Petersburg

Archangelsk

Ochotskisches Meer

Moskau

**RUSSLAND**

**Abb. 8.2** Karte der Nordostpassage mit der künftig möglichen Schifffahrtsroute von Europa in den Pazifik.

sische Arbeitsgruppe auf einem Eisbrecher in Murmansk, um über die Zukunft der Nordostpassage zu verhandeln. Diese würde nach Berechnungen des Germanischen Lloyd den Seeweg zum Beispiel zwischen Rotterdam und Yokohama um 34 % verkürzen.

Der Gütertransport belastet die Meeresumwelt auf vielfältige Weise. Spektakulär sind Tankerunfälle wie der der *Exxon Valdez* vor Alaska im Jahr 1989 oder der der *Prestige* vor der spanischen Küste 2002, der eine der größten Umweltkatastrophen an den europäischen Küsten auslöste. Die in Japan gebaute *Prestige* war ein Öltanker mit einwandigem Rumpf und fuhr mit einem griechischen Kapitän für einen liberianischen Eigner unter bahamaischer Flagge – sie steht damit symbolhaft für die Probleme der Globalisierung und für die Notwendigkeit, diese Probleme durch verbindliche weltweite Spielregeln zu lösen. Zu diesem Zweck gibt es eine Reihe internationaler Abkommen und Organisationen wie das MARPOL-Abkommen und die International Maritime Organisation (IMO). Da dabei unter vielen beteiligten Staaten Einvernehmen hergestellt werden muss, bleiben die Regelungen zumeist deutlich hinter dem ökologisch Notwendigen zurück. Zudem wird die Einhaltung oft zu wenig überwacht und durchgesetzt.

Dabei sind die spektakulären Unfälle gar nicht das Hauptproblem – schon im normalen Betrieb werden von Schiffen große Mengen an Schadstoffen und Abwässern freigesetzt. Ein eskalierendes und bislang kaum geregeltes Problem ist die Verbrennung von Schweröl zum Antrieb der Schiffe. Dieses Schweröl ist ein Abfallprodukt der Raffinerien und daher gleichermaßen billig wie schmutzig. Für Europa wird geschätzt, dass von den Schiffen in europäischen Gewässern genauso viel Schwefel ausgestoßen wird wie von allen Lastwagen, Autos und Fabriken in ganz Europa zusammen. Wenn dieser Trend sich fortsetzt, werden im Jahr 2010 rund 40 % der Luftverschmutzung über dem Land von Schiffen verursacht!

Straßenverkehr und Kraftwerke müssen inzwischen strenge Abgasnormen einhalten, der Schiffsverkehr dagegen wurde bislang »vergessen«. So emittieren Schiffe pro transportiertem Tonnenkilometer an Gütern inzwischen die fünfzigfache Menge an Schwefel wie ein Lkw. Die Erdölraffinerien, die für den Straßenverkehr saubere Treibstoffe herstellen müssen, lassen den schmutzigen Rest letztlich einfach auf dem Meer verbrennen – diese Art von Schiffsantrieb wird daher oft zynisch als »Sondermüllverbrennung auf See« bezeichnet.

Da die Schiffsmaschinen zur Stromversorgung auch laufen, wenn ein Schiff im Hafen liegt, sorgen Schiffe inzwischen in vielen Hafenstädten für massive Probleme mit der Luftverschmutzung. In der Nähe von Häfen wohnende Menschen leiden überdurchschnittlich oft an Krebs, Herzversagen, Asthma, Atemwegserkrankungen und verkürzter Lebenserwartung. Umweltorganisationen kämpfen daher seit vielen Jahren für drastische Emissionsreduktionen von Schiffen, die sich durch sauberere Brennstoffe und bessere Technik auch relativ leicht erreichen ließen. Für die Liegezeit im Hafen wäre eine Landstromversorgung die beste Lösung, sodass die Schiffsmaschinen abgeschaltet werden können. In der Ostsee hat sich mit Unterstützung der EU-Kommission eine Initiative von 18 Hafenstädten zur »Neuen Hanse« (New Hansa) zusammengeschlossen, die gemeinsam eine umweltverträglichere Schifffahrt erreichen wollen und sich unter anderem für internationale Standards bei der Landstromversorgung engagieren.

Neben den Schadstoffemissionen führt der wachsende Schiffsverkehr auch zu einem Flächenverbrauch an der Küste, dem zum Beispiel für den Vogelschutz wertvolle Salzwiesen oder Wattflächen zum Opfer fallen. Fahrrinnen werden ausgebaggert, und die Ökologie von Flussmündungen wird beeinträchtigt. Die wachsenden Interessenkonflikte zwischen der Hafenwirtschaft, dem Tourismus, der Gesundheitsfürsorge und dem Naturschutz machen künftig eine an strengen Kriterien der Nachhaltigkeit orientierte Ausrichtung des Schiffsverkehrs und der Hafenentwicklung erforderlich.

## Wasser und Salz

Die meisten Träume von der Nutzung von Stoffen aus dem Meer haben sich bislang als Flop erwiesen, von der Goldgewinnung aus Seewasser in den 1920er Jahren bis zum Einsam-

meln von Manganknollen vom Meeresgrund in den 1970ern.
Lediglich der Kiesabbau in Küstengewässern hat wirtschaftliche Bedeutung. Und die Nutzung der beiden Hauptbestand-
teile des Meerwassers: Wasser und Salz.

Schon seit dem Altertum wird Meersalz mit Hilfe von Ver-
dunstungsbecken (Salzgärten) gewonnen. Dazu sind günstige
Bedingungen notwendig, wie sie zum Beispiel im Süden
Frankreichs zu finden sind: flache Küstenzonen, viel Sonne
und wenig Regen. Noch heute stammen 20 % des weltweit
verwendeten Speisesalzes aus dem Meer.

Salz ist für uns ein überlebenswichtiger Nahrungsbestand-
teil: Jeder Mensch benötigt täglich drei bis sechs Gramm. Zudem kann Salz zur Konservierung von Lebensmitteln benutzt
werden, und ohne Salz schmeckt Essen fad. Salz war daher
früher in vielen Gegenden ein äußerst wertvolles Gut, wie der
Beiname »weißes Gold« zum Ausdruck bringt. Ganze Städte
sind durch den Salzhandel wohlhabend geworden, in
Deutschland vor allem Lüneburg. Die Handelswege von salz-
armen in salzreiche Regionen waren als »Salzstraßen« bekannt, die Tuareg durchqueren bis heute mit Salzkarawanen
die Sahara, und der Salzhandel war vielerorts ein wichtiges
Monopolrecht.

Höhepunkt des von Mahatma Gandhi geführten zivilen
Ungehorsams der Inder gegen die britische Kolonialherrschaft
war 1930 der »Salzmarsch«, bei dem Gandhi mit 78 Anhän-
gern zum Arabischen Meer zog, um dort symbolisch Meersalz
zu gewinnen. Die Briten hatten sich ein Monopol auf jede
Form der Salzgewinnung und des Salzhandels gesichert.
Während Gandhis Kampagne wurden 50 000 Inder verhaftet,
weil sie illegal Salz gewonnen hatten, indem sie Meerwasser
in Schüsseln in der Sonne verdunsten ließen.

Gleichzeitig benötigt der Mensch aber auch Süßwasser –

nicht nur als Trinkwasser, sondern in noch viel größerem Maß in der Landwirtschaft. Durch Übernutzung, schlechtes Wassermanagement und infolge des Klimawandels werden immer mehr Regionen von Wassermangel geplagt. Bereits heute beobachtet man zum Beispiel im Mittelmeerraum einen Trend zunehmender Dürre; Klimamodelle sagen für diese Weltgegend übereinstimmend eine Verschärfung der Problematik durch den Treibhauseffekt voraus. Die Wasserversorgung von Städten in den Anden (zum Beispiel Lima) und im Himalaja beruht überwiegend auf Gletscherwasser. Mit dem Gletscherschwund wird diese Quelle eines Tages versiegen. Könnte man den Wassermangel beheben, indem man die unerschöpflichen Wasservorräte der Meere durch Entsalzung nutzbar macht?

Nach der Bibel führte Moses die erste Entsalzung in der Wüste Sinai durch: Indem er ein Stück bitteres Holz dem Wasser einer bitteren Quelle zufügte, machte er es trinkbar. Thomas Jefferson publizierte 1791 die erste wissenschaftliche Beschreibung eines Entsalzungsverfahrens. Doch Wasser mit Salz zu mischen ist leicht, die beiden wieder zu entmischen ist dafür umso schwerer. Es ist in der Regel energieaufwendig und teuer.

Meerwasserentsalzung wird heute in kleinerem Maßstab zum Beispiel zur Wasserversorgung von Schiffen und U-Booten genutzt, in großem Maßstab für Trinkwasser und industrielle Zwecke, in Kuwait sogar zur Bewässerung in der Landwirtschaft. Es ist kein Zufall, dass die Entsalzung in größeren Mengen vor allem in extrem energiereichen und wasserarmen Regionen wie dem Nahen Osten eingesetzt wird. Zu den größten Entsalzungsanlagen der Welt gehören die in Ashkelon in Israel und Shoaiba in Saudi-Arabien. Die spanische Regierung hat kürzlich Pläne für Wasserpipelines vom Norden

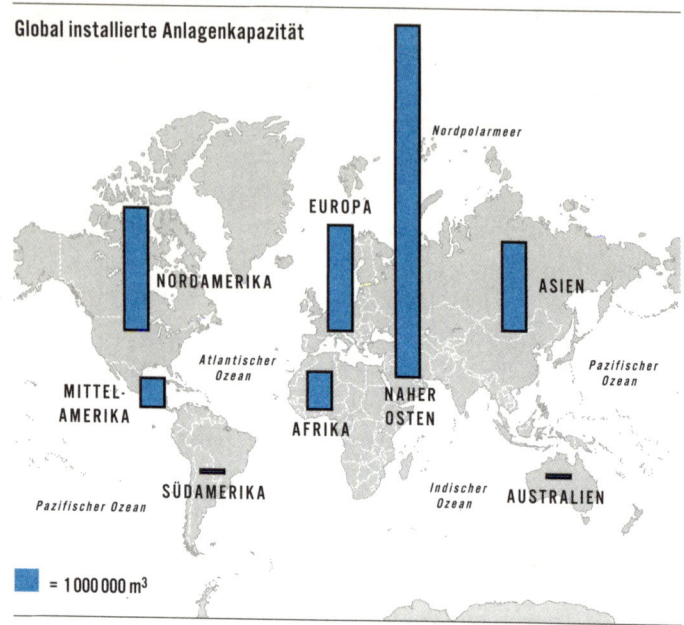

**Abb. 8.3** Die Kapazität der weltweit installierten Meerwasserentsalzungsanlagen.

in den dürregeplagten Süden aufgegeben und stattdessen den Bau von zwanzig Entsalzungsanlagen beschlossen.

Es gibt eine Reihe von Entsalzungsverfahren, die auf zwei Grundprinzipien beruhen: der Verdunstung (Destillation) und der Filterung durch Membranen. Wegen des geringeren Energieaufwandes setzen sich Membranverfahren wie die Umkehrosmose immer mehr durch. Dabei wird das Meerwasser mit hohem Druck durch Membranen gepresst, die für große Moleküle wie Salz undurchlässig sind. Zur Trinkwassergewinnung wird möglichst sauberes Meerwasser benötigt

– so könnte die zunehmende Nutzung des Meerwassers einen zusätzlichen Anreiz bieten, Küstengewässer rein zu halten. Destillationsverfahren können die Abwärme von Kraftwerken nutzen, um wirtschaftlicher zu werden. Noch interessanter für die Zukunft wird die Kombination mit erneuerbaren Energien – zum Beispiel Wind- und Sonnenenergie –, damit die Wasserversorgung nicht auf Kosten des Klimas geht. Ingenieure an der Universität Edinburgh haben jüngst ein Verfahren entwickelt, das Wellenenergie zur Entsalzung nutzt.

Die globalen Kapazitäten zur Meerwasserentsalzung wachsen in den letzten Jahren rasch an und liegen heute bei rund 30 Millionen Kubikmetern am Tag – das ist immerhin das Doppelte des deutschen Leitungswasserverbrauchs. Die Herstellungskosten fallen und liegen derzeit um einen Dollar pro Kubikmeter. Für viele private Haushalte und industrielle Anwendungen ist das ein völlig akzeptabler Preis. Die Wasserprobleme der armen Mehrheit der Weltbevölkerung, der es am meisten an Zugang zu sauberem Wasser mangelt, werden damit aber voraussichtlich nicht gelöst werden können. Schwer vorstellbar ist auch, dass man für die Landwirtschaft relevante Mengen entsalzen könnte – hier ist sicher ein besseres Wassermanagement auf der Nachfrageseite statt teurer Hightech-Angebote erforderlich. Zudem darf nicht vergessen werden, dass auch die Entsalzung einen Preis für die Umwelt mit sich bringt – vor allem bei der Entsorgung der auch mit Chemikalien belasteten konzentrierten Salzsole, die bei dem Verfahren abfällt.

## Energie aus dem Meer

Schon heute werden die Meere zur Energiegewinnung genutzt, und zwar überwiegend zur Gewinnung von Erdöl und Erdgas aus dem Untergrund. Allein in der Nordsee befinden sich rund 540 Ölplattformen, im Golf von Mexiko sogar mehrere tausend. Das ist nicht unproblematisch, da von solchen Plattformen eine Verschmutzung des Meeres und des Meeresbodens mit Öl und Chemikalien ausgeht. Auch die Entsorgung ausgedienter Plattformen hat zu Diskussionen geführt. Als die *Brent Spar* 1995 einfach in der Nordsee versenkt werden sollte, kam es zur Besetzung der Plattform durch Greenpeace und zum Boykott von Shell-Tankstellen mit Umsatzeinbußen von bis zu 50 %. Shell entschloss sich schließlich aufgrund der Proteste, die Plattform an Land zu entsorgen. Zehn Jahre später resümierte der Chef der deutschen Shell, Kurt Döhmel, Shell habe sich nach dieser Erfahrung »grundlegend gewandelt« und orientiere sich nunmehr in seiner Politik an einer nachhaltigen Entwicklung. Die 15 Teilnehmerstaaten der OSPAR-Konferenz beschlossen 1998 ein Versenkungsverbot für Ölplattformen im Nordatlantik. Dies ist ein ermutigendes Beispiel dafür, dass das Engagement von Umweltgruppen und der Druck der Verbraucher einen entscheidenden Beitrag für den Erhalt gesunder Meere leisten kann.

Des Weiteren besteht die Gefahr, dass es bei Stürmen zu Schäden und Ölfreisetzungen kommt. Die Hurrikane Katrina und Rita zerstörten im Jahr 2005 im Golf von Mexiko 114 Ölplattformen und beschädigten weitere 69 schwer. Wegen der rechtzeitigen Vorwarnung konnten zum Glück die Produktion vorher eingestellt und die Plattformen evakuiert werden, sodass weder Menschenleben zu beklagen waren noch größere Leckagen auftraten.

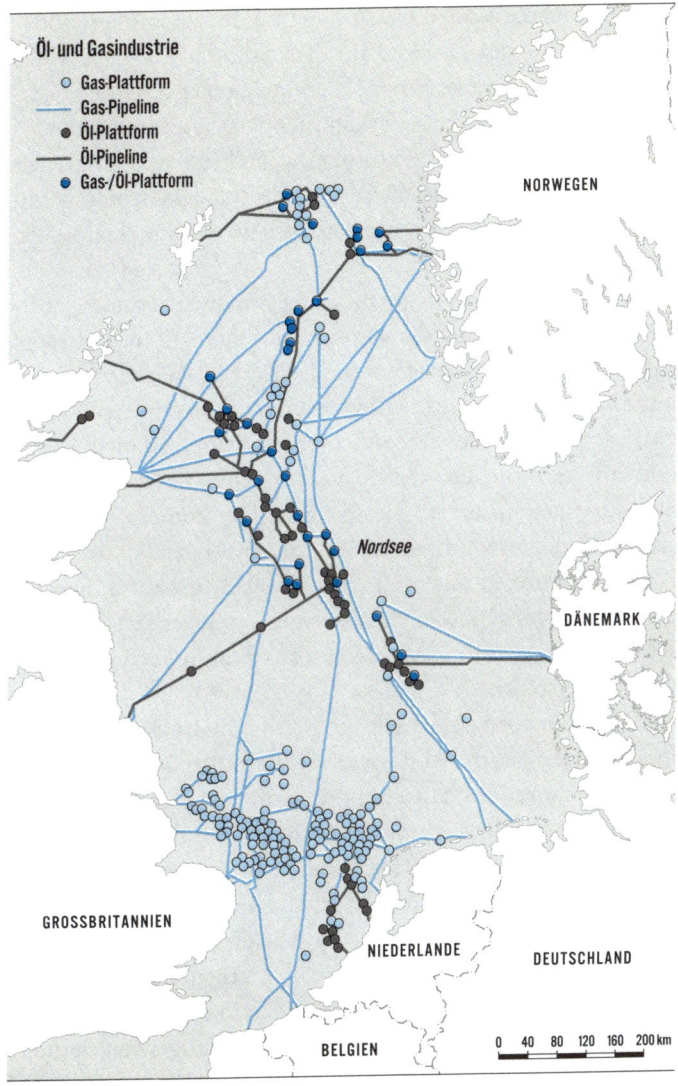

**Öl- und Gasindustrie**

- ○ Gas-Plattform
- — Gas-Pipeline
- ● Öl-Plattform
- — Öl-Pipeline
- ● Gas-/Öl-Plattform

NORWEGEN

*Nordsee*

DÄNEMARK

GROSSBRITANNIEN

NIEDERLANDE          DEUTSCHLAND

0   40   80   120  160  200 km

BELGIEN

**Abb. 8.4** Die Erdöl- und Erdgasinfrastruktur in der Nordsee.

Aufgrund der Klimaerwärmung und dem damit verbundenen Rückgang der Eisdecke auf dem arktischen Ozean (siehe Kapitel 4) erhoffen sich manche künftig einen leichteren Zugang zu den Öl- und Gasvorkommen Alaskas und Sibiriens – den größten außerhalb der Organisation Erdöl exportierender Länder (OPEC). Es wäre nicht ohne eine gewisse Ironie, wenn gerade die Klimaerwärmung den Weg zu noch mehr fossilen Brennstoffen ebnen würde.

Eine neue Brennstoffquelle, auf die manche Länder Hoffnungen setzen, sind die bereits in Kapitel 4 diskutierten Methanhydrate am Meeresgrund. Obwohl die Schätzungen ungewiss sind, könnte die Menge jener der weltweiten Kohlevorräte gleichen. Der Abbau ist jedoch technisch nicht gelöst und mit erheblichen Risiken verbunden. Methanhydrat im Sediment stabilisiert an vielen Orten wie Zement den Meeresgrund an den Kontinentalrändern, ein Abbau könnte daher Hangrutschungen auslösen. Beim Abbau besteht außerdem die Gefahr eines Blow-outs, also einer explosionsartigen Freisetzung von gasförmigem Methan aus dem Bereich unterhalb der Hydratschicht.

Vor allem aber sind auch die Methanhydrate letztlich ein fossiler Brennstoff, bei dessen Verbrennung $CO_2$ freigesetzt wird, das zum Treibhauseffekt und zur globalen Erwärmung beiträgt. Dabei ist auch die unbeabsichtigte Freisetzung von Methan in die Atmosphäre eine nicht zu unterschätzende Gefahr, da Methan Molekül für Molekül ein fünfundzwanzigmal stärkeres Treibhausgas ist als $CO_2$ (dies hängt mit der viel geringeren Konzentration von Methan und den daher noch weitgehend ungesättigten Absorptionsbanden für langwellige Strahlung zusammen). Eine Nutzung von Methanhydraten trägt daher nicht zur Entwicklung einer nachhaltigen künftigen Energieversorgung bei, sondern würde die in

Kapitel 4 und 5 geschilderten Probleme noch verschärfen. Angesichts der notwendigen Dekarbonisierung der Energieversorgung der Menschheit wären Investitionen in einen künftigen Methanabbau in großem Stil letztlich kontraproduktiv.

Doch können die Meere auch einen wesentlichen Beitrag zu einer $CO_2$-freien und damit klimafreundlichen Energieversorgung leisten. Das größte und zudem kurzfristig nutzbare Potenzial dazu hat die Gewinnung von Offshore-Windenergie. Windenergie ist letztlich eine umgewandelte Form von Sonnenenergie, da Winde durch die von der Sonne erzeugten Temperaturunterschiede in der Atmosphäre entstehen. Von der global eingestrahlten Sonnenenergie werden rund 4 % in kinetische Energie der Winde verwandelt – würde man nur ein Tausendstel der Windenergie nutzen, entspräche dies bereits dem doppelten Weltstrombedarf. Fast 90 % dieses Windenergiepotenzials liegen auf dem Meer.

Allerdings müssen heutige Windenergieanlagen im Meeresboden verankert werden, damit ist diese Technologie auf relativ flache Küstengewässer beschränkt. Betrachtet man nur Gebiete mit weniger als 55 Meter Wassertiefe (zum Vergleich: Viele Ölbohrinseln stehen heute schon in über 300 Meter tiefem Wasser), liegt das Windenergiepotenzial allein der Nordsee beim Dreifachen des derzeitigen Strombedarfs der EU. Natürlich wäre es aus vielerlei Gründen unsinnig und nicht praktikabel, bei der Stromerzeugung alles auf eine Karte zu setzen, aber die Überschlagsrechnung zeigt, dass ein erheblicher Anteil der europäischen Stromversorgung auf diese Weise gesichert werden könnte. Nutzte man verschiedene Küstenregionen Europas – sowohl on- als auch offshore –, könnte man durch den sogenannten Horizontalausgleich über ein leistungsfähiges Verbundnetz (das viel diskutierte europäische »Supergrid«) die Windschwankungen abfedern, denn irgendwo weht der Wind immer. Zur Pufferung der verbleibenden Schwankungen würden die vorhandenen Wasserkraftwerke Europas ausreichen.

Die Windstromerzeugung an Land hat eine stürmische Entwicklung durchgemacht, die selbst die Erwartungen von Optimisten übertroffen hat; sie ist heute bereits technologisch ausgereift und an guten Standorten wirtschaftlich. Wir haben wenig Zweifel, dass dies in absehbarer Zukunft auch für den Offshore-Windstrom gelten wird. Würde die weltweite Windkraftnutzung in den kommenden 25 Jahren weiter um jährlich 20 % zunehmen (wie in den vergangenen zehn Jahren), dann könnte Windenergie im Jahr 2030 rund 40 % des weltweiten Strombedarfs decken.

Weit weniger ausgereift ist die Energiegewinnung aus Meeresströmungen, und sie hat ein deutlich geringeres Potenzial. In einigen Regionen der Erde kann sie dennoch attraktiv sein. Gezeitenströmungen werden dort, wo der Tidenhub besonders groß ist, bereits in Gezeitenkraftwerken genutzt. Das größte derzeitige Gezeitenkraftwerk in der Rance-Mündung in Frankreich hat eine Leistung von 240 Megawatt und ist seit 1966 in Betrieb. Während diese herkömmlichen Gezeitenkraftwerke einen Damm erfordern und daher für die Umwelt nicht unproblematisch sind, gibt es neuerdings Strömungskraftwerke, die wie Windräder unter Wasser aussehen und an der Oberfläche gar nicht sichtbar sind. Prototypen laufen seit einigen Jahren in Cornwall (das Seaflow-Projekt), in Hammerfest (Norwegen) und in der Straße von Messina zwischen Sizilien und dem italienischen Festland. Vorteil solcher Anlagen ist, dass sie an vielen Standorten ohne nennenswerte Beeinträchtigung der Umwelt installiert werden können. Solche Meeresströmungsturbinen könnten schon in fünf bis zehn

Jahren eine ähnliche Dynamik wie heute die Offshore-Wind-energie entfalten.

Auch die Energie von Meereswellen wird bereits angezapft: Seit 2000 ist auf der schottischen Insel Islay ein Wellenkraftwerk in Betrieb. Auch hier gilt, dass die Technik noch im Prototypenstadium und das Potenzial weltweit wesentlich geringer ist als das der Windenergie. Dennoch könnte diese Energieform lokal Bedeutung erlangen; für Schottland etwa wurde geschätzt, dass 40 % des Strombedarfs aus Wellenkraftwerken gedeckt werden könnten.

Zwei heute noch recht exotische Ideen betreffen die Nutzung der großen Temperatur- und Salzgradienten des Ozeans zur Energiegewinnung. »Ocean Thermal Energy Conversion« (OTEC) heißt ein Prinzip, bei dem die Temperaturdifferenz zwischen dem warmen Oberflächenwasser und dem kalten Tiefenwasser des Ozeans in einem thermodynamischen Kreisprozess genutzt werden soll. Bei Osmosekraftwerken soll dagegen die Salzgehaltsdifferenz in der Nähe von Flussmündungen verwendet werden, da man dort ein osmotisches Druckgefälle herstellen kann.

Realistischer für die nähere Zukunft erscheint da schon eine weitere Idee: Die Nutzung der milden Meerestemperaturen zu Heizungszwecken in Küstenstädten mittels Wärmepumpen. Im Winter sind auch in kalten Regionen häufig noch Meerestemperaturen um 10 °C zu finden, wie sie auch bei herkömmlichen Wärmepumpen auf Basis von Erdbodenwärme genutzt werden.

## Der Meeresboden als $CO_2$-Speicher

Das Klimaproblem wird hauptsächlich durch $CO_2$ verursacht. Dieses Gas trägt derzeit zwar nur 60 % zu dem bislang vom Menschen verursachten Treibhauseffekt bei – der Rest wird durch Methan, Lachgas und FCKW hervorgerufen. Doch man rechnet damit, dass der $CO_2$-Anteil in den kommenden Jahrzehnten immer größer werden wird, da sich der Anstieg der anderen Gase bereits abflacht. Die Versauerung der Meere wird sogar zu 100 % durch die $CO_2$-Zunahme verursacht. Es kommt daher darauf an, in den kommenden Jahrzehnten den weiteren Anstieg der $CO_2$-Konzentration in der Atmosphäre so rasch wie möglich zu stoppen.

Hauptursache dieses Anstiegs sind die Emissionen bei der Verbrennung von fossilen Brennstoffen. $CO_2$ ist dabei kein lästiger Nebeneffekt, sondern das Verbrennungsprodukt schlechthin. Man kann aus der Verbrennung von Pflanzen und fossilen Brennstoffen (Millionen Jahre altem Pflanzenmaterial) ja deshalb Energie gewinnen, weil Pflanzen durch Fotosynthese Sonnenenergie speichern, indem sie Kohlenstoff reduzieren. Oxidiert man den Kohlenstoff wieder, gewinnt man diese Energie zurück. Die oxidierte Form des Kohlenstoffs ist $CO_2$.

Was läge also näher, als das $CO_2$ aus den Verbrennungsabgasen abzutrennen und vor der Atmosphäre wegzuschließen? Neben der kostenintensiven Abtrennung (die auch 15 bis 30 % der bei der Verbrennung gewonnenen Energie wieder verschlingt) und dem Transport gibt es hier vor allem das Problem, geeignete Lagerstätten zu finden. Dabei geht es um gigantische Mengen: Wollte man das Klimaproblem allein durch $CO_2$-Speicherung lösen, müsste man bis zum Jahr 2100 bis zu 1000 Gigatonnen Kohlenstoff (entsprechend rund 4000

Gigatonnen $CO_2$) wegsperren. Dies ist die Differenz in den Emissionen zwischen einem mittleren Szenario, bei dem man weiterwirtschaftet wie bislang (1500 Gigatonnen Kohlenstoff), und einem klimafreundlichen Szenario (500 Gigatonnen). Realistisch ist bestenfalls die Speicherung eines Bruchteils dieser Menge.

Über Jahre hinweg wurde diskutiert, $CO_2$ einfach in die Tiefsee zu verbringen. Ein Vorschlag sah vor, $CO_2$ in die Straße von Gibraltar zu pumpen, von wo es mit dem salzigen und schweren Mittelmeerwasserausstrom bis in gut 1000 Meter Tiefe absinken würde. Inzwischen hat sich aber die Erkenntnis durchgesetzt, dass ins Meerwasser eingebrachtes $CO_2$ dort nicht lange genug von der Atmosphäre getrennt bliebe, sodass wir das $CO_2$-Problem damit lediglich auf unsere Enkel verschieben würden. Außerdem wären die ökologischen Folgen einer Einleitung in großem Stil unabsehbar (Versauerung). Die Forschung in diese Richtung wurde daher praktisch überall eingestellt; auch die USA haben kürzlich beschlossen, diese Option nicht weiter zu verfolgen.

Anders sieht es mit der Speicherung in geologischen Formationen des Untergrunds aus. Sowohl an Land als auch unter dem Meer könnte man $CO_2$ zum Beispiel in frühere Öl- oder Erdgaslagerstätten pumpen, die zuvor ja bereits über Millionen von Jahren Gas gehalten haben. Das Verpressen von $CO_2$ hätte hier den Zusatzvorteil, dass dadurch zusätzliches Öl oder Erdgas herausgedrückt würde (*enhanced oil recovery*, EOR), sodass die Lagerstätten besser ausgenutzt werden könnten. Eine andere Möglichkeit sind unterirdische Wasseradern mit Salzwasser, sogenannte saline Aquifere. Dort würde sich das $CO_2$ in dem Salzwasser lösen, wäre also nicht mehr gasförmig und würde daher auch nicht nach oben drängen. Das $CO_2$-reiche Wasser wäre sogar schwerer als das Umgebungswasser.

Warum sollte man jedoch $CO_2$ unter dem Meeresgrund einlagern, wo der Aufwand höher ist, und nicht einfach an Land? Ein Grund ist die geringere Unfallgefahr. $CO_2$ ist für den Menschen in Konzentrationen ab 10 % in der Atemluft lebensbedrohlich. Im August 1986 trat aus dem Nyos-See, einem vulkanischen See in Kamerun, eine große Menge $CO_2$ aus. Das Wasser des Nyos-Sees war zuvor durch vulkanische Ausgasung mit $CO_2$ gesättigt gewesen. 1700 Menschen und Tausende von Tieren kamen bei dieser Katastrophe ums Leben – in bis zu 10 Kilometern Entfernung vom See. Ähnliches könnte sich bei einem großen $CO_2$-Unfall an Land abspielen. Eine unbeabsichtigte Freisetzung am Meeresgrund würde dagegen lediglich dazu führen, dass die freigesetzte $CO_2$-Menge sich im Meerwasser löst, wobei zumindest keine Menschen zu Schaden kämen.

Die $CO_2$-Speicherung ist umstritten. Manche befürchten, die Hoffnung auf die noch unausgereifte Technologie, die frühestens in 15 Jahren in größerem Stil einsatzbereit sein dürfte, werde den notwendigen Umstieg auf die jetzt schon verfügbaren erneuerbaren Energien und damit den Durchbruch beim Klimaschutz verzögern. Ohnehin sollte die $CO_2$-Speicherung nicht als *silver bullet*, also als die umfassende Lösung des Klimaproblems aufgefasst werden, da sie nur in begrenztem Umfang und für eine Übergangszeit genutzt werden wird und sollte. Sie wird nur dort Sinn machen, wo große Emissionsquellen (also Kraftwerke) in der Nähe von geeigneten Lagerstätten stehen (wegen der hohen Transportkosten). Außerdem müssen noch Risiken und Nachhaltigkeit der $CO_2$-Speicherung geklärt werden. Der Wissenschaftliche Beirat Globale Umweltveränderungen (WBGU) hat in seinem

Meeresgutachten 2006 empfohlen, dass eine Rückhaltezeit des CO$_2$ von mindestens 10 000 Jahren (entsprechend einer Leckrate von unter 0,01 % pro Jahr) gewährleistet sein muss.

Ein weiterer Punkt ist die Kostenfrage. Wie oben erwähnt, wird bereits heute die Windkraft mit fossil erzeugtem Strom konkurrenzfähig. Dabei haben sich die Kosten der Windstromerzeugung binnen zehn Jahren halbiert und dürften durch Lerneffekte weiter sinken, während die der fossilen Brennstoffe langfristig immer weiter ansteigen. Die CO$_2$-Abtrennung und Speicherung erhöht die Kosten von fossilem Strom um weitere 30 bis 60 %. Vermutlich werden die erneuerbaren Energien aus rein wirtschaftlichen Erwägungen auf Dauer die attraktivere Option zur Emissionsvermeidung sein.

Unter bestimmten Bedingungen kann die CO$_2$-Speicherung jedoch durchaus sinnvoll und wirtschaftlich sein, zum Beispiel in Verbindung mit der EOR-Technik. Die norwegische Umweltorganisation Bellona forderte 2005 in einem aufsehenerregenden Report genau diese Kombination, um so existierende Ölfelder auf dem norwegischen Schelf besser auszunutzen, dafür auf die geplante Öffnung neuer Ölfelder im Eismeer (Snohvit-Ölfeld) zu verzichten und gleichzeitig den CO$_2$-Ausstoß Norwegens zu mindern. Die im Oktober 2005 gewählte neue norwegische Regierungskoalition hat sich diese Pläne weitgehend zu Eigen gemacht.

In Norwegen macht man in kleinerem Umfang bereits seit 1996 Erfahrungen mit der CO$_2$-Speicherung unter dem Meeresgrund an der Sleipner-Plattform in der Nordsee, 250 Kilometer vor der norwegischen Küste. Bislang wurden dort rund 8 Millionen Tonnen CO$_2$ in einen salinen Aquifer verbracht, geplant sind insgesamt 20 Millionen Tonnen. Dies ist in diesem Falle betriebswirtschaftlich lohnend, weil dort CO$_2$ ohnehin vom geförderten Erdgas abgetrennt werden muss, um das

Gas überhaupt nutzen zu können, und weil der norwegische Staat die Emission dieses $CO_2$ in die Atmosphäre mit einer Steuer belasten würde. Zudem erhofft sich die norwegische Statoil einen technologischen Erfahrungsvorsprung und damit Wettbewerbsvorteil für die künftige $CO_2$-Sequestrierung zum Klimaschutz.

Insgesamt kann die $CO_2$-Speicherung unter dem Meeresgrund als »drittbeste Option« beim Klimaschutz betrachtet werden, nach verbesserter Energieeffizienz und erneuerbaren Energien. Im Gegensatz zu den beiden anderen Optionen ist sie noch im Prototypenstadium und nicht in großem Maßstab einsatzbereit. Wenn die Risiken und die Nachhaltigkeit befriedigend geklärt werden können, könnte sie jedoch für eine Übergangszeit auch einen Beitrag zum Klimaschutz leisten.

## 9  Zukunftsvisionen

Was werden die kommenden Jahrzehnte oder Jahrhunderte also den Weltmeeren bringen? Es ist eine Binsenweisheit, dass nichts schwerer vorherzusagen ist als die Zukunft. Die Folgen unseres Handelns sind nur mit erheblichen Unsicherheiten vorhersehbar – auch wenn die Naturwissenschaften dafür sorgen, dass wir uns einiger Dinge sicher sein können: beispielsweise, dass die steigende Kohlendioxidmenge das Klima aufheizen und die Ozeane saurer machen wird. Der wichtigste Grund aber, warum die Zukunft nicht nur ungewiss, sondern einfach offen ist, ist darin zu sehen, dass sie von unserem Verhalten abhängt. Die gute Nachricht dieses Buches lautet, dass wir die Zukunft größtenteils (noch) in unseren Händen halten. Folglich können wir nicht nur über alternative Szenarien nachdenken, sondern uns sogar auch für das eine oder andere entscheiden. Wir können den Weg in eine düstere Zukunft mit steigendem Meeresspiegel und einem ausgeplünderten, sauren Ozean wählen. Oder wir entscheiden uns für einen nachhaltigen Umgang mit den Meeren, der ihre Vitalität und Schönheit bewahrt. Wir wollen zum Ende dieses Buches die Phantasie spielen lassen und ein persönliches Bild von zwei der vielen möglichen Zukunftsszenarien zeichnen.

## Trübe Aussichten: Die Ozeane im Niedergang

Stellen Sie sich eine Menschheit vor, die unfähig ist, aus ihren
Fehlern zu lernen, die nicht willens oder nicht in der Lage ist,
die Zeichen drohenden Unheils zu lesen, und die die Warnun-
gen ihrer Wissenschaftler lieber in den Wind schlägt. Oder
vielleicht nur eine Gesellschaft, deren Institutionen es nicht
schaffen, das Gemeingut zu schützen und langfristig dro-
hende Gefahren abzuwenden, weil sie im kurzfristigen Denken der politischen Wahlzyklen und Quartalsberichte für die
Aktionäre gefangen sind.

In solch einer Gesellschaft wird die Wirtschaftsentwicklung
ohne Weitblick und Vorsicht vorangetrieben. Die billigsten
fossilen Brennstoffe werden ohne Rücksicht auf die Folgen
ausgebeutet. Der Kohlendioxidgehalt der Atmosphäre wird
rapide weiter steigen und gegen Ende dieses Jahrhunderts fast
1000 ppm erreichen, was ein Stück weit noch durch positive
Rückkopplung in der Biosphäre verstärkt wird. Das bedeutet:
Die Kohlendioxidaufnahme durch die Ozeane und durch die
Biosphäre an Land geht zurück, sodass ein größerer Anteil der
menschlichen Emissionen in der Atmosphäre verbleiben wird
als im 20. Jahrhundert.

Der Planet, fest im Griff der globalen Erwärmung, wird immer heißer. Zunächst steigt die Temperatur weiterhin um
rund 0,2 °C pro Jahrzehnt, wie sie es seit 1980 tut: doch dann
beschleunigt sich die Erwärmung. Bis zum Jahr 2050 werden
die globalen Temperaturen den Schwellenwert von 2 °C über
dem vorindustriellen Wert überschritten haben – eine kritische Grenze, die man nicht passieren sollte, wie viele Wissenschaftler am Ende des 20. Jahrhunderts warnten. Die Erwärmung verteilt sich dabei sehr ungleichmäßig, in weiten Teilen
der Arktis übersteigt sie sogar 6 °C. Im Sommer ist das Nord-

polarmeer dann praktisch eisfrei. Die letzten hungrigen Eisbären durchstöbern auf der Suche nach Nahrung die Straßen arktischer Ortschaften.

Aufnahmen aus dem Weltall, die die Erde mit einem blauen Nordpol zeigen, sind schon 2045 auf den Titelseiten von *Time Magazine* und vielen anderen Illustrierten erschienen. Dass der Planet sich verändert, ist jetzt bereits aus Millionen Kilometern Entfernung draußen im All zu erkennen. Selbst Industrielobbyisten haben schließlich akzeptiert, dass wir mitten in einer beispiellosen Erwärmung stecken und dieses Problem von Menschen verursacht ist. Aber sie haben es geschafft, viele Politiker zu überzeugen, es sei nun zu spät, noch etwas dagegen zu unternehmen. Und dieses Mal ist da sogar etwas dran. Internationale Anstrengungen, die $CO_2$-Emissionen einzuschränken, scheiterten schon im Jahr 2032. Politisch ist die Welt in diverse feindliche Blöcke zerfallen; die großen Wirtschaftsmächte China, Indien, Europa und USA kämpfen um das jeweils eigene Überleben und konkurrieren hart um die immer knapper werdenden fossilen Ressourcen. Von verheerenden Dürrekrisen geplagt, sind mehrere fragile Staaten – hauptsächlich in Afrika – zusammengebrochen, und die glücklicheren Länder haben massive Grenzbefestigungen gegen die steigende Flut der Umweltflüchtlinge errichtet. In den Ländern, die am schwersten unter der Klimakrise leiden, breiten sich Verzweiflung und die Überzeugung aus, zu Unrecht geopfert zu werden, was zu einer neuen Welle von Terrorangriffen auf die Wirtschaftszentren der Industriestaaten führt.

Die Ozeane lassen immer mehr Anzeichen für ihren ökologischen Verfall erkennen. Weit und breit bleichen Korallen aus, und viele Riffe erholen sich nicht. Wildfische aus dem Meer sind teure Luxusgüter geworden, die sich nur die relativ wohlhabenden 20 % der Menschheit leisten können.

Nach dem Anstieg um 20 Zentimeter im 20. Jahrhundert ist der Meeresspiegel seit dem Jahr 2000 noch einmal 30 Zentimeter in die Höhe gegangen. Die Karibik ist zu einer Krisenregion geworden, da der Tourismus aufgrund des Verlusts von Stränden und häufiger Hurrikanschäden in den Urlaubshochburgen drastisch zurückgegangen ist. Kreuzfahrtschiffe meiden jetzt die von Tropenstürmen heimgesuchten Gewässer, aber transpolare Seereisen durch das Nordmeer sind zu einem boomenden Geschäft geworden. Chinas Wirtschaftsentwicklung erlitt 2039 einen schweren Rückschlag, nachdem ein Taifun der Kategorie 6 (die Weltorganisation für Meteorologie musste 2030 eine neue, höhere Kategorie einführen) einen großen Teil von Shanghai zerstörte.

Bis zum Jahr 2100 steigen die Temperaturen noch weiter, sie liegen dann um 5 °C über dem globalen Durchschnitt der vorindustriellen Zeit. In hohen Breitengraden und in vielen inneren Bereichen der Landmassen sind die Temperaturen sogar um mehr als 8 oder 10 °C gestiegen, und die Einwohner Europas und Nordamerikas schwitzen in Hitzewellen und werden von verheerenden Waldbränden geplagt. Ein unvorhersehbares, merkwürdiges Verhalten des Monsuns führt manchmal zu Dürre und manchmal zu Überschwemmungen, was in Indien zu wirtschaftlichem Niedergang und anhaltenden Hungersnöten geführt hat.

Die Produktivität vieler mariner Ökosysteme ist unter der Doppelbelastung der Versauerung und der Erwärmung zusammengebrochen, was die $CO_2$-Konzentration in der Atmosphäre noch weiter in die Höhe getrieben hat. Im Nordatlantik wird dies noch dadurch verschlimmert, dass der Nordatlantikstrom um 50 % zurückgegangen ist und so auch die Bildung von Tiefenwasser und die Aufnahme von Kohlendioxid abgenommen haben. Solche Rückkopplungen im Kohlenstoffkreislauf machen jetzt einen großen Teil der $CO_2$-Emissionen aus und vereiteln die verzweifelten Versuche zur Verringerung des Ausstoßes, die die Menschheit jetzt zu horrenden Kosten unternimmt – viel zu spät.

Auf Grönland und in der Antarktis geht die Eisdecke mit alarmierendem Tempo zurück. Während des 21. Jahrhunderts sind die Eisschelfe entlang der Küsten einer nach dem anderen zerborsten, und der Abfluss von Gletschern und Eisströmen hat sich überall um ein Mehrfaches beschleunigt. Eisbären und viele weitere arktische Arten sind ausgestorben. Der Meeresspiegel ist jetzt über einen Meter höher als damals, als der von Menschen verursachte Klimawandel im 19. und 20. Jahrhundert allmählich einsetzte. Die tiefer liegenden Teile New Yorks sind außerhalb der großen Sturmflutsperren Ödland mit Ruinen, in denen Hausbesetzer wohnen. Der Kennedy-Flughafen wurde schon vor langer Zeit aufgegeben. Mehrere Inselstaaten sind überflutet, und ihre einstigen Bürger kämpfen vor internationalen Gerichtshöfen vergeblich um neues Land.

### Rosige Zukunft: Die Menschheit im Einklang mit dem Meer

Jetzt stellen Sie sich eine menschliche Zivilisation vor, die klug und mit Weitblick handelt und den Gefahren und Herausforderungen mit gutem Management und strategischen Investitionen in saubere Technologien entgegentritt. Stellen Sie sich vor, der rasch voranschreitenden wirtschaftlichen Globalisierung würde schnell eine immer intensivere internationale Zusammenarbeit folgen, um globale Probleme wie den Klimawandel, die Armut, HIV und das Artensterben anzugehen. Stellen Sie sich vor, eine globale Zivilgesellschaft würde entstehen, die sicherstellt, dass die Gemeingüter unseres wunderschönen Planeten wie die Ozeane, die Atmosphäre und die Wälder auf nachhaltige Weise genutzt und nicht ausgeplündert werden. Fällt Ihnen diese Vorstellung schwerer als die düsteren Aussichten davor? Wir hoffen nicht.

Eine solche Zivilisation würde erkennen, dass sie mit einer planetarischen Krise konfrontiert ist. Einer Krise, die für das Leben der Menschen und die Zukunft ihrer Gesellschaft genauso gefährlich ist wie beispielsweise ein Angriff von Außerirdischen. Aber eine Krise, die wir selbst verursacht haben und gegen die wir etwas unternehmen können, wenn wir unsere intellektuellen, politischen, wirtschaftlichen und technischen Kräfte auf dieses Ziel hin bündeln. Ja, es ist eine Krise, deren Kehrseite eine riesige Chance darstellt: die Chance, der Menschheit zu einer dritten industriellen Revolution zu verhelfen, die ihr ein solides, nachhaltiges und gerechteres Energiesystem gibt. Dies würde nicht nur dem Klimawandel, dem Steigen des Meeresspiegels und der Versauerung der Ozeane Einhalt gebieten, sondern auch internationale Spannungen reduzieren, die aus der Konkurrenz um Öl und Gas herrühren, sowie dazu beitragen, den Energiemangel zu beseitigen, der heute noch in weiten Teilen der Welt herrscht.

Stellen Sie sich vor, die kommenden Jahre würden zu einem echten Wendepunkt der Klimapolitik. Endlich nehmen die Regierungschefs das Thema ernst und delegieren es nicht einfach mehr an ihre Umweltminister. Führende Nationen legen ehrgeizige Ziele und Zeitpläne zur Verringerung ihrer Treibhausgasemissionen vor – und handeln danach. Das bringt neuen Schwung in die internationalen Verhandlungen für eine Nachfolgevereinbarung zum Kyoto-Protokoll. Aufstrebende neue Wirtschaftsmächte wie China und Indien sehen, dass die etablierten Industrienationen ernsthaft ihre Hausaufgaben machen, und gleichzeitig wird ihnen klar, dass sie selbst viel zu verlieren haben, wenn die Schlacht gegen die globale Erwärmung verloren wird. Folglich schließen sie sich den Bemühungen an.

Da die Chinesen riesige Summen in erneuerbare Energien investieren, sinken die Preise für die nötige Technik rasch. Binnen weniger Jahre kaufen Entwicklungsländer chinesische Windgeneratoren für die Hälfte des früheren Preises; alle fossilen oder nuklearen Optionen für die Stromgewinnung können da nicht mehr mithalten. In den kommenden 25 Jahren wächst die Stromerzeugung aus Windkraft weltweit weiterhin um 20 % pro Jahr (wie sie das schon im letzten Jahrzehnt tat), sodass sie im Jahr 2030 rund 40 % des globalen Strombedarfs abdeckt. Zudem werden Investitionen in der Größenordnung, wie sie zuvor in die Suche nach fossilen Brennstoffen gepumpt wurden, jetzt in die Erforschung erneuerbarer Energien umgeleitet, was zu einer Reihe von bahnbrechenden Fortschritten bei der Energieerzeugung aus den Ozeanen wie bei der Gewinnung von Solarenergie an Land führt. Ab 2030 liefern Solarzellen nach und nach einen anfänglich kleinen, aber rasch wachsenden Anteil des benötigten Stroms und entwickeln eine Eigendynamik, die an jene der Windkraft 40 Jahre zuvor erinnert.

Der Boom der erneuerbaren Energien sorgt nicht nur für Elektrizität, sondern auch für neue Einkommensquellen in vielen Ländern tropischer Regionen. Nordafrika wird zu einem Hauptlieferanten von Elektrizität für Europa, es erzeugt Strom entlang der windumtosten Küsten des Atlantiks sowie mit thermischen Solarkraftwerken in der Wüste und speist ihn ins transeuropäische »Supergrid« ein.

Bei den Verbrauchsgütern konzentrieren sich die Innovationen auf die Energieeffizienz. Beispielsweise verschwin-

den Fernseher und Stereoanlagen vom Markt, die im Stand-
by-Modus mehr als ¼ Watt Strom verbrauchen – sie sind
überholte Technik-Dinosaurier, die wir uns inmitten einer
planetarischen Krise nicht mehr leisten können. Der durchschnittliche Benzinverbrauch der Autos und ihre Abgasemis-
sionen beginnen endlich wieder zurückzugehen, zum ersten
Mal seit Jahrzehnten. Bis zum Jahr 2030 haben sich die durchschnittlichen Flottenemissionen von Neuwagen halbiert, und
ein erheblicher Anteil des ständig fallenden Treibstoffbedarfs
wird von Biomasse abgedeckt. Bis 2040 werden fast alle Neu-
bauten nach dem neuen Null-Energie-Standard errichtet. In
den meisten Industrienationen geht der $CO_2$-Ausstoß schnell
zurück, obwohl der Wohlstand ihrer Bürger wächst. Ein Wendepunkt wurde geschafft. Im internationalen Emissionshandel
fallen die Preise für Kohlenstoff, weil die von einer stringenten
globalen Klimapolitik in Gang gesetzten Fortschritte Niedrig-
Emissions-Technologien sehr preiswert gemacht haben.

Im Jahr 2050 verkünden Wissenschaftler der NASA und des
Europäischen Klimazentrums gemeinsam, dass der Anstieg
der globalen Temperaturen bei 1,5 °C über den Werten der
vorindustriellen Ära praktisch zum Stillstand gekommen ist.
Das Meereis in der Arktis hat sich halbiert, und die Wissenschaftler sind sich noch immer unsicher, ob sein Minimum
bereits erreicht worden ist und wann eine Erholung einsetzen
wird. Der Meeresspiegel steigt noch immer, und alle Küsten-
länder müssen viel Geld für Deiche und Hochwasserschutz
ausgeben, aber bislang musste nur wenig Land aufgegeben
werden. In Venedig müssen die MOSE-Flutsperrwerke zwar
fast die Hälfte der Zeit geschlossen bleiben, was die Ökologie
der Lagune in Mitleidenschaft zieht, aber die Stadt ist noch
immer eine florierende Touristenattraktion. Der Meeresspiegel liegt jetzt 30 Zentimeter über dem vorindustriellen Wert,

und sein Anstieg bereitet ernsthafte Probleme, die aber noch im Rahmen des Handhabbaren bleiben.

Währenddessen wurden auch auf anderen Schauplätzen wichtige Fortschritte erzielt. Regierungen haben schließlich erkannt, dass es ziemlich dumm und kurzsichtig ist, mehr Fische zu fangen als nachwachsen können, denn letzten Endes gibt es dann überhaupt keine Fische und keinen Profit mehr. Auf wissenschaftliche Daten gestützte nachhaltige Fangquoten sind in der Fischereiwirtschaft mittlerweile weltweit Standard, und sie werden mit einer angemessenen Sicherheitsmarge eingehalten. Zudem wurde ein 30 % der Ozeane umfassendes globales Netz von Meeresschutzgebieten und Meeresparks eingerichtet. Dadurch bekamen viele Arten Rückzugszonen, in denen sie sich erholen können, und die Widerstandsfähigkeit mariner Ökosysteme wurde gestärkt, ihre Verwundbarkeit durch den Klimawandel und andere Belastungen reduziert. In vielen Gegenden hat diese Politik zu einer allmählichen Erholung der Fischbestände und des Meereslebens im Allgemeinen geführt. Bahnbrechende Arbeiten norwegischer Wissenschaftler haben zu großen Fortschritten bei nachhaltigen und sauberen Formen von Fischzucht durch Aquakultur geführt, sodass die Ozeane jetzt der Weltbevölkerung reichlich Protein liefern können, ohne dass die Fischbestände geplündert werden.

Da die Verwendung fossiler Brennstoffe zurückgegangen und der Anteil erneuerbarer Energien gestiegen ist, hat sich für die Ozeane der wunderbare Nebeneffekt eingestellt, dass die Belastung des Meereswassers mit Kohlenwasserstoffen aus Erdöl genauso abgenommen hat wie die mit vielen anderen Schadstoffen. Touristen können sich also zunehmend sauberen Wassers mit immer mehr Meeresleben erfreuen. Im Seetourismus haben sich einige Verschiebungen ergeben: In

Europa sind aufgrund der spürbaren Klimaerwärmung sowie der ständigen Dürre und den Waldbrandproblemen im Süden die Strände der Nord- und Ostsee weitaus beliebter geworden als jene des Mittelmeers. Nur wenige Touristen stören sich noch an den Windrädern, die sich draußen im Meer am Horizont drehen; den Reiz des Neuen haben diese schon lange verloren, und die meisten Menschen haben erkannt, dass ihre Vorteile den manche störenden Anblick bei weitem wettmachen.

## Schlussbemerkung

Dies sind zwei mögliche, gegensätzliche Visionen. Man darf sie nicht als Vorhersagen missverstehen. Wir sind sicher, dass unsere Phantasie bei weitem nicht ausreicht, um sich die wirkliche Zukunft auszumalen. Aber wir halten es für plausibel, dass die Entscheidungen, die wir als Menschheit insgesamt im nächsten Jahrzehnt treffen, uns in die eine oder andere Richtung lenken werden, die in vielen Aspekten den oben dargestellten Visionen ähneln wird. Diese Entscheidungen werden heute auf vielen politischen Ebenen diskutiert – von der globalen Ebene des Kyoto-Protokolls und der Biodiversitäts-Konvention bis hinunter zur regionalen oder lokalen Ebene. Diese Entscheidungen werden die Zukunft unserer Meere für sehr lange Zeit beeinflussen – für Tausende von Jahren. Für das kommende Jahrzehnt sind große Investitionen in die Energieinfrastruktur geplant – in Kraftwerke, die über viele Jahrzehnte laufen werden und von denen abhängen wird, ob wir bis zum Jahr 2050 den Weg niedriger oder den hoher Emissionen gehen werden. Davon wird zugleich abhängen, wie warm und wie sauer die Ozeane werden und um wie viel der Meeresspiegel ansteigen wird. Wir haben noch immer die Wahl zwischen einem unbesonnenen Experiment mit einem beispiellos schnellen Anstieg der $CO_2$-Konzentration sowie einer an Brandrodung erinnernden Ausbeutung der Meere einerseits und einer nachhaltigen Zukunft mit gesunden Ozeanen andererseits. Dieser Richtungskampf wird an vielen Schauplätzen ausgetragen – und er wird von den Entscheidungen beeinflusst, die wir alle jeden Tag fällen, wenn wir ein Auto oder einen Kühlschrank kaufen, wenn wir unseren Urlaub planen oder wenn wir einfach nur mit unseren Freunden über solche Themen reden. Wir hoffen, dass dieses Buch zu solchen Diskussionen anregt und dazu beiträgt, unsere folgenschweren Entscheidungen – die sich auf die Zukunft der Ozeane auswirken werden, ob wir das wollen oder nicht – auf ein realistisches Verständnis zu gründen, wie die Meere unser aller Leben beeinflussen, wie sie funktionieren und wie fragil sie sind.

## Glossar

*Aerosole* – Schwebstoffe in der Atmosphäre. Aerosole haben wichtigen Einfluss auf die Strahlungsbilanz der Atmosphäre. Durch den Menschen in die Atmosphäre eingebrachte Aerosole wirken abkühlend und dämpfen daher den anthropogenen Treibhauseffekt.

*Albedo* – Rückstreuvermögen von Oberflächen (Wolken, Landoberfläche, Meeresoberfläche usw.) bezüglich der einfallenden solaren Strahlung. Helle Flächen besitzen eine hohe Albedo, dunkle Flächen dagegen eine recht kleine.

*Algenblüte* – Eine große Konzentration von Phytoplankton. Zu solch einer Blüte kann es von Natur aus kommen, sie kann aber auch durch menschliche Aktivitäten stimuliert werden, z. B. durch Nährstoffzufuhr (Stickstoff, Phosphor). Einige Algenblüten können gesundheitsgefährdend sein oder wirtschaftlichen Schaden anrichten. Zu solch giftigen Algenblüten kommt es, wenn die dominante Phytoplanktonart toxisch ist.

*Atmosphäre* – Die gasförmige Hülle der Erde. Die Atmosphäre eines Planeten bestimmt in entscheidendem Maße sein Klima. So ist die Venusoberfläche sehr heiß, da die Venusatmosphäre zum Großteil aus Kohlendioxid besteht und somit einen sehr starken Treibhauseffekt aufweist.

*Auslassgletscher* – Große Eisströme, durch die das Eis der großen Eisschilde (Grönland, Antarktis) oder kleinerer Eiskappen abfließt.

*Bifurkation* – In dynamischen Systemen spricht man von einer Bifurkation, wenn eine kleine graduelle Veränderung eines Parameters (z. B. Süßwassereintrag in den Atlantik) eine große sprunghafte Veränderung im Langzeitverhalten des Systems (z. B. in den Strömungen) verursacht.

*Biodiversität* – Die Vielfalt der unterschiedlichen Lebensformen (Arten) in einem Ökosystem oder auf der Erde insgesamt.

*Biodiversitäts-Konvention* (Convention on Biological Diversity) – Ein weltweites Abkommen zum Schutz der Artenvielfalt, das 1992 beim Umweltgipfel in Rio de Janeiro verabschiedet wurde.

*Biologische Pumpe* – Der Transport (durch Absinken) organischen Materials aus Oberflächenwasser in die tiefen Schichten oder auf den Meeresboden.

*Bodenwasser* – Eine Wassermasse, die sich in der Tiefsee in der Nähe des Meeresbodens ausbreitet, z. B. das Antarktische Bodenwasser.

*Brevetoxine* – Brevetoxine sind Algengifte, benannt nach der in den Tropen verbreiteten Art *Karenia brevis*. Ein massenhaftes Auftreten dieser Art kann zu giftigen Algenblüten und zum Massensterben von Fischen führen.

*Beifang* – Beim Fischen unbeabsichtigt mit eingeholte Organismen, die nicht der Art angehören, die eigentlich gefangen werden soll.

*Calciumcarbonat* – Eine chemische Verbindung (früher als kohlensaurer Kalk bezeichnet) mit der Formel $CaCO_3$. Calciumcarbonat ist auf der Erde weit verbreitet. Es kommt im Meer mineralisch in den Formen Aragonit und Calcit vor. Die Skelette von Korallen sowie Muscheln und Schnecken bestehen aus Calciumcarbonat.

*Carbonatpumpe* – Der Transport (durch Absinken) von Calciumcarbonat aus Oberflächenwasser in die tiefen Schichten oder auf den Meeresboden.

*Chloroplasten* – Kugelige Einschlüsse in Pflanzenzellen, die Chlorophyll enthalten und die Fotosynthese durchführen.

*Coccolithophoriden* – Mikroskopisch kleine Kalkalgen, bestehend aus einer häufig kugeligen Zelle, der Coccosphäre. Sie bilden unter anderem einen wesentlichen Bestandteil der Kreidefelsen von Rügen und der südenglischen Kreideküste bei Dover.

*Copepoden* – Ruderfußkrebse, die in vielen Arten im Meer und in Süßwasser vorkommen. Sie bilden eine wichtige Nahrungsquelle für größere Meeresorganismen.

*Corioliskraft* – Einer der Effekte der Erdrotation auf die großräumigen Bewegungen. Die Tatsache, dass Winde in Hochs und Tiefs isobarenparallel wehen, resultiert aus einem Kräftegleichgewicht zwischen der Druckgefällekraft und der Corioliskraft, das man als geostrophisches Gleichgewicht bezeichnet.

*Cyanobakterien* – Eine Bakterienart, die zur Fotosynthese fähig ist. Sie werden auch »Blaualgen« genannt, obwohl sie keinen Zellkern besitzen und daher auch nicht zu den Algen gehören.

*Dansgaard-Oeschger-Ereignisse* – Abrupte Klimaerwärmungen im Verlauf der letzten Eiszeit, benannt nach Willy Dansgaard und Hans Oeschger, die diese Klimasprünge in Daten aus grönländischen Eisbohrungen entdeckten. Bei einem DO-Ereignis steigt in Grönland die Temperatur innerhalb von einem oder zwei Jahrzehnten sprunghaft um ca. 10 °C an.

*Dekarbonisierung der Energieversorgung* – Umstellung des Energiesystems zur Vermeidung von Kohlendioxidausstoß, zum Beispiel durch die Nutzung erneuerbarer Energien.

*Diatomeen* – Auch Kieselalgen genannte Mikroorganismen, die Schalen aus Siliziumdioxid (Kieselsäure) bilden. Sie bilden den Hauptbestandteil des Phytoplanktons im Meer.

*Dimethylsulfid (DMS)* – Eine Schwefelverbindung, die vom Ozean in die Atmosphäre freigesetzt wird. Dort kann sie die Wolkenbildung stimulieren und so das Klima beeinflussen. Viele Phytoplanktonarten produzieren eine Vorform von DMS, und von der Zusammensetzung des vorhandenen Phytoplanktons hängt letztlich ab, wie viel DMS in die Atmosphäre gelangt.

*Eisschelf (auch Schelfeis)* – Auf das Meer hinaus geflossene Eisplatte eines Gletschers oder Eisschilds. Es handelt sich also um schwimmendes Kontinentaleis (siehe Eisschild), nicht um Meereis.

*Eisschild* – Die beiden großen Kontinentaleismassen auf Grönland und der Antarktis werden Eisschilde genannt. Kleinere solche Eismassen nennt man Eiskappen (z. B. auf Island oder Spitzbergen) oder an Gebirgshängen Gletscher. Im Gegensatz zum Meereis, das durch Gefrieren von Meerwasser gebildet wird, entstehen sie durch Schneefall. Der Begriff »Eisschild« wird gerne mit »Eisschelf« verwechselt.

*El Niño* – Die stärkste kurzfristige natürliche Klimaschwankung. El Niño äußert sich als eine großflächige Erwärmung des äquatorialen Pazifik, die im Mittel alle vier Jahre wiederkehrt und weltweite Klimaanomalien hervorruft. Das El-Niño-Phänomen ist Teil eines Zyklus, den man als El Niño/Southern Oscillation (ENSO) bezeichnet. Die Kaltphase des Zyklus wird als La Niña bezeichnet. ENSO ist vorhersagbar und stellt den Durchbruch in der Jahreszeitenvorhersage dar.

*Emissionsszenario* – Ein Satz von Annahmen über den künftigen Ausstoß von Treibhausgasen, meist bis zum Jahr 2100. Solche Szenarien beruhen auf Vorstellungen über die künftige Entwicklung von Weltwirtschaft und Energiesystem. Emissionsszenarien sind keine Prognosen, sondern haben den Charakter von Handlungsoptionen, da die Emissionen bis 2100 nicht heute schon vorherbestimmt, sondern politisch gestaltbar sind. Man unterscheidet Klimaschutzszenarien (*mitigation scenarios*), die von einem gezielten politischen Eingreifen zur Emissionsminderung ausgehen, und *Business-as-usual*-Szenarien, die das nicht tun. Emissionsszenarien werden als Input für Klimamodelle verwendet, mit deren Hilfe die klimatischen Folgen verschiedener solcher Szenarien durchgerechnet werden.

*Enhanced Oil Recovery (EOR)* – Das Pumpen von $CO_2$ in eine Erdöllagerstätte, um durch den erhöhten Druck dieses Lager vollständiger leeren zu können. Das Verfahren kann unter Umständen auch zur $CO_2$-Speicherung zu Klimaschutzzwecken genutzt werden, was wegen des zweifachen Nutzens kostengünstig wäre.

*Eutrophierung* – Vermehrte Einbringung von organischem Material in aquatische Ökosysteme. Da in der Praxis die Fotosynthese für den Großteil davon verantwortlich ist, ist normalerweise ein vermehrtes Nährstoffangebot (Stickstoff und Phosphor) die Ursache, da dieses die Phytoplankton-Photosynthese stimuliert.

*FAO* – Food and Agriculture Organization (Organisation für Ernährung und Landwirtschaft) der Vereinten Nationen.

*Foraminiferen* – Kleine einzellige Mikroorganismen, von denen viele Kalkschalen bilden, die nach dem Tod des Organismus im Sediment landen und vielerorts einen Großteil der Sedimente am Meeresgrund ausmachen.

*Fossile Brennstoffe* – Fossile Brennstoffe sind Erdöl, Erdgas und Kohle. Sie sind vor Jahrmillionen gebildet worden und werden heute zwecks Energiegewinnung verbrannt. Das Verfeuern der fossilen Brennstoffe ist die wichtigste anthropogene Quelle für das Kohlendioxid.

*Gezeitenkraftwerk* – Ein Kraftwerk, das mit Hilfe von Turbinen die Gezeitenströmungen zur Stromerzeugung nutzt.

*Heinrich-Ereignisse* – Plötzliche massive Eisabrutschungen in den Atlantik während der letzten Eiszeit, die zu mehreren Metern Meeresspiegelanstieg führten. Aufgrund des Süßwassereintrags wurde wahrscheinlich die Tiefenwasserbildung unterbrochen – dies zeigen Sedimentdaten, die auch eine Abkühlung im Nordatlantikraum belegen. Entdeckt wurden die Heinrich-Ereignisse aufgrund von Schichten voller Steinchen in den Tiefseesedimenten, die dort weder durch Strömungen noch durch Winde hingelangt sein konnten, sondern von schmelzenden Eisbergmassen stammen.

*International Maritime Organisation (IMO)* – Die Internationale Seeschifffahrts-Organisation ist eine Sonderorganisation der Vereinten Nationen mit Sitz in London.

*IPCC* – Das Intergovernmental Panel on Climate Change wurde von der Umweltorganisation der Vereinten Nationen (UNEP) und der Weltorganisation für Meteorologie (WMO) 1988 gegründet, um einerseits den wissenschaftlichen Kenntnisstand in der Klimaforschung zu dokumentieren und andererseits die Weltpolitik zu beraten. An den Berichten des IPCC arbeiten viele Hundert der weltweit führenden Klimaforscher mit. Die IPCC-Berichte (der jüngste erschien im Jahr 2007) gelten als die zuverlässigsten Sachberichte zum Thema globaler Klimawandel.

*Klimamodelle* – Man schafft mit Hilfe der physikalischen Gesetze ein Abbild der Erde, mit dem man Experimente durchführen kann. Die Summe aller physikalischen Gleichungen und Parameterisierungen, welche die Entwicklung des Klimasystems beschreiben, bezeichnet man als Klimamodell. Wegen der Komplexität der entsprechenden mathematischen Gleichungen werden diese näherungsweise mit Hilfe der Methoden der numerischen Mathematik und von Höchstleistungscomputern gelöst.

*Klimasensitivität* – Die Empfindlichkeit des Klimasystems gegenüber Kohlendioxid (oder allgemeiner, einer Veränderung im Strahlungshaushalt der Erde) ist eine der wichtigsten physikalischen Kenngrößen des Klimasystems. Angegeben wird die Klimasensitivität meist als die Erwärmung der global gemittelten Temperatur bei einer dauerhaften Verdoppelung der $CO_2$-Konzentration. Als wahrscheinlichster Wert gilt 3 °C, die gegenwärtige Unsicherheitsspanne beträgt 2 bis 4,5 °C.

*Kohlendioxid (CO₂)* – Ein Spurengas in der Atmosphäre, das aufgrund seiner Molekülstruktur im Infrarotbereich Strahlung absorbiert und daher schon in niedrigen Konzentrationen klimawirksam ist (im Gegensatz zu den zweiatomigen Hauptbestandteilen der Atmosphäre, Stickstoff und Sauerstoff).

*Küstenzonenmanagement* – Unter (integriertem) Küstenzonenmanagement versteht man einen Management-Ansatz, der versucht, Konflikte bei der Entwicklung der Küstenzone zu reduzieren, die Umweltqualität zu erhalten und eine am Leitbild der Nachhaltigkeit orientierte Abstimmung zwischen den wirtschaftlichen, sozialen und ökologischen Belangen bei der Entwicklung der Küste zu unterstützen. Deutschland hat seit 2006 eine Nationale Strategie für ein Integriertes Küstenzonenmanagement (IKZM).

*Kyoto-Protokoll* – Das Kyoto-Protokoll wurde im Jahr 1997 beschlossen. Es schreibt vor, dass die Industrienationen ihren Ausstoß von Treibhausgasen um im Mittel 5,2 % relativ zu 1990 im Zeitraum 2008–2012 reduzieren. Das Kyoto-Protokoll ist im Februar 2005 mit der Ratifizierung Russlands in Kraft getreten.

*Langlebige organische Schadstoffe* – Eine Gruppe von chemischen Verbindungen, die lange in der Umwelt verbleiben, sich in Lebewesen anreichern, mit der Luft oder dem Wasser über weite Strecken transportiert werden können und eine Gesundheitsgefährdung darstellen.

*La Niña* – Die kalte Phase des Phänomens El Niño / Southern Oscillation (ENSO). La-Niña-Ereignisse äußern sich in einer anomalen Abkühlung des äquatorialen Pazifik und haben wie El-Niño-Ereignisse weltweite klimatische Auswirkungen.

*MARPOL-Umweltübereinkommen* – Ein weltweit gültiges Übereinkommen zur Verhütung der Meeresverschmutzung durch Schiffe unter Schirmherrschaft der International Maritime Organisation.

*Methanhydrate* – Eine feste Erscheinungsform von Methan in einem Molekülkäfig aus Wassermolekülen. Methanhydrat sieht aus wie schmutziger Schnee und ist brennbar; es ist nur bei kalten Temperaturen und hohem Druck (wie sie am Meeresgrund herrschen) stabil.

*Nipptide* – Wenn Sonne und Mond von der Erde aus gesehen im rechten Winkel stehen (also bei Halbmond), ist der Tidenhub besonders gering. Nipptiden treten daher (wie der Halbmond) alle 14 Tage auf. Siehe auch Springtide.

*Nordatlantikstrom* – Eine Strömung im nördlichen Atlantik, die eine Verlängerung des Golfstroms (im westlichen Teil des Atlantiks) nach Nordosten bis vor die Küsten Europas ist. Volkstümlich wird der Nordatlantische Strom oft einfach dem Golfstrom zugeschlagen; eine Unterscheidung ist aber sinnvoll, da unterschiedliche Kräfte diese Strömungen verursachen: Der Golfstrom wird überwiegend von Winden angetrieben, beim Nordatlantikstrom spielen die Abkühlung des Wassers in hohen Breitengraden und die damit verbundenen Dichteunterschiede die entscheidende Rolle.

*Ocean Thermal Energy Conversion (OTEC)* – Ein Prinzip für mögliche künftige Kraftwerke, bei dem die Temperaturdifferenz zwischen dem warmen Oberflächenwasser und dem kalten Tiefenwasser des Ozeans in einem thermodynamischen Kreisprozess genutzt werden soll.

*Osmosekraftwerk* – Ein künftiger Kraftwerktyp, der den osmotischen Druck von großen Salzgehaltsgradienten im Meer zur Energieerzeugung nutzen soll.

*Ozon* – Ozon ist dreiatomiger Sauerstoff. Das meiste Ozon kommt in der Stratosphäre (oberhalb von etwa 15 Kilometern Höhe) vor. Die dortige Ozonschicht absorbiert die für Lebewesen schädliche UV-Strahlung, sodass sie an der Erdoberfläche in nur geringer Intensität ankommt. Der Mensch produziert aber auch Ozon, vor allem im Sommer während typischer Smog-Wetterlagen. Dieses bodennahe Ozon ist nicht zu verwechseln mit dem stratosphärischen Ozon.

*Passatwinde* – Ein Windsystem, das von den Subtropen zum Äquator gerichtet ist. Je näher man zum Äquator kommt, desto stärker wird die westwärts gerichtete Komponente der Passate. Die Passate in der Nähe des Äquators spielen eine wichtige Rolle bei der Wechselwirkung zwischen Ozean und Atmosphäre und für das Entstehen von El Niño und La Niña.

*Phytoplankton* – Unter Plankton versteht man die frei im Wasser treibenden Lebewesen, die nicht gegen Strömungen anschwimmen können, und Phytoplankton ist die pflanzliche Variante davon. Phytoplankton ist der Primärproduzent des Ozeans, der mittels Fotosynthese die Sonnenenergie dazu nutzt, aus Kohlendioxid und Nährstoffen Biomasse herzustellen. Rund 95 % aller Fotosynthese im Ozean wird durch Phytoplankton bewirkt. Es umfasst vor allem Kieselalgen (Bacillariophyta), Grünalgen, Goldalgen, Dinoflagellaten und Blaualgen (Cyanobakterien). Siehe auch Zooplankton.

*Primärproduktion* – Die Umwandlung von Sonnenlicht und Nährstoffen (per Fotosynthese) in pflanzliches Material, das dann andere, keine Fotosynthese betreibende Organismen nutzen können.

*Regimewechsel* – Der Übergang eines Ökosystems von einem Status quo in einen anderen, z. B. wenn mikroskopisch kleines Plankton in der Wassersäule große, am Boden wachsende Pflanzen als die dominanten fotosynthetisierenden Organismen ablöst.

*Salinität* – Der Salzgehalt des Meerwassers, üblicherweise angegeben in Gramm Salz pro Kilogramm Meerwasser (also in Promille). Im größten Teil des Meeres liegt die Salinität zwischen 33 und 38 ‰.

*Salzwiesen* – Ein Küstenökosystem auf Schwemmland, das zwar oberhalb der Hochwasserlinie liegt, aber dennoch häufig überflutet wird. Der hohe Salzgehalt des Bodens bestimmt die einzigartige Vegetationsgemeinschaft, z. B. Strandflieder, Strandaster, Strandwermut.

*Schelfeis* – siehe Eisschelf

*Schelfmeer* – Als Schelfmeer bezeichnet man flache Küstenmeere wie die Nordsee, üblicherweise bis zu einer Tiefe von 200 Metern, die sich über den Rändern der kontinentalen Platten befinden.

*Sediment* – Materialablagerung am Meeresgrund (oder auch anderswo). Sedimente in der Tiefsee sammeln sich über viele Jahrmillionen an – so lange, bis das jeweilige Stück ozeanische Platte durch die Kontinentalverschiebung wieder in die Erdkruste eingeschmolzen wird. Pro Jahrtausend bilden sich typischerweise nur einige Millimeter oder Zentimeter an neuem Sediment. Durch Bohrungen (Sedimentkerne) kann man die Abfolge des Sediments detailliert untersuchen und Rückschlüsse über das vergangene Meeresleben sowie einstige Klimabedingungen und Strömungen ziehen.

*Springtide* – Auch Springflut: Besonders hohe Flut, wenn Sonne, Erde und Mond alle 14 Tage in einer Linie stehen (bei Voll- und Neumond). Nicht zu verwechseln mit Sturmflut. Siehe auch Nipptide.

*Strahlungshaushalt* – Über eine längere Zeit muss die Erde, wenn sie im Gleichgewicht bleiben soll, genauso viel Energie abstrahlen, wie sie von der Sonne aufnimmt. Diese Abstrahlung ins Weltall geschieht durch langwellige Wärmestrahlung. Der Strahlungshaushalt ist die Bilanz von aufgenommener und wieder abgegebener Strahlungsenergie. Wird der Strahlungshaushalt verändert (z. B. durch eine steigende $CO_2$-Konzentration der Atmosphäre, die in den langwelligen Teil der Strahlung eingreift), verändert sich in der Folge die globale Oberflächentemperatur.

*Stratosphäre* – Man kann die Erdatmosphäre anhand des vertikalen Temperaturprofils in Stockwerke einteilen. Den untersten Stock bis zu Höhen von 10 bis 15 Kilometern nennt man die Troposphäre. Darüber befindet sich die Stratosphäre, die sich bis zu einer Höhe von etwa 50 Kilometern erstreckt. Die Stratosphäre enthält die für das Leben auf der Erde so wichtige Ozonschicht.

*Strömungskraftwerk* – Ein Kraftwerk, das mittels einer Art »Windrad unter Wasser« Meeresströmungen zur Energieerzeugung nutzt. An der Meeresoberfläche ist davon nichts zu sehen. Prototypen laufen in Großbritannien, Norwegen und Italien.

*Subtropenwirbel* – Riesige, die Breite eines Ozeanbeckens überspannende, annähernd kreisförmige Strömungen, die durch die vorherrschenden Windmuster auf unserer Erde verursacht werden (Passatwinde und Westwindgürtel). An den Westseiten der Subtropenwirbel verläuft die Strömung als enger »westlicher Randstrom« polwärts – z. B. der Golfstrom im Nordatlantik. An der Ostseite fließt die Strömung breit und träge in Richtung Äquator.

*Sverdrup* (Sv) – Eine beliebte Maßeinheit der Meeresforscher für Strömungsstärken. Ein Sverdrup entspricht einer Strömung von einer Million Kubikmeter Wasser pro Sekunde. Zum Vergleich: Ein Sverdrup ist etwa das Zehnfache der Strömungsmenge des Amazonas.

*Thermohaline Zirkulation* – Ein ozeanisches »Förderband«, das große Wärmemengen transportiert. In den hohen nördlichen Breiten (Grönlandsee, Labradorsee) sinken kalte (und damit dichte) Wassermassen ab, die in großen Tiefen Richtung Äquator strömen. An der Oberfläche fließt dafür warmes Wasser nach Norden. Diese thermohaline Zirkulation ist für das Klima Nordeuropas von herausragender Bedeutung. Teil der thermohalinen Zirkulation ist der Golfstrom.

*Tidenhub* – Unterschied im Meeresniveau zwischen Ebbe und Flut.

*Tiefenwasser* – Eine Wassermasse in der Tiefe des Meeres, die sich aber noch oberhalb des Bodenwassers befindet. Z. B. findet man im Atlantik in rund 2000 bis 3000 Metern Tiefe das Nordatlantische Tiefenwasser; darunter liegt noch das Antarktische Bodenwasser.

*Treibhauseffekt* – Bestimmte atmosphärische Spurengase absorbieren und emittieren elektromagnetische Strahlung im thermischen Spektralbereich und führen damit zu einer zusätzlichen Erwärmung der Erdoberfläche und der unteren Luftschichten. Der natürliche Treibhauseffekt hat eine Größenordnung von etwa 33° C. Der Mensch erhöht die Konzentration bestimmter klimarelevanter Spurengase wie beispielsweise des Kohlendioxids und verstärkt damit den Treibhauseffekt, was zu einer globalen Erwärmung führen muss.

*Treibhausgase* – Die Spurengase, welche am Treibhauseffekt beteiligt sind. Das wichtigste Treibhausgas für den natürlichen Treibhauseffekt ist der Wasserdampf. Für den von uns Menschen hervorgerufenen »anthropogenen« Treibhauseffekt spielt das Kohlendioxid mit einem Anteil von etwa 60 % die wichtigste Rolle.

*Tributylzinn (TBT)* – Chemische Verbindung in zahlreichen sogenannten Antifouling-Farben zum Schutz von Schiffsrümpfen. Verursacht bei einigen Schneckenarten Sterilität und andere Fortpflanzungsstörungen.

*Tropischer Wirbelsturm* – Ein hochgradig organisiertes, rotierendes Sturmsystem, das in den Tropen auftritt (allerdings nicht direkt in Äquatornähe). Die tropischen Wirbelstürme werden aus historischen Gründen im Atlantik und Nordwestpazifik Hurrikane genannt, im Nordostpazifik Taifune (siehe Kapitel 4).

*Trophieebenen* – Die Ebenen der Nahrungskette. Das Phytoplankton als Primärproduzent bildet die erste Trophieebene. Lebewesen, die Phytoplankton fressen, bilden die zweite Trophieebene, und wer Lebewesen dieser zweiten Ebene verspeist, gehört damit zur dritten Trophieebene. Das Konzept ist aus verschiedenen Gründen für die Meeresökologie sehr wichtig – für den Menschen auch deshalb, weil sich viele Schadstoffe in höheren Trophieebenen immer mehr anreichern.

*Tsunami* – Als Tsunami bezeichnet man eine Flutwelle, die durch ein Erdbeben oder eine Hangabrutschung unter dem Meer ausgelöst wird (siehe Kapitel 1).

*Upwelling* – Allgemein eine Aufwärtsbewegung des Meerwassers, insbesondere ein Aufsteigen von Wasser aus tieferen Schichten an die Oberfläche. Upwelling gibt es vor allem entlang des Äquators und an Küsten, gesteuert wird es durch das Wechselspiel von Winden und Erdrotation. Upwelling ist biologisch sehr bedeutsam, da es neue Nährstoffe in die lichtdurchfluteten (und damit zur Fotosynthese geeigneten) Oberflächenschichten bringt. Upwellinggebiete sind daher meist biologisch äußerst produktiv.

*Versauerung* – Ein Teil (ca. 30 %) des von uns Menschen ausgestoßenen Kohlendioxids ($CO_2$) wird von den Weltmeeren aufgenommen, was zu einer Versauerung (Absenkung des pH-Wertes) des Meerwassers führt. Dieser Effekt ist bereits messbar. Seit Beginn der Industrialisierung ist der pH-Wert bereits um rund 0,11 Einheiten gesunken.

*Wellenkraftwerk* – Ein Kraftwerk, das Oberflächenwellen des Meeres zur Energieerzeugung nutzt. Ein Prototyp ist in Schottland in Betrieb.

*Zooplankton* – Siehe auch Phytoplankton. Das Zooplankton ist die tierische Form des Planktons. Dazu gehören unter anderem Copepoden, Krill, Pfeilwürmer, Fischlarven oder Foraminiferen. Den Rekord für die größte Menge an Biomasse einer einzelnen Tierart hält (soweit man weiß) der Copepode *Calanus finmarchicus*, dessen Leben in Kapitel 2 näher beschrieben ist.

# Literaturhinweise

Die durch Fettdruck hervorgehobenen Titel und Internetseiten werden gleichzeitig als weiterführende Lektüre empfohlen.

**Archer, D. (2007):** *Global Warming: Understanding the Forecast.* **Blackwell Publishing, Malden (USA).**

Carson, Rachel (1967): *Geheimnisse des Meeres.* Biederstein, München.

Charlson, R. J., Lovelock, J. E., Andreae, M. O., und Warren, S. G. (1987): »Oceanic Phytoplankton, Atmospheric Sulphur, Cloud Albedo and Climate«. *Nature* 326: 655–661.

Church, J. A., und White, N. J. (2006): »A 20th Century Acceleration in Global Sea-Level Rise. *Geophysical Research Letters* 33: L01 602.

Emanuel, K. (2005): »Increasing Destructiveness of Tropical Cyclones Over the Past 30 Years. *Nature* 436: 686–688.

Gill, Adrian E. (1982): *Atmosphere-Ocean Dynamics.* Academic Press, London.

**IPCC (2007):** *4. Sachstandsbericht (AR4) des IPCC* **(Intergovernmental Panel on Climate Change) über Klimaänderungen (Teil 1: Climate Change 2007, the Physical Science Basis). WMO, Genf. http://www.ipcc.ch/**

Jackson, J. B. C., et al. (2001): »Historical Overfishing and the Recent Collapse of Coastal Ecosystems«. *Science* 293: 629–636.

**Kurlansky, M. (2001)** *Kabeljau. Der Fisch, der die Welt veränderte.* **List Verlag, München.**

**Leier, M. (2007):** *Weltatlas der Ozeane.* **Frederking & Thaler, München.**

Pauly, D., Christensen, V., Dalsgaard, J., Froese, R., und Torres, F. (1998): »Fishing Down Marine Food Webs«. *Science* 279: 860–863.

Rahmstorf, S., und Ganopolski, A. (1999): »Long-Term Global Warming Scenarios Computed with an Efficient Coupled Climate Model. *Climatic Change* 43: 353–367.

**Rahmstorf, S., und Schellnhuber, H. J. (2006): *Der Klimawandel*. C. H. Beck Verlag, München.**

**Rodenberg, H.-P. (2004): *See in Not. Die größte Nahrungsquelle des Planeten: eine Bestandsaufnahme*. Marebuchverlag, Hamburg.**

**Royal Society, The (2005): »Ocean Acidification Due to Increasing Atmospheric Carbon Dioxide«. Policy Document 12/05.**

**http://www.royalsoc.ac.uk/displaypagedoc.asp?id=13539**

**Schellnhuber, H. J., et al. (2006): *Avoiding Dangerous Climate Change*. Cambridge University Press, Cambridge.**

Steffen, W., Sanderson, A., Tyson, P. D., Jäger, J., Matson, P. A., Moore III, B., Oldfield, F., Richardson, K., Schellnhuber, H. J., Turner II, B. L. und Wasson, R. J. (2004): *Global Change and the Earth System: A Planet Under Pressure*. Springer, Berlin.

**WBGU (2006): *Die Zukunft der Ozeane. Zu warm, zu hoch, zu sauer.* Sondergutachten. Wissenschaftlicher Beirat Globale Umweltveränderungen, Berlin.**

**http://www.wbgu.de/wbgu_sn2006.pdf**

Worm, B., et al. (2006): »Impacts of Biodiversity Loss on Ocean Ecosystem Services«. *Science* 314: 787–790.

## Abbildungsnachweise

Alle Graphiken: Peter Palm, Berlin. Abb. 1.3 nach Gill 1982; Abb. 1.4 nach Rahmstorf und Ganopolski 1999; Abb. 3.3: © Helge Thomsen; Abb. 4.2 nach IPCC 2007; Abb. 4.3 nach Church und White 2006;

Abb. 4.4 nach Archer 2007; Abb. 4.5: © British Antarctic Survey;
Abb. 4.7 nach Emanuel 2005; Abb. 6.1 nach Daten der FAO
(www.fao.org); Abb. 8.3: © Deutsche Meerwasser-Entsalzung e.V.;
Abb. 8.4: © Greenpeace 2004.
Im Farbteil: Abb. II: © S. Rahmstorf; Abb. III: S. Rahmstorf; Abb. V:
© Norman Nichols; Abb. VI: © Michael R. Heath, Aberdeen; Abb.
VII: © S. Rahmstorf.

# Forum für Verantwortung

Jill Jäger
## Was verträgt unsere Erde noch?
Wege in die Nachhaltigkeit
Herausgegeben von Klaus Wiegandt
Band 17270

Die Erde ist ständigen Veränderungen unterworfen, die auf komplexe Weise zusammenwirken. Der Mensch greift massiv in die Abläufe der Umwelt ein, ohne die langfristigen Folgen wirklich kalkulieren zu können.

Jill Jäger, Senior Researcher am Sustainable Europe Research Institute (SERI) in Wien, erklärt die Vernetztheit verschiedener Entwicklungen auf der Erde und weckt ein Bewusstsein dafür, dass wir alle dem System Erde angehören. Die Situation auf unserem Planeten ist dramatischer als viele glauben – doch es gibt gute Handlungsoptionen.

## Fischer Taschenbuch Verlag

# Forum für Verantwortung

Mojib Latif
## Bringen wir das Klima aus dem Takt?
Hintergründe und Prognosen
Herausgegeben von  Klaus Wiegandt
Band 17276

Globale Erwärmung, schmelzende Gletscher, ansteigender Meeresspiegel. Es besteht kein Zweifel: Der Klimawandel ist in vollem Gange und der Mensch hat in zunehmendem Maße Anteil daran.

Mojib Latif, Klimaforscher und Professor für Meteorologie, zeigt, dass das Klimaproblem lösbar ist. Noch ist Zeit zum Handeln, daher führt Latif konkrete Handlungsoptionen auf und setzt sich mit Einwänden seitens der Skeptiker auseinander.

Fischer Taschenbuch Verlag

fi 17276 / 1

# Forum für Verantwortung

Klaus Hahlbrock
**Kann unsere Erde die Menschen
noch ernähren?**
Bevölkerungsexplosion – Umwelt – Gentechnik
Herausgegeben von Klaus Wiegandt
Band 17272

Fast eine Milliarde Menschen leiden weltweit an Hunger und Unterernährung. Die Weltbevölkerung wächst weiterhin dramatisch an, Umwelt und Klima sind massiven Bedrohungen ausgesetzt und die landwirtschaftliche Produktion stagniert.

Klaus Hahlbrock, Professor für Biochemie, stellt sich der zentralen Frage, wie der Hunger in der Welt besiegt und gleichzeitig die Vielfalt der Natur erhalten werden kann. Er wirbt für einen bewussteren, schonenderen und verantwortungsvolleren Umgang mit der Natur und uns selbst.

Fischer Taschenbuch Verlag

# Forum für Verantwortung

Friedrich Schmidt-Bleek
**Nutzen wir die Erde richtig?**
Die Leistungen der Natur und die Arbeit des Menschen
Herausgegeben von Klaus Wiegandt
Band 17275

Mehr als zwei Planeten Erde wären nötig, um allen Menschen einen materiellen Lebensstandard zu ermöglichen, wie er heute im Westen mit nur 20 % der Weltbevölkerung üblich ist. Die Weltwirtschaft ist heute so ausgerichtet, dass die Leistungen der Natur, ohne die der Mensch nicht leben kann, täglich mehr beschädigt werden und die Nachhaltigkeit in immer größere Ferne rückt.

Friedrich Schmidt-Bleek, Professor für Chemie und Präsident des Factor 10 Institute in Frankreich, fordert daher eine radikale Erhöhung der Ressourcenproduktivität und zeigt, dass dies technisch möglich ist, ohne Lebensqualität einzuschränken.

Fischer Taschenbuch Verlag

# Forum für Verantwortung

Wolfram Mauser
**Wie lange reicht die Ressource Wasser?**
Vom Umgang mit dem blauen Gold
Herausgegeben von Klaus Wiegandt
Band 17273

Etwa ein Drittel der Weltbevölkerung leidet heute unter der Verknappung des Wassers, bis zum Jahr 2025 wird sich dieser Anteil voraussichtlich auf zwei Drittel ausweiten. Es ist nicht auszuschließen, dass es aufgrund dieses Mangels zu regionalen Konflikten kommen wird.

Wolfram Mauser, Professor für Geographie und geographische Fernerkundung, geht den Ursachen für die dramatische Verknappung der wichtigsten Naturressource auf den Grund und zeigt die Möglichkeiten einer zukünftigen nachhaltigen Nutzung der Wasserressourcen auf.

## Fischer Taschenbuch Verlag

fi 17273 / 1

# Forum für Verantwortung

Hermann-Josef Wagner
**Was sind die Energien des 21. Jahrhunderts?**
Der Wettlauf um die Lagerstätten
Herausgegeben von Klaus Wiegandt
Band 17274

Kaum etwas ist explosiver als die Energiefrage der Zukunft:
Der Verbrauch wird aufgrund der Bevölkerungsexplosion
weiter dramatisch steigen, das weltpolitische Gefüge wird
aufgrund der Ressourcen neu verteilt werden und die hohen
$CO_2$-Emissionen beschleunigen die Klimaprobleme.

Hermann-Josef Wagner, Professor für Energiesysteme und
Energiewirtschaft, zeigt, dass und wie wir auch alternative
Energiequellen nutzen müssen. Die zukünftige weltweite
Energieversorgung stellt eine große Herausforderung dar –
doch wir sind gut gerüstet, sie zu bewältigen.

## Fischer Taschenbuch Verlag